Eintragung	Sym...	
Nivellementpunkte (NivP)		
Stein	$\boxed{\square}$	3 $\perp$
Pfeiler	$\boxed{\blacksquare}$	3/2 $\top$
Mauerbolzen		
Vermessungslinien u. Vermessungszeichen		
Polygonseite	— · — · — · —	*St.3*
Meßlinie	– – – – – –	*St.2*
Mit Meßgerät bestimmte Senkrechte		
Nach Augenmaß bestimmte Senkrechte		
Spitzer Winkel (bei Gebäude)		
Stumpfer Winkel (bei Gebäude)		
Verlängerung einer Linie		
Geradheitszeichen		
Parallele Linien		Die längeren Striche geben die Richtung der Parallelen an.
Zugehörigkeitshaken für Flurstückteile	11 51	Die Zahlen geben die Nummern der Flurstücke an.

TASCHENBUCH
VERMESSUNG

GRUNDLAGEN DER VERMESSUNGSTECHNIK

TASCHENBUCH VERMESSUNG

GRUNDLAGEN DER VERMESSUNGSTECHNIK

von Günter Petrahn

Cornelsen

Normen werden wiedergegeben mit Erlaubnis des DIN Deutsches Institut für Normung e.V. Maßgebend für das Anwenden der Norm ist deren Fassung mit dem neuesten Ausgabedatum, die bei der Beuth Verlag GmbH, Burggrafenstraße 6, 10787 Berlin, erhältlich ist.

Redaktion: Annette Lindner-Focke
Herstellung und Gestaltung: Wolf-Dieter Stark
Grafiken nach Vorlagen des Autors: Ulrich Sengebusch, Geseke
Umschlaggestaltung: Hartmut Henschel, Berlin
Technische Umsetzung: Universitätsdruckerei H. Stürtz AG, Würzburg

1. Auflage   Druck 4 3 2 1   Jahr 99 98 97 96

Druck: Parzeller, Fulda

ISBN 3-464-43305-6

Bestellnummer 433056

 gedruckt auf säurefreiem Papier, umweltschonend hergestellt aus chlorfrei gebleichten Faserstoffen

Vorwort

Die Arbeit auf dem Gebiet der Vermessungstechnik erfordert umfangreiche vermessungstechnische Grundkenntnisse und Fertigkeiten, die Beachtung und Durchsetzung gesetzlicher Regelungen sowie die Beherrschung der modernen Meß- und Verarbeitungstechnik.

Das TASCHENBUCH VERMESSUNG stellt eine Einführung in die Vermessungstechnik dar und vermittelt das Basiswissen zur Lösung vermessungstechnischer Aufgaben.
Aufbauend auf die fachtheoretischen Inhalte in den Abschnitten

  1 Mathematische Grundlagen,
  2 Optische Grundlagen, Bauteile vermessungstechnischer Instrumente und
  3 Geodätische Grundlagen

werden nachfolgend die typischen vermessungstechnischen Arbeiten, Verfahren und Berechnungen in ihren Grundlagen dargestellt. Dabei wird auf die derzeit gültigen Normen verwiesen. Auf spezielle Landesverordnungen wird nicht Bezug genommen.
Zahlreiche Abbildungen und Berechnungsbeispiele dienen der Veranschaulichung.

Das TASCHENBUCH VERMESSUNG richtet sich nicht nur an auszubildende Vermessungstechniker, sondern auch an die bereits im Beruf tätigen Fachkräfte, die dieses Buch zum Nachschlagen verwenden können und an Fortzubildende in den Bauberufen.

Der Verfasser dankt allen, die durch Anregungen und Hinweise zur Erarbeitung des Buches beigetragen haben. Verlag und der Autor nehmen gern weitere Anregungen entgegen.

Günter Petrahn

Inhaltsverzeichnis

1 Mathematische Grundlagen

1   Mathematische Grundlagen

1.1   Maßeinheiten

Physikalische Größe = Zahlenwert · Einheit

Messen heißt, eine Größe mit einer als Maßeinheit gewählten Größe der selben Art vergleichen.
Prüfen heißt, den Ist-Wert mit dem angestrebten Soll-Wert vergleichen und gegebenenfalls unzulässige Abweichungen feststellen.

1.1.1   Basiseinheiten

SI-Basiseinheiten. Basiseinheiten nach dem Internationalen Einheitssystem (Systeme' International) sind:

Länge	l	das Meter	m
Masse	m	das Kilogramm	kg
Zeit	t	die Sekunde	s
elektr. Stromstärke	I	das Ampere	A
Temperatur	T	das Kelvin	K
Stoffmenge	n	das Mol	mol
Lichtstärke	I_v	die Candela	cd

Ergänzende SI-Einheiten:

ebener Winkel	der Radiant	rad
räumlicher Winkel	der Steradiant	sr

Abgeleitete Einheiten. Sie ergeben sich aus mathematischen oder physikalischen Gleichungen bzw. Formeln und lassen sich auf Grundeinheiten zurückführen, z. B.:

Volumen des Würfels: $V = a^3$ $[V] = m^3$

Kraft $F = m \cdot a$ $[F] = kg \cdot m \cdot s^{-2}$
                                              $= N$ (Newton)

SI-fremde Einheiten. In der Vermessungstechnik kommen neben

Basiseinheiten und abgeleitete Einheiten die SI-fremden Einheiten zur Anwendung, z. B.:

| ebener Winkel | das Gon | gon |
| Brechkraft | die Dioptrie | dpt |

Teile und Vielfache einer Einheit. Bevorzugt werden die Zehnerpotenzen mit ganzzahligen Vielfachen von 3 als Exponent.

		Einheiten			Einheiten
Tera	T	10^{12}	Dezi	d	10^{-1}
Giga	G	10^{9}	Zenti	c	10^{-2}
Mega	M	10^{6}	Milli	m	10^{-3}
Kilo	k	10^{3}	Mikro	μ	10^{-6}
Hekto	h	10^{2}	Nano	n	10^{-9}
Deka	da	10^{1}	Piko	p	10^{-12}

1.1.2 Die Länge

Ältere Maßeinheiten leiten sich vielfach von den Abmessungen des menschlichen Körpers ab, z.B.: Elle, Fuß, Schuh, Klafter.

▌ Die Basiseinheit für die Länge ist das Meter.

Das Meter wurde, ausgehend von einem Beschluß der französischen Nationalversammlung im Jahre 1795, als näherungsweise 10millionster Teil des durch Paris verlaufenden Erdmeridian-Quadranten eingeführt.
Die Länge des Meters wurde durch das Urmeter festgehalten und in Séveres bei Paris aufbewahrt. Es ist ein Stab aus einer Platin-Iridium-Legierung.

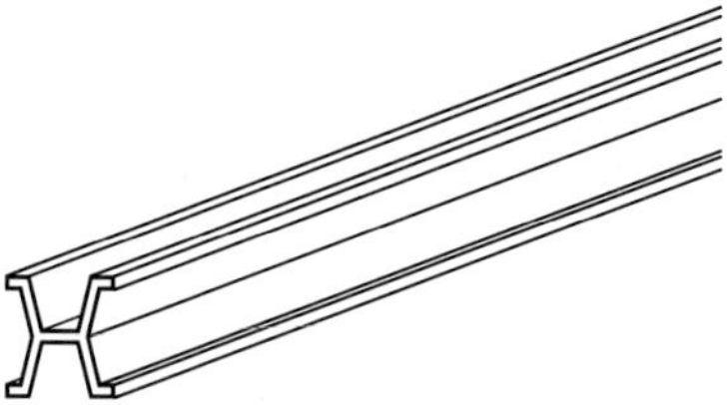

Bild 1.1   Querschnitt des Urmeters

Eine Strichmarkierung für das Meter auf dem Stab ist für moderne
Bedürfnisse nicht ausreichend. Die Meterdefinition lautet nach DIN:

> Das Meter ist die Länge der Strecke, die das Licht im Vakuum
> während der Dauer von 1/299 792 458 Sekunden durchläuft.

Vielfache und Teile des Meters sind:

1 Kilometer	= 1 km	= 1000 m
1 Hektometer	= 1 hm	= 100 m
1 Dekameter	= 1 Dm	= 10 m
1 Dezimeter	= 1 dm	= 0,1 m
1 Zentimeter	= 1 cm	= 0,01 m
1 Millimeter	= 1 mm	= 0,001 m

Veraltete Längeneinheiten sind z. B.:
Für Preußen: 1 Rute = 12 Fuß = 3,766 m
                     1 Fuß = 0,314 m

1.1.3 Die Fläche

> Die Einheit der Fläche ist das Quadratmeter (m^2).
> Es ist die Fläche eines Quadrates mit der Seitenlänge 1 Meter.

Vielfache und Teile des Quadratmeters sind:

1 Quadratkilometer	= 1 km^2	= 1000 m $\cdot$ 1000 m	= 1 000 000 m^2
1 Hektar	= 1 ha	= 100 m $\cdot$ 100 m	= 10 000 m^2
1 Ar	= 1 a	= 10 m $\cdot$ 10 m	= 100 m^2
1 Quadratmeter	= 1 m^2	= 1 m $\cdot$ 1 m	= 1 m^2
1 Quadratdezimeter	= 1 dm^2	= 0,1 m $\cdot$ 0,1 m = 0,01 m^2	
1 Quadratzentimeter	= 1 cm^2	= 0,01 m $\cdot$ 0,01 m = 0,0001 m^2	
1 Quadratmillimeter	= 1 mm^2	= 0,001 m $\cdot$ 0,001 m = 0,000001 m^2	

oder:

1 km^2 = 100 ha = 10 000 a   = 1 000 000 m^2
          1 ha =   100 a   =   10 000 m^2
                     1 a   =   100 m^2

1 m^2 = 100 dm^2 = 10 000 cm^2 = 1 000 000 mm^2
          1 dm^2 =   100 cm^2 =   10 000 mm^2
                     1 cm^2 =   100 mm^2

Flächeneinheiten in alten Liegenschaftsunterlagen sind z. B.:

Für Preußen: 1 Morgen = 180 Quadratruten = 2 553 m^2
1 Quadratrute = 14,185 m^2
1 ha hat rund 4 Morgen

1.1.4 Das Volumen

Die Einheit des Volumens ist das Kubikmeter (m^3).
Es ist das Volumen eines Würfels mit der Seitenlänge 1 m.

Teile des Kubikmeters sind:

1 Kubikmeter   = 1 m^3
1 Kubikdezimeter   = 1 dm^3 = 0,001   m^3
1 Kubikzentimeter = 1 cm^3 = 0,000 001   m^3
1 Kubikmillimeter = 1 mm^3 = 0,000 000 001 m^3

oder:

1 m^3 = 1 000 dm^3 = 1 000 000 cm^3 = 1 000 000 000 mm^3
1 dm^3 =   1 000 cm^3 =   1 000 000 mm^3
1 cm^3 =   1 000 mm^3

1.1.5 Der ebene Winkel

Richtungen und Winkel. In der Vermessungstechnik wird der Winkel
definiert:

Der ebene Winkel ergibt sich aus der Differenz zweier, in einer
Ebene gemessenen Richtungen.

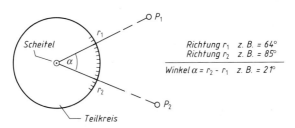

Richtung r_1 z. B. = 64°
Richtung r_2 z. B. = 85°
Winkel $\alpha = r_2 - r_1$ z. B. = 21°

Bild 1.2 Richtungen und Winkel

In der Vermessungstechnik erfolgt die Richtungsmessung im rechtsläufigen Sinn. Für die Größenerfassung des ebenen Winkels werden folgende Möglichkeiten unterschieden:

Sexagesimalgeteiltes Grad. Diese Einteilung findet man z.B. bei Instrumenten für astronomische Beobachtungen.

Ein Vollkreis, der aus vier rechten Winkeln besteht, entspricht 360 Grad ($360° = 4 \cdot 90°$).

Ein Grad wird wie folgt unterteilt:

$1°$ = 60 Minuten = 60'	= $1°$ 00' 00"	oder	$1° = 60' = 3600"$
1' = 60 Sekunden = 60"	= $0°$ 01' 00"		$1' = 60"$
1"	= $0°$ 00' 01"		

Dezimalgeteiltes Grad. Die Minuten und Sekunden werden als Dezimalstellen geschrieben, z.B.:

$$30' = 0,5°$$
$$15°\ 30' = 15,5°$$
$$15°\ 20' = 15° + (1/3)° = 15,33°$$
$$0,2° = (2/10)° = 12'$$

Umrechnungen der Gradmaße. Für die Umrechung der Einheiten *Grad, Minuten, Sekunden* und *dezimalgeteiltes Grad* verfügen die Taschenrechner in den meisten Ausführungen über die Taste [° ' "].

Beispiel

a) $35°\ 42'\ 38" = ?$ dezimalgeteiltes Grad;
b) $42,4264° = ?\ °\ ?\ '\ ?\ "$

Rechner	*Eingabe*	*Anzeige*	*Eingabe*	*Anzeige*
	35	35.	42,4264	42.4264
	[° ' "]	35.	[INV] [° ' "]	42° 25' 35"
	42	42.	oder	
	[° ' "]	35.7	[SHIFT] [° ' "]	
	38	38.		
	[° ' "]	35.7105…		

Für die Umrechnung ohne Taschenrechner gilt:

a) 35° 42' 38" = ? dezimalgeteiltes Grad

$$\frac{1°}{3600"} = \frac{x°}{(42 \cdot 60 + 38)"}$$

$$x \qquad = 0{,}7105\ldots$$

$$35° \ 42' \ 38" = 35{,}7105\ldots°$$

b) 42,4264° = ? ° ? ' ? "

$$\frac{1°}{3600"} = \frac{0{,}4264°}{x°}$$

$$x \qquad = 1535{,}04"$$

1535 : 60 = 25 Rest 35
42,4264 = 42° 25' 35"

Gonteilung. Die Teilkreise fast aller heute verwendeten Instrumente haben diese Teilung.

> Ein Vollkreis, der aus vier rechten Winkeln besteht, entspricht 400 Gon (1937 in Deutschland eingeführt).

Die ältere Schreibweise unterscheidet:

1 Vollkreis	= 400 Neugrad	= 400^g
1 rechter Winkel	= 100 Neugrad	= 100^g
1 Neugrad	= 100 Neuminuten	= 100^c
1 Neuminute	= 100 Neusekunden	= 100^{cc}

Beispiel

14^g 76^c 88^{cc} = 14 Neugrad + 76 Neuminuten + 88 Neusekunden

Die heutige Schreibweise unterscheidet:

1 Vollkreis	= 400 Gon	= 400 gon
1 rechter Winkel	= 100 Gon	= 100 gon
1 Gon	= 1000 Milligon	= 1000 mgon

Beispiele

134,456 gon = 134 gon + 456 mgon

14^g 76^c 88^{cc} = 14,7688 gon = 14 gon + 768,8 mgon

134,456 gon = 134° 45^c 60^{cc}

Umrechnung der Einheiten Gon und Grad. Da 100 Gon gleich 90 Grad entsprechen, gelten folgende Beziehungen zwischen den beiden Einheiten:

$$\alpha° : 0{,}9 = \alpha \text{ gon}$$

$$\alpha \text{ gon} \cdot 0{,}9 = \alpha°$$

Bogenmaß. Viele Winkelangaben, z. B. in der Physik, werden mit dem dimensionslosen Bogenmaß angegeben.

Für einen Zentriwinkel α und jeden beliebigen Kreis mit dem Radius r gilt:

$$\frac{b}{r} = \text{const} = \text{Arc } \alpha$$

(*Arcus* α, das Bogenmaß von α)

Aus $\dfrac{2\pi \cdot r}{400 \text{ gon}} = \dfrac{b}{\alpha \text{ gon}}$ erhält man die Beziehung für Arc α:

$$\text{Arc } \alpha = \frac{b}{r} = \frac{\pi \cdot \alpha \text{ gon}}{200 \text{ gon}}$$

oder auch $\quad \text{Arc } \alpha = \dfrac{\pi \cdot \alpha°}{180°}$

Beispiel

$$\text{Arc } 75{,}23 \text{ gon} = \frac{\pi \cdot 75{,}23 \text{ gon}}{200 \text{ gon}} = 1{,}1817$$

$$\text{Arc } 163{,}45° = \frac{\pi \cdot 163{,}45°}{180°} = 2{,}8527$$

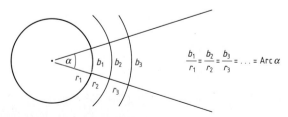

$$\frac{b_1}{r_1} = \frac{b_2}{r_2} = \frac{b_3}{r_3} = \ldots = \text{Arc } \alpha$$

Bild 1.3 Das Bogenmaß des Winkels α

Für $r = 1$, dem *Einheitskreis*, ist die Bogenlänge gleich dem Arc α.

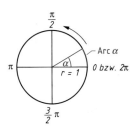

$\alpha = 0°$	Arc $\alpha = 0$
$\alpha = 90°$	Arc $\alpha = 0{,}5\,\pi$
$\alpha = 180°$	Arc $\alpha = 1\,\pi$
$\alpha = 270°$	Arc $\alpha = 1{,}5\,\pi$
$\alpha = 360°$	Arc $\alpha = 2\,\pi$

Bild 1.4 Einheitskreis und Bogenmaß

Für $r \neq 1$ gilt für die Bogenlänge b:

$$b = r \cdot \text{Arc } \alpha$$

Der Radiant. Gesucht wird der Winkel *rad*, dessen Bogenmaß gleich 1 ist.

Der Winkel rad wird dann eingeschlossen, wenn die Bogenlänge gleich dem Radius ist $(b = r)$.

Aus $\quad 1 = \dfrac{b}{r} = \dfrac{\pi \cdot 1 \text{ rad}}{200 \text{ gon}}\quad$ folgt:

$$1 \text{ rad} = \frac{200 \text{ gon}}{\pi} \qquad \text{oder} \qquad 1 \text{ rad} = \frac{180°}{\pi}$$

1 rad = 63,6620 gon = 63 662,0 mgon
1 rad = 57,2958° = 3 437,75' = 206 264,8"

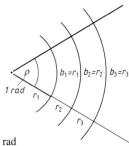

Bild 1.5 Die Einheit 1 rad

1.2   Kartenmaßstäbe

Eine Karte ist eine in einem bestimmten Maßstabsverhältnis ver-
kleinerte, verebnete und generalisierte sowie durch Kartenzeichen,
Signaturen und Schrift erläuterte graphische Abbildung eines Teils
der Erdoberfläche.

Linearer Maßstab. Für die Länge einer Strecke in der Natur und auf
der Karte ($\rightarrow$ Abschnitt 1.3) gilt:

Der Maßstab ist das lineare Verhältnis zwischen Kartenmaß und
Naturmaß, wobei das Kartenmaß meist mit 1 angegeben wird.

$$\frac{1}{M} = \frac{Kartenmaß}{Naturmaß} = \frac{K}{N}$$

1 : M bedeutet: Maßstab M: Modul oder Verhältniszahl

Beispiel

Eine Strecke ist in der Natur 92 m und auf der Karte 46 mm lang. Wel-
chen Maßstab hat die Karte?

$$M = \frac{N}{K} = \frac{92\,000 \text{ mm}}{46 \text{ mm}} = 2000 \qquad \text{Der Maßstab ist 1 : 2000.}$$

Man spricht von einem *großen* Maßstab, wenn eine Strecke auf einer
Karte relativ groß abgebildet wird (z. B.: 1 : 500).
Man spricht von einem *kleinen* Maßstab, wenn eine Strecke auf einer
Karte relativ klein abgebildet wird (z. B.: 1 : 2000).

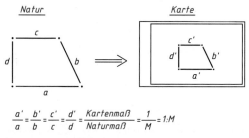

$$\frac{a'}{a} = \frac{b'}{b} = \frac{c'}{c} = \frac{d'}{d} = \frac{Kartenmaß}{Naturmaß} = \frac{1}{M} = 1{:}M$$

Bild: 1.6   Natur und Kartenmaß

Flächenumwandlung unter Beachtung des Maßstabsverhältnisses. Das Flächenverhältnis unter Beachtung des Maßstabsverhältnisses erhält man durch Quadrieren des linearen Verhältnisses.

$$\frac{1}{M^2} = \frac{K^2}{N^2} = \frac{A_K}{A_N} = \frac{Kartenfläche}{Naturfläche}$$

Beispiel

Eine Naturfläche von 1 ha ist in einer Karte 4 cm^2 groß. Wie groß ist der Maßstab der Karte?

$$M = \sqrt{\frac{A_N}{A_K}} = \sqrt{\frac{1 \cdot 10^8 \text{ cm}^2}{4 \text{ cm}^2}} = \frac{10^4}{2} = 5000$$

Der Maßstab der Karte ist 1 : 5000.

Umrechnung von Kartenmaßen aus Karten mit unterschiedlichen Maßstäben. Zu bearbeitende Karten weisen häufig unterschiedliche Maßstäbe auf.

Voraussetzungen:
Karte 1 mit Maßstab $\quad 1 : M_1 \qquad$ Karte 2 mit Maßstab $\quad 1 : M_2$
$\qquad$ Kartenmaß $\quad K_1 \qquad\qquad\qquad$ Kartenmaß $\quad K_2$

Das Naturmaß ist für beide Kartenmaße der Strecke identisch! Es gilt:

$N = K_1 \cdot M_1 \qquad\qquad\qquad N = K_2 \cdot M_2 \quad$ und damit:

$$K_1 \cdot M_1 = K_2 \cdot M_2$$

Analog für die Kartenflächen A_{K1} und A_{K2}:

$$A_{K1} \cdot M_1^2 = A_{K2} \cdot M_2^2$$

Für die Karten: $\qquad\qquad 1 : 500 \qquad\qquad$ und $\quad 1 : 1000$
sind die Kartenmaße: $\quad K_1 = 48{,}6 \text{ mm} \quad \rightarrow \quad K_2 = 24{,}3 \text{ m}$
$\qquad\qquad\qquad\qquad A_{K1} = 840 \text{ mm}^2 \quad \rightarrow \quad A_{K2} = 210 \text{ mm}^2$

1.3   Planimetrie

Die Planimetrie (griech.: Flächenmessung) ist die Geometrie der Ebene.

1.3.1   Dreiecke

> Das Dreieck ist ein Stück einer Ebene, das von drei nicht auf einer Geraden liegenden Punkten und deren Verbindungsstrecken, seinen Seiten, gebildet wird.

Das beliebige Dreieck. Die Summe zweier Dreiecksseiten ist immer größer als die dritte Seite:

$$a + b > c \qquad a + c > b \qquad b + c > a$$

Die Summe der *Innenwinkel* eines Dreiecks beträgt 180° bzw. 200 gon.

$$\alpha + \beta + \gamma = 180° = 200 \text{ gon}$$

Für die *Außenwinkel* gilt:

$$\alpha + \alpha' = 180° = 200 \text{ gon}$$
$$\alpha' = \beta + \gamma$$
$$\alpha' + \beta' + \gamma' = 360° = 400 \text{ gon}$$

In der Vermessungstechnik, z. B. beim geschlossenen Polygonzug, versteht man unter dem *Außenwinkel* die Ergänzung zum Vollwinkel ($\alpha + \alpha' = 360° = 400 \text{ gon}$).

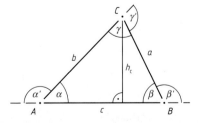

Bild 1.7   Das beliebige Dreieck

Sätze am rechtwinkligen Dreieck. Die beiden Seiten, die den rechten Innenwinkel des Dreiecks einschließen, sind die *Katheten*.
Die dem rechten Winkel gegenüberliegende Seite ist die *Hypotenuse*.

Lehrsatz des Pythagoras: Im rechtwinkligen Dreieck ist das Quadrat über der Hypotenuse (*c*) gleich der Summe der Quadrate über den Katheten (*a*, *b*).

$$a^2 + b^2 = c^2$$

Kathetensatz/Lehrsatz des Euklid: Im rechtwinkligen Dreieck ist das Quadrat über einer Kathete flächengleich dem Rechteck aus der Hypotenuse und der Projektion dieser Kathete auf die Hypotenuse (Hypotenusenabschnitt *p*, *q*).

$$b^2 = p \cdot c \qquad a^2 = q \cdot c$$

Höhensatz: Im rechtwinkligen Dreieck ist das Quadrat über der Höhe auf der Hypotenuse flächengleich mit dem Rechteck aus den Hypotenusenabschnitten *p*, *q*.

$$h^2 = p \cdot q$$

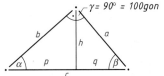

Bild 1.8 Rechtwinkliges Dreieck

Höhe und Höhenfußpunkt. Häufig kann bei der orthogonalen Aufmessung die Ordinate *y* bzw. *h* und die dazugehörige Abszisse *x* nicht direkt gemessen werden. Die Berechnung der Größen ist möglich, wenn die Seiten des Dreiecks *ABC* gemessen werden.

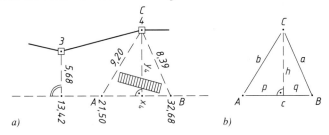

Bild 1.9 Höhe und Höhenfußpunkt
a) Beispiel; b) Dreieck für das Herleiten der Lösungsgleichungen

■ Berechnung von p und q

Nach dem Satz des *Pythagoras* gilt:

$$\left.\begin{array}{l} h^2 = a^2 - q^2 \\ h^2 = b^2 - p^2 \end{array}\right\} \quad a^2 - q^2 = b^2 - p^2 \qquad (*)$$

In (*) einsetzen: a) $q = c - p$ und nach p auflösen
                   b) $p = c - q$ und nach q auflösen

$$\text{a) } p = \frac{b^2 + c^2 - a^2}{2c} \; ; \quad \text{b) } q = \frac{a^2 + c^2 - b^2}{2c}$$

Als erste Kontrolle gilt: $c = p + q$

■ Berechnung von y bzw. h

Berechnet wird $h = y$ zur Kontrolle zweimal:

$$h = \sqrt{b^2 - p^2} \qquad h = \sqrt{a^2 - q^2}$$

Beispiel ($\rightarrow$ Bild 1.9a)

$a = 8{,}39$	$p = 6{,}227$	$x_4 = 21{,}50 + p = 27{,}73$
$b = 9{,}20$	$q = 4{,}953$	$\quad = 32{,}68 - q = 27{,}73$
$c = 11{,}18$	$p + q = 11{,}180$	
	$h_1 = 6{,}772$	$y_4 = 6{,}77$
	$h_2 = 6{,}772$	

Dieser Berechnungsablauf gilt für alle Dreiecke, also auch für die Dreiecke, dessen Höhenfußpunkt außerhalb der Grundseite liegt.

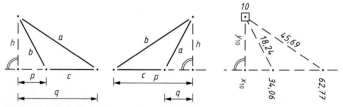

Bild 1.10 Höhenfußpunkt außerhalb der Grundseite, p, q negativ

Beispiel

$a = 45,69$	$p = -16,207$	$x_{10} = 34,06 - 16,21 = 17,85$
$b = 18,24$	$q = +44,917$	$\quad\ = 62,77 - 44,92 = 17,85$
$c = 28,71$	$p + q = \quad 28,710$	
	$h_1 = \quad\ 8,368$	
	$h_2 = \quad\ 8,370$	$y_{10} = 8,37$

Höhe und Höhenfußpunkt werden auch im Vermessungsformular berechnet.

1.3.2 Vierecke

Trapez. Es besitzt ein Paar gegenüberliegende parallele Seiten

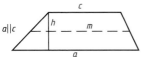

$$A = \frac{a + c}{2} \cdot h = m \cdot h$$

m: Mittellinie

Bild 1.11 Trapez

Drachenviereck. Es besitzt zwei Paare gleich langer, sich schneidender Seiten.

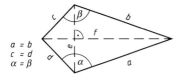

$$A = \frac{1}{2}\, e \cdot f$$

$a = b$
$c = d$
$\alpha = \beta$

Bild 1.12 Drachenviereck

Parallelogramm. Es besitzt zwei Paare gleich langer und paralleler Seiten.

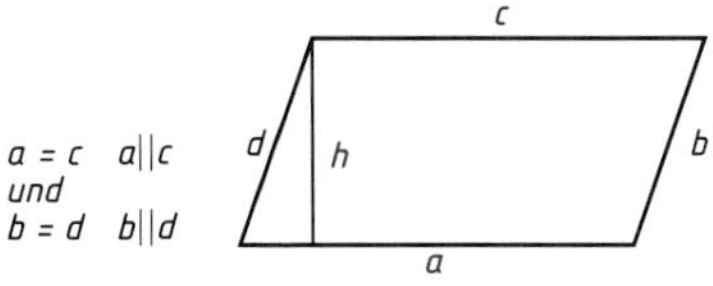

$$A = a \cdot h$$

$a = c$ $a \| c$
und
$b = d$ $b \| d$

Bild 1.13 Parallelogramm

Rechteck. Es ist ein Parallelogramm mit rechten Innenwinkeln.

$$A = a \cdot b$$ (Höhe h = Seite b)

Quadrat. Es ist ein Rechteck mit gleich langen Seiten a.

$$A = a^2$$

1.3.3 Kongruenz, Ähnlichkeit, Strahlensätze

Kongruenz. Zwei Figuren F_1 und F_2 heißen *kongruent* ($F_1 \cong F_2$) genau dann, wenn es eine Bewegung gibt, bei der die eine Figur das Bild der anderen Figur ist.

Bei kongruenten Figuren sind die entsprechenden Winkel bzw. Strecken und die Flächeninhalte gleich groß.

Für Dreiecke unterscheidet man folgende Kongruenzbedingungen, die Mindestanforderungen darstellen:
Dreiecke sind kongruent, wenn sie
- in drei Seiten übereinstimmen (*sss*);
- in zwei Seiten und dem eingeschlossenen Winkel übereinstimmen (*sws*);
- in einer Seite und den beiden anliegenden Winkeln übereinstimmen (*wsw*);
- in zwei Seiten und dem der größeren Seite gegenüberliegenden Winkel übereinstimmen (*ssw*).

Ähnlichkeit. Zwei Figuren F_1 und F_2 sind einander ähnlich ($F_1 \sim F_2$), wenn es eine umkehrbar eindeutige Abbildung gibt, die jedem Punkt von F_1 einen Punkt von F_2 zuordnet und die entsprechenden Winkel gleich sind.
oder
Zwei n-Ecke sind einander ähnlich, wenn sie in entsprechenden Winkeln übereinstimmen und entsprechende Seiten zueinander proportional sind.

Für die Ähnlichkeit von Dreiecken gelten folgende Sätze, die Minimalforderungen darstellen:
Dreiecke sind einander ähnlich, wenn sie
- in zwei Winkeln übereinstimmen,

– in einem Winkel übereinstimmen und die anliegenden Seiten gleiche Verhältnisse bilden,
– mit den drei zueinander entsprechenden Seiten ein gleiches Verhältnis bilden,
– mit zwei zueinander entsprechenden Seiten ein gleiches Verhältnis bilden und mit dem Gegenwinkel der größeren Seite übereinstimmen.

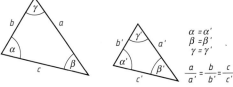

Bild 1.14   Ähnliche Dreiecke

Strahlensätze. Sie folgen aus den Ähnlichkeitssätzen für Dreiecke.

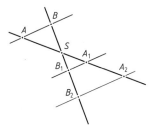

Bild 1.15   Strahlenbüschel, geschnitten von einer Parallelschar

Wird ein Strahlenbüschel von einer Parallelschar geschnitten, so gilt:

Die Abschnitte auf einem Strahl verhalten sich zueinander wie die gleichliegenden Abschnitte auf einem anderen Strahl.

$$\overline{SB_1} : \overline{SB_2} = \overline{SA_1} : \overline{SA_2} \qquad\qquad \overline{SB_1} : \overline{B_1B_2} = \overline{SA_1} : \overline{A_1A_2}$$
$$\overline{SA} : \overline{SA_1} = \overline{SB} : \overline{SB_1}$$

Gleichliegende Parallelabschnitte verhalten sich zueinander wie die zugehörigen Strahlenabschnitte auf ein und dem selben Strahl.

$$\overline{A_1B_1} : \overline{A_2B_2} = \overline{SA_1} : \overline{SA_2} \qquad\qquad \overline{AB} : \overline{A_1B_1} = \overline{SA} : \overline{SA_1}$$

Parallelabschnitte auf einer Parallelen verhalten sich zueinander wie die zugehörigen Parallelabschnitte auf einer anderen Parallelen.

Beispiel

Zu berechnen ist das Abszissenmaß x_S für den Schnittpunkt S der Grenze *11,13* mit der Messungslinie.

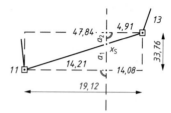

Bild 1.16
Schnittpunktberechnung

$$\frac{33,76}{19,12} = \frac{a_1}{14,21} = \frac{a_2}{4,91}$$

$$\begin{aligned} a_1 &= 25,09 & x_S &= 14,08 + a_1 \\ a_2 &= 8,67 & x_S &= 47,84 - a_2 \\ (a_1 + a_2 &= 33,76) & x_S &= 39,17 \end{aligned}$$

1.3.4 Kreis

Der Kreis ist die Menge aller Punkte der Ebene, die von einem festen Punkt M (Mittelpunkt) den gleichen Abstand (Radius r) haben.

Geraden und Kreis. Es werden folgende Geraden am Kreis unterschieden:

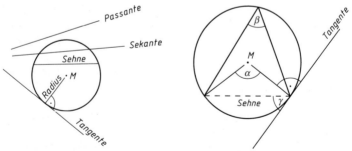

Bild 1.17   Geraden und Kreis   **Bild 1.18**   Winkel am Kreis

Winkel am Kreis. Es werden folgende Winkel am Kreis unterschieden:

α: Zentriwinkel Mittelpunktswinkel

β: Peripheriewinkel Umkreiswinkel γ: Sehnen-Tangenten-Winkel

Für die Winkel gelten folgende Sätze:

Peripheriewinkel β über dem gleichen Bogen sind gleich groß.
Über dem gleichen Bogen b ist der Zentriwinkel α doppelt so groß wie der Peripheriewinkel β.

$$\boxed{\alpha = 2\beta} \qquad \beta = \frac{\alpha}{2}$$

Für den Peripheriewinkel β_1 und β_2 über der selben Sehne, aber verschiedenen Bögen b_1 und b_2, gilt:

$$\boxed{\beta_1 + \beta_2 = 180° = 200 \text{ gon}}$$

Der Peripheriewinkel β über dem Durchmesser eines Kreises ist ein rechter Winkel (Satz des *Thales*).

Jeder Zentriwinkel ist doppelt so groß wie der zugehörige Sehnen-Tangenten-Winkel γ.

$$\boxed{\gamma = \frac{\alpha}{2}} \qquad \gamma = \beta$$

  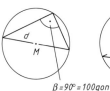

$$\beta = 90° = 100 \text{ gon}$$

Bild 1.19 Sätze über Winkel am Kreis

Berechnungen am Kreis. Bei gegebenen Radius r bzw. Durchmesser d ergeben sich folgende Berechnungsgleichungen:

Für den Umfang u:

$$\boxed{u = 2\pi r = \pi d}$$

Für die Kreisfläche A:

$$\boxed{A = \pi r^2 = \frac{\pi}{4} \cdot d^2}$$

Kreissektor. Bei gegebenen Zentriwinkel α und Radius r gilt:

Für die Bogenlänge b ($\rightarrow$ Abschn. 1.1.5):

a)　Aus $\dfrac{2\,\pi r}{400\ \text{gon}} = \dfrac{b}{\alpha}$　folgt:　　$\boxed{b = \alpha \cdot r \cdot \dfrac{\pi}{200\ \text{gon}} = \alpha \cdot r \cdot \dfrac{\pi}{180°}}$

b)　Berechnet man den Arc $\alpha = \dfrac{\pi \cdot \alpha}{200\ \text{gon}}$ so gilt:　$\boxed{b = r \cdot \text{Arc}\ \alpha}$

c)　Unter Verwendung von $1\ \text{rad} = \dfrac{200\ \text{gon}}{\pi} = \dfrac{180°}{\pi}$ gilt:

　　Aus $\dfrac{r}{1\ \text{rad}} = \dfrac{b}{\alpha}$　folgt:　　$\boxed{b = \dfrac{\alpha \cdot r}{1\ \text{rad}}}$

Für die Sektorfläche A:　　$\boxed{A = \dfrac{1}{2}\,b \cdot r = \dfrac{\pi \cdot r^2 \cdot \alpha}{400\ \text{gon}}}$

Beispiel

Der mittlere Erdradius beträgt $r = 6\,371$ km. Welche Bogenlänge b auf der Erdoberfläche entspricht der Zentriwinkel $\alpha = 1'$?

$$1\ \text{rad} = \frac{(180 \cdot 60)'}{\pi} = 3\,427{,}75' \qquad b = \frac{\alpha \cdot r}{1\ \text{rad}} = \frac{1' \cdot 6371\ \text{km}}{3427{,}75'}$$

$$b = 1{,}85\ \text{km} = 1\ \text{sm (Seemeile)}$$

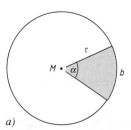

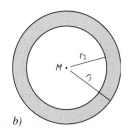

a) 　　　　　　　　　　　　　　　　　　　*b)*

Bild 1.20　a) Kreissektor; b) Kreisring

Kreisring. Bei gegebenen Radien r_1 und r_2 ($r_1 > r_2$) gilt:

Für die *Ringfläche A*:

$$A = \pi\,(r_1^2 - r_2^2) = \frac{\pi}{4}\,(d_1^2 - d_2^2)$$

Kreissegment. Bei gegebenen Zentriwinkel α und Radius r gilt:

Für die Sehnenlänge s:

$$s = 2 \cdot r \cdot \sin\frac{\alpha}{2}$$

Für die Pfeilhöhe h:

$$h = r\left(1 - \cos\frac{\alpha}{2}\right)$$

Für den Radius r:

$$r = \frac{s^2}{8h} + \frac{h}{2}$$

Für die Segmentfläche A:
(b Bogenlänge A bis E)

$$A = \frac{1}{2}\left[br - s\,(r - h)\right]$$

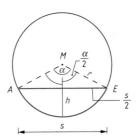

Bild 1.21   Kreissegment

1.4 Koordinatensysteme der Ebene

Mit Hilfe der Koordinaten eines Koordinatensystems wird die Lage eines Punktes eindeutig bestimmt.

Das ebene rechtwinklige Koordinatensystem. Dieses Koordinatensystem wurde durch *Rene' Descartes* (1596 bis 1650) eingeführt.

In der Ebene schneiden sich zwei Koordinatenachsen rechtwinklig im
Koordinatenursprung.

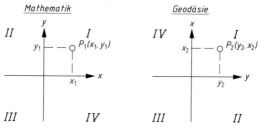

x - Achse $\longrightarrow$ Abszissenachse y - Achse $\longrightarrow$ Ordinatenachse

Bild 1.22   Ebenes rechtwinkliges, karthesisches Koordinatensystem

Unterschieden werden karthesische Systeme in der Mathematik und
Geodäsie.
- Mathematisches System:
Im mathematischen System ist der Drehsinn des Winkels *linksläufig*,
entgegen dem Uhrzeigersinn.
- Geodätisches System:
Da in der Vermessungstechnik Winkel immer rechtsläufig gemessen
werden, erfolgte im geodätischen System ein Vertauschen der Koordi-
natenachsen. Sollen die Quadranten für x und y die gleichen Vorzei-
chen behalten, so erhält das System einen *rechtsläufigen* Drehsinn, die
Quadranten verlaufen im Uhrzeigersinn.

Polarkoordinatensystem.

Das Polarkoordinatensystem besteht aus dem Pol und einer festen
Nullrichtung.
Die Polarkoordinaten eines Punktes sind die Richtung r gegenüber der
Nullrichtung und die Strecke s zum Pol.

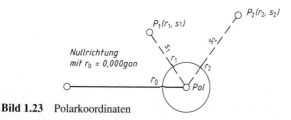

Bild 1.23   Polarkoordinaten

1.5 Trigonometrie

1.5.1 Trigonometrische Funktionswerte

Definition der trigonometrischen Funktionswerte. Die Funktionswerte der trigonometrischen Funktionen $y = \sin x$; $y = \cos x$; $y = \tan x$ und $y = \cot x$ sind wie folgt am beliebigen Kreis definiert.

$\sin \alpha = \dfrac{\text{Ordinate}}{\text{Radius}} = \dfrac{y}{r}$;	$\tan \alpha = \dfrac{\text{Ordinate}}{\text{Abszisse}} = \dfrac{y}{x}$
$\cos \alpha = \dfrac{\text{Abszisse}}{\text{Radius}} = \dfrac{x}{r}$;	$\cot \alpha = \dfrac{\text{Abszisse}}{\text{Ordinate}} = \dfrac{x}{y}$

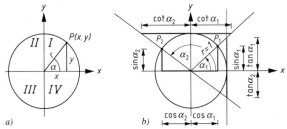

Bild 1.24 Trigonometrische Funktionswerte
a) am beliebigen Kreis;
b) am Einheitskreis ($r = 1$)

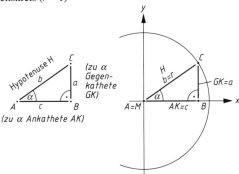

Bild 1.25 Trigonometrische Funktionswerte und rechtwinkliges Dreieck

Trigonometrische Funktionswerte am rechtwinkligen Dreieck.
Legt man das rechtwinklige Dreieck *ABC* in den ersten Quadranten
eines Kreises, so gelten folgende Beziehungen (→ Bild 1.25):

$\sin \alpha = \dfrac{\text{Gegenkathete}}{\text{Hypotenuse}} = \dfrac{a}{b}$	$\tan \alpha = \dfrac{\text{Gegenkathete}}{\text{Ankathete}} = \dfrac{a}{c}$
$\cos \alpha = \dfrac{\text{Ankathete}}{\text{Hypotenuse}} = \dfrac{c}{b}$	$\cot \alpha = \dfrac{\text{Ankathete}}{\text{Gegenkathete}} = \dfrac{c}{a}$

Vorzeichenverteilung in den 4 Quadranten. Abszissen- und Ordi-
natenwerte nehmen in den einzelnen Quadranten verschiedene Vorzeichen an, während der Radius stets positiv ist. Dadurch erhalten auch
die Funktionswerte unterschiedliche Vorzeichen.

Tabelle 1.1   Vorzeichen der trigonometrischen Funktionswerte

Funktion	Quadrant			
	I	II	III	IV
sin	+	+	−	−
cos	+	−	−	+
tan	+	−	+	−
cot	+	−	+	−

1.5.2   Funktionsbilder trigonometrischer Funktionen

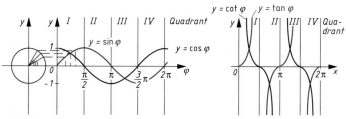

Bild 1.26   Funktionsbilder der trigonometrischen Funktionen

- Die Trigonometrischen Funktionen verlaufen periodisch.
- Bei $y = \sin x$ und $y = \cos x$ wiederholt sich das Funktionsbild nach 2π, 360° bzw. 400 gon.
- Bei $y = \tan x$ und $y = \cot x$ wiederholt sich das Funktionsbild nach π, 180° bzw. 200 gon.

1.5.3 Arbeit mit den trigonometrischen Funktionswerte

❚ Jedem Winkel ist eindeutig ein Funktionswert zugeordnet.

Der Taschenrechner bestimmt den Funktionswert für Winkel in allen vier Quadranten, z.B.:

$\alpha = 365{,}234$ gon

$\sin \alpha = -0{,}51936 \dots$ $\qquad$ $\tan \alpha = -0{,}60775 \dots$

$\cos \alpha = 0{,}85455 \dots$ $\qquad$ $\cot \alpha = \dfrac{1}{\tan \alpha} = -1{,}64539 \dots$

Soll z.B. zu $\sin \alpha = 0{,}5$ der Winkel α bestimmt werden, so gilt die Schreibweise: Arcsin $0{,}5 = 33{,}3333$ gon

❚ Jedem Funktionswert ist nicht eindeutig ein Winkel zugeordnet.

Beispiele

$\cos 125{,}36$ gon $= -0{,}387902$; $\qquad$ $\cos 274{,}64$ gon $= -0{,}38790$

oder Arc $\cos (-0{,}387902) = 125{,}36$ gon $= 274{,}64$ gon

Die Vorzeichenverteilung für Zähler und Nenner bei der Berechnung des Funktionswertes bzw. der Aufgabenstellung bestimmen die Größe des Winkels, den Quadranten.

Wird im Anzeigeregister des Taschenrechners der Winkel α' (I. Quadrant) angezeigt, so berechnen sich die Winkel α für die vier Quadranten wie folgt:

I.	Quadrant	$\alpha = \alpha'$
II.	Quadrant	$\alpha = 200 - \alpha'$
III.	Quadrant	$\alpha = 200 + \alpha'$
IV.	Quadrant	$\alpha = 400 - \alpha'$

Es gelten folgende allgemeine Beziehungen:

$$\sin^2 \alpha + \cos^2 \alpha = 1 \qquad\qquad \tan \alpha \cdot \cot \alpha = 1$$

$$\tan \alpha = \frac{\sin \alpha}{\cos \alpha} \qquad\qquad \cot \alpha = \frac{\cos \alpha}{\sin \alpha}$$

$$\tan \alpha = \frac{1}{\cot \alpha} \qquad\qquad \cot \alpha = \frac{1}{\tan \alpha}$$

1.5.4   Berechnungen im beliebigen Dreieck

Sinussatz: In einem beliebigen Dreieck gilt:
Die Verhältnisse, Dreiecksseite zum Sinus des gegenüberliegenden Winkel, sind gleich.

$$\frac{a}{\sin \alpha} = \frac{b}{\sin \beta} = \frac{c}{\sin \gamma}$$

Kosinussatz: Sind zwei Seiten und der eingeschlossene Winkel in einem beliebigen Dreieck gegeben so gilt:

$$a^2 = b^2 + c^2 - 2bc \cos \alpha$$
$$b^2 = a^2 + c^2 - 2ac \cos \beta$$
$$c^2 = a^2 + b^2 - 2ab \cos \gamma$$

Sind drei Seiten gegeben so gilt:

$$\cos \alpha = \frac{b^2 + c^2 - a^2}{2bc} \qquad \cos \beta = \frac{a^2 + c^2 - b^2}{2ac} \qquad \cos \gamma = \frac{a^2 + b^2 - c^2}{2ab}$$

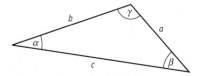

Bild 1.27   Beliebiges Dreieck

1.5.5 Richtungswinkel

Sind von einer Strecke $\overline{AE}$ die Koordinaten des Anfangspunktes A, (y_A, x_A), und die Koordinaten des Endpunktes E, (y_E, x_E), gegeben, so orientiert der Richtungswinkel die Strecke im Koordinatensystem.

> Der geodätische Richtungswinkel $t_{A,E}$, t_A^E entsteht im karthesisch-geodätischen Koordinatensystem, wenn die Parallele zur x-Achse durch A rechtsläufig gedreht wird bis diese durch den Punkt E geht.

Für die Richtungswinkel $t_{A,E}$ und $t_{E,A}$ gilt:

$$t_{E,A} = t_{A,E} \pm 200 \text{ gon}$$

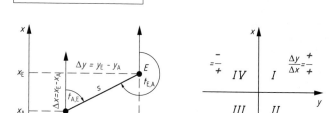

Bild 1.28 Richtungswinkel und Vorzeichenverteilung bei deren Berechnung

Der Richtungswinkel berechnet sich aus den Koordinaten der Punkte A und E.

$$\tan t_{A,E} = \frac{y_E - y_A}{x_E - x_A} = \frac{\Delta y}{\Delta x}$$

Die Vorzeichenverteilung für den Nenner und Zähler bestimmen die Größe des Richtungswinkels.

Häufig wird mit den Koordinaten der Punkte A und E die Strecke $\overline{AE} = s$ berechnet.

$$\overline{AE} = s = \sqrt{(y_E - y_A)^2 + (x_E - x_A)^2} = \sqrt{\Delta y^2 + \Delta x^2}$$

Die Berechnung der Richtungswinkel zur weiteren Koordinatenberechnung → Abschn. 10.2.3.

■ Arbeit mit dem Taschenrechner
Mit dem Taschenrechner kann die Strecke und der Richtungswinkel
aus den Koordinatenunterschieden und umgekehrt berechnet werden.
Rechner besitzen eine entsprechende Funktionstaste, z. B.

$$[\mathbf{R} \Rightarrow \mathbf{P}] \quad \textit{(rechtwinklig in polar)}$$
$$[\mathbf{P} \Rightarrow \mathbf{R}] \quad \textit{(polar in rechtwinklig)}$$

Die Angabe der Richtungswinkel erfolgen für den I. und II. Quadranten.

Beispiel

Gegeben: A mit $y_A = 96{,}23$ und $x_A = 144{,}72$
             E mit $y_E = 129{,}45$ und $x_E = 19{,}05$

Zu bestimmen ist die Strecke $\overline{AE}$ und der Richtungswinkel $t_{A,E}$!

$$\Delta x = x_E - x_A = -125{,}67 \qquad \Delta y = y_E - y_A = +33{,}22$$

Rechner: *Eingabe*	Δx	INV $[\mathbf{R} \Rightarrow \mathbf{P}]$	Δy	$[\,=\,]$	$[\mathbf{X} \Leftrightarrow \mathbf{Y}]$
	$-125{,}67$		$33{,}22$		
Anzeige	$-125{,}67$	$-125{,}67$	$33{,}22$	$129{,}986$	$183{,}5477$
				Strecke	$t_{A,E}$ in gon

Beispiel

Gegeben: $s = 150{,}50$ m   und $t_{A,E} = 274{,}65$ gon
Gesucht: Koordinatenunterschiede Δx und Δy!

Rechner: *Eingabe*	s	$[\mathbf{P} \Rightarrow \mathbf{R}]$	t	$[\,=\,]$	$[\mathbf{X} \Leftrightarrow \mathbf{Y}]$
	$150{,}50$		$274{,}65$		
Anzeige	$150{,}50$	$150{,}50$	$274{,}65$	$-58{,}357$	$-138{,}725$
				Δx	Δy

1.6 Neigungen

Durch die Horizontalstrecke s und dem Höhenunterschied Δh ist die Neigung einer Strecke $\overline{AE}$ bestimmt.

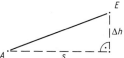

Bild 1.29 Neigung einer Strecke

Beispiel

$s = 160,20$
$\Delta h = 3,56$

Neigungsverhältnis 1 : n. Für den Höhenunterschied $\Delta h = 1$ ergibt sich die Horizontalstrecke n.

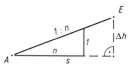

$$\frac{\Delta h}{s} = \frac{p}{100}$$

Bild 1.30 Neigungsverhältnis

Beispiel

$$n = \frac{s}{\Delta h} = \frac{160,20}{3,56} = 45$$

$1 : n$ ist $1 : 45$

Neigungsangabe in Prozent ($p\%$). Für die Horizontalstrecke 100 ergibt sich der Höhenunterschied p.

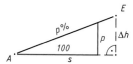

$$\frac{\Delta h}{s} = \frac{p}{100}$$

Bild 1.31 Neigungsangabe in Prozent

Beispiel

$$p = \frac{100 \cdot \Delta h}{s}$$

$$p = \frac{100 \cdot 3,56}{160,20} = 2,22\%$$

Neigungswinkel α. Es ist der Winkel, der zwischen der Horizontal- und Schrägstrecke eingeschlossen wird.

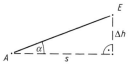

$$\tan \alpha = \frac{\Delta h}{s}$$

Bild 1.32 Neigungswinkel

Beispiel

$$\tan \alpha = \frac{3,56}{160,20}$$

$$\alpha = 1,27° = 1,41 \text{ gon}$$

1.7 Analytische Geometrie der Geraden

Die Analytische Geometrie erfaßt geometrische Objekte durch Funktionsgleichungen, die die Lösung geometrischer Aufgaben ermöglichen. Die geometrischen Objekte, z.B. Geraden, liegen im karthesischen-geodätischen Koordinatensystem.
Für die Funktionsgleichung, die Funktion $y = f(x)$, und für das Funktionsbild besteht folgender Zusammenhang:

> Das Funktionsbild, die Funktion, ist die Menge aller Punkte mit den Koordinaten x und y, die die Funktionsgleichung erfüllen, d.h. die Funktionsgleichung erhält durch die Koordinaten eine wahre Aussage.

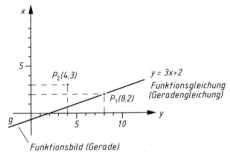

Bild 1.33   Funktionsgleichung und Funktionsbild

Der Punkt P_1 mit seinen Koordinaten erfüllt die Funktionsgleichung!
Der Punkt P_2 mit seinen Koordinaten erfüllt die Funktionsgleichung nicht!

1.7.1 Geradengleichungen

Punktrichtungsform. Die Gerade g ist bestimmt durch den Punkt P_1 mit den Koordinaten y_1 und x_1 sowie dem Richtungswinkel t.
Für jeden Punkt $P(y, x)$ auf der Geraden g gilt:

$$\tan t = m = \frac{y - y_1}{x - x_1} \qquad \Rightarrow \qquad \boxed{\begin{aligned} y - y_1 &= \tan t \cdot (x - x_1) \\ y - y_1 &= m \cdot (x - x_1) \end{aligned}}$$

$m = \tan t$ nennt man den *Anstieg* der Geraden g.

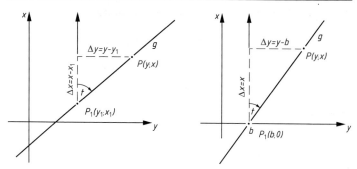

Bild 1.34 Punktrichtungsform und Normalform

Normalform. Ist bei der Punktrichtungsform der gegebene Punkt P_1 ein Punkt auf der y-Achse mit den Koordinaten $y_1 = b$ und $x_1 = 0$, so erhält man die Normalform der Geradengleichung.

$$\tan t = m = \frac{y - b}{x} \qquad \Rightarrow \qquad \begin{aligned} y - b &= \tan t \cdot x \\ y - b &= m \cdot x \end{aligned}$$

$$\boxed{y = mx + b}$$

Zweipunkteform. Die Gerade g ist bestimmt durch die koordinatenmäßig gegebenen Punkte P_1 (y_1, x_1) und P_2 (y_2, x_2).
Für jeden Punkt P (y, x) auf der Geraden g gilt:

$$\tan t = \frac{y_2 - y_1}{x_2 - x_1} \qquad \tan t = \frac{y - y_1}{x - x_1} \qquad \Rightarrow \qquad \boxed{\frac{y - y_1}{x - x_1} = \frac{y_2 - y_1}{x_2 - x_1}}$$

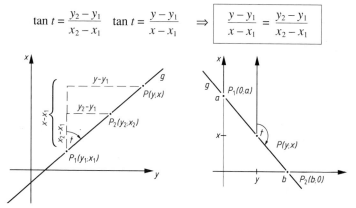

Bild 1.35 Zweipunkteform und Achsenabschnittsform

Achsenabschnittsform. Sind bei der Zweipunkteform die gegebenen Punkte P_1 ein Punkt auf der x-Achse, P_1 $(0, a)$, und P_2 ein Punkt auf der y-Achse, P_2 $(b, 0)$, so erhält man die Achsenabschnittgleichung.

Nach der Zweipunkteform gilt:
$$\frac{y-0}{x-a} = \frac{b-0}{0-a}$$

Das Kreuzprodukt ergibt:
$$bx + ay = ab$$

Durch die Division durch $(a \cdot b)$ erhält man:

$$\boxed{\frac{x}{a} + \frac{y}{b} = 1}$$

Beispiel

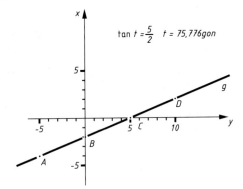

Bild 1.36

Gesucht: Funktionsgleichung der Geraden g in der Normalform (Bild 1.36)

a) *Gegeben:* A $(-5; -4)$ *Punktrichtungsform:*   *Normalform:*

$$m = \tan t = \frac{5}{2} \qquad y + 5 = \frac{5}{2}(x+4) \qquad \Rightarrow \quad y = \frac{5}{2}x + 5$$

$$(t = 75{,}776 \text{ gon})$$

b) *Gegeben: C* (5; 0) *Normalform:*

$$m = \tan t = \frac{5}{2}$$

$$b = 5$$

$$y = \frac{5}{2}x + 5$$

c) *Gegeben: A* (−5; −4) *Zweipunkteform:* *Normalform:*
   D (10; 2)

$$\frac{y+5}{x+4} = \frac{10-(-5)}{2-(-4)} \quad \Rightarrow \quad y = \frac{5}{2}x + 5$$

d) *Gegeben: B* (0; −2) *Achsenabschnittsform:* *Normalform:*
   C (5; 0) $a = -2$ und $b = 5$

$$\frac{x}{-2} + \frac{y}{5} = 1 \quad \Rightarrow \quad y = \frac{5}{2}x + 5$$

1.7.2 Schnitt zweier Geraden

Schnittpunkt. Der Schnittpunkt S (y_S; x_S) der Geraden g_1 und g_2 ist ein Punkt beider Geraden.

> Die Koordinaten y_S und x_S des Schnittpunktes S müssen die Funktionsgleichungen der Geraden g_1 und g_2 erfüllen.

Zu lösen ist ein Gleichungssystem von zwei Gleichungen mit zwei Unbekannten, die Koordinaten y_S und x_S.

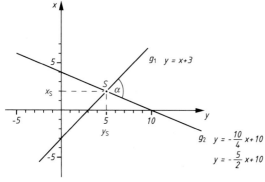

Bild 1.37 Schnittpunkt und Schnittwinkel zweier Geraden

Beispiel

Für die Gerade g_1:   I $y = x + 3$
Für die Gerade g_2:   II $y = -2{,}5x + 10$

Nach dem Gleichsetzungsverfahren: $x + 3 = -2{,}5x + 10$
                                                        $x = 2$

I $y = \qquad 2 + 3 = 5$
II $y = -2{,}5 \cdot 2 + 10 = 5$ $y_S = 5 \quad x_S = 2$

Schnittwinkel. Der Schnittwinkel α zweier Geraden g_1 und g_2 ist der Winkel der entsteht, wenn die Gerade g_1 sich positiv dreht bis sie mit der Geraden g_2 zusammenfällt.

Der Schnittwinkel α wird mit den Richtungswinkeln t_1 und t_2 berechnet.

$$\tan \alpha = \frac{\tan t_2 - \tan t_1}{1 + \tan t_2 \cdot \tan t_1} \qquad\qquad \tan \alpha = \frac{m_2 - m_1}{1 + m_1 \cdot m_2}$$

Beispiel   (siehe oben)

$m_1 = \tan t_1 = 1$

$m_2 = \tan t_2 = -\dfrac{5}{2} = -2{,}5$ $\tan \alpha = \dfrac{-2{,}5 - 1}{1 + 1 \cdot (-2{,}5)}$

                                                        $\alpha = 74{,}224 \text{ gon}$

Sonderfälle. Für zwei Geraden g_1 und g_2 mit den Funktionsgleichungen
$y = m_1 x + b_1$ und $y = m_2 x + b_2$ gilt:

Die Geraden g_1 und g_2 verlaufen *parallel*, wenn $\tan t_1 = \tan t_2$ bzw. $m_1 = m_2$ ist.

Die Geraden g_1 und g_2 schneiden sich *senkrecht*, wenn

$$m_1 \cdot m_2 = -1 \quad \text{bzw.} \quad m_1 = -\frac{1}{m_2} \text{ ist.}$$

1.8 Darstellende Geometrie

Projektionsarten. Die darstellende Geometrie hat die Aufgabe, Raumgebilde nach Gestalt, Größe und Lage zeichnerisch zu bestimmen.

Diese Raumgebilde werden in die Zeichenebene abgebildet und sollen einerseits anschaulich und andrerseits größenmäßig erfaßbar sein. Bei der Kartenherstellung sind diese Gebilde Teile der physischen Erdoberfläche, die in die Kartenebene unter Verwendung eines Maßstabsverhältnisses verkleinert abgebildet werden.

Es werden unterschieden:

Zentralprojektion: Die Projektionsgeraden kommen aus einem Projektionszentrum. Die Projektionsebene kann senkrecht oder schräg zum Zentralstrahl stehen.
Diese Projektionsart spielt in der Photographie bzw. Photogrammetrie eine bedeutende Rolle.

Parallelprojektion: Die Projektionsgeraden verlaufen parallel. Sie können senkrecht oder schräg auf die Projektionsebene fallen.

Bei der Streckenmessung wird die Schrägstrecke auf die Horizontale herabgelotet oder die Richtungen als Projektion auf die Hz-Ebene gemessen. Es handelt sich um eine *senkrechte Eintafel-Parallelprojektion*.

1.8.1 Parallelprojektion

Sätze. Für die senkrechte und schräge Parallelprojektion gelten folgende Sätze:

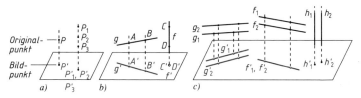

Bild 1.38 Abbildung durch die Parallelprojektion
a) Abbildung eines Punktes; b) Abbildung einer Strecke bzw. einer Geraden; c) Abbildung zweier paralleler Geraden

Jedem Raumpunkt wird eindeutig ein Punkt als Bildpunkt zugeordnet.

Die Umkehrung des Satzes gilt nicht.

Jeder Strecke bzw. Geraden im Raum wird je nach ihrer Lage zu den Projektionsstrahlen entweder ein Punkt oder eine Strecke bzw. Gerade als Bild zugeordnet.

Parallele Geraden im Raum werden je nach ihrer Lage zu den Projektionsstrahlen als zwei Punkte, eine einzige Gerade oder parallele Geraden abgebildet.

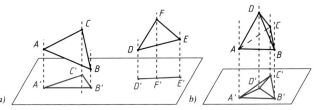

Bild 1.39   Abbildung durch die Parallelprojektion
a) Abbildung einer ebenen Figur; b) Abbildung eines Körpers

Jede ebene Figur im Raum wird je nach ihrer Lage zu den Projektionsstrahlen als Strecke oder ebene Figur abgebildet.

Jeder Körper im Raum wird als ebene Figur abgebildet.

Senkrechte Eintafel-Parallelprojektion für Punkte und Geraden.

Die räumliche Lage eines Punktes oder einer Strecke im Raum ergibt sich aus der Abbildung in der Projektionsebene und einer Höhenangabe mittels des *Höhenmaßstabes*.

Die Höhenangabe wird als *Kote* bezeichnet und eine Projektion mit Höhenangaben *kotierte* Projektion.

Bild 1.40
Bild und
Höhenmaßstab

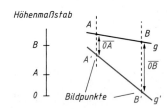

Sind die Projektionsstrecke $\overline{A'B'}$ einer Strecke $\overline{AB}$ und der Höhenmaß-stab gegeben, so können folgende Größen ermittelt werden:

- Bestimmung der *wahren Länge* der Strecke $\overline{AB}$
- Die wahre Länge der Strecke $\overline{AB}$ erhält man durch das Umklappen des Trapezes $A'B'BA$ in die Projektionsebene.
- Auf $\overline{A'B'}$ in den Punkten A' und B' die Senkrechten errichten; die Höhe $\overline{OA}$ von A' und die Höhe $\overline{OB}$ von B' aus abtragen; es entstehen die Punkte $[A]$ und $[B]$.
  Die Strecke $\overline{[A][B]}$ ist die wahre Länge der Strecke $\overline{AB}$.

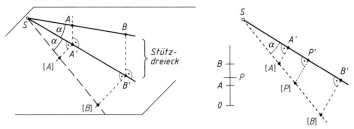

Bild 1.41 Bestimmung der wahren Länge, des Spurpunktes, des Neigungswinkels und der Höhe eines Punktes

- Bestimmung des *Spurpunktes S*
- Der Spurpunkt S ist der Durchstoßpunkt der Geraden durch A und B durch die Projektionsebene.
- Die Gerade durch A' und B' sowie die Gerade durch $[A]$ und $[B]$ verlängern. Der Schnittpunkt beider Geraden ist der Spurpunkt S.

- Bestimmung des *Neigungswinkels α*
- Der Neigungswinkel α ist der Winkel zwischen den Geraden durch A und B und der Projektionsebene.
- Die Verlängerungen von $\overline{A'B'}$ und $\overline{[A][B]}$ schließen im Spurpunkt S den Neigungswinkel α ein.

- Bestimmung der Höhe eines Punktes P auf der Geraden $\overline{AB}$
- Auf $\overline{A'B''}$ im Punkt P' die Senkrechte errichten; der Schnittpunkt mit der Strecke $\overline{[A][B]}$ ist der Punkt $[P]$.
- Der Abstand $\overline{P'[P]}$ ist die Höhe des Punktes P.

■ Graduieren einer Geraden

Gegeben: Strecke $\overline{A'B'}$ in der Projektionsebene, Höhen für A und B und die Einteilung des Höhenmaßstabes in Einheiten.

Gesucht: Bildpunkte P_1' mit der Höhe = 1 Einheit
                    P_2' mit der Höhe = 2 Einheiten
                    . . . .
                    P_5' mit der Höhe = 5 Einheiten

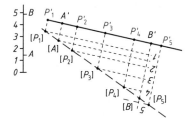

Bild 1.42
Graduieren
einer Geraden

– Strecke $\overline{[A][B]}$ konstruieren.
– Auf der Strecke $\overline{B'[B]}$ die Höhen 1, 2, ... , 5 Einheiten von B' abtragen und Parallelen zu $\overline{A'B'}$ ziehen; die Schnittpunkte mit $[A][B]$ und den Verlängerungen sind die Punkte $[P_1]$, $[P_2]$, ... , $[P_5]$.
– Lote von $[P_1]$, $[P_2]$, ... , $[P_5]$ auf die Strecke $\overline{A'B'}$ und deren Verlängerungen fällen; die Schnittpunkte sind die gesuchten Punkte P_1', P_2', ... , P_5'.

Senkrechte Eintafel-Parallelprojektion einer Ebene. Die Schnittgerade der Ebene E mit der Projektionsebene ist die *Spurgerade s*.

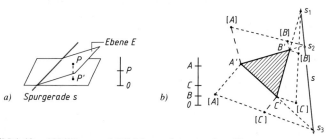

Bild 1.43 Abbildung und Abbildungselemente einer Ebene
              a) durch Spurgerade und Abbildung eines Punktes der Ebene
              mit Höhenangabe; b) durch die Bildpunkte A', B', C' und die
              Höhenangaben für die Punkte A, B, C der Ebene.

Liegt die Ebene parallel zu den Projektionsstrahlen, so wird die Ebene nur als Spurgerade abgebildet.

Die Lage der Ebene, die nicht parallel zu den Projektionsstrahlen liegt, kann durch Abbildungselemente erfaßt werden:
- durch die Spurgerade s und die Abbildung eines Punktes mit Höhenangabe;
- durch die Spurgerade s und den Neigungswinkel, den Schnittwinkel zwischen der Ebene und der Projektionsebene;
- durch die Bildpunkte A', B', C' und die Höhenangabe für die Punkte A, B, C der Ebene.

Aus diesen Angaben kann die Spurgerade s konstruiert werden.

Für die Kartenherstellung sind folgende Begriffe bei der Abbildung einer Ebene wichtig:

Höhenlinien h sind die Schnittgeraden zwischen der Ebene und Parallelebenen zur Projektionsebene. Die Projektionen der Höhenlinien verlaufen parallel zur Spurgeraden s.

Die *Fallinie f* ist die Gerade der Ebene, die senkrecht zur Spurgeraden steht und auch die Höhenlinien senkrecht schneidet. Die gleichen Aussagen gelten für die Projektionen der Fallinien und Höhenlinien.

Der *Neigungswinkel* α ist der Winkel, der durch die Fallinie und die Projektionsebene eingeschlossen wird. Man erhält die Winkel durch das Umklappen des Stützdreiecks, das durch Fallinie f und der Projektion der Fallinie f' gebildet wird.

Konstruktionsbeispiel

Gegeben: Die Ebene E durch die Spurgerade s, den Bildpunkt P' des Punktes P (P' *auf E*) und der Höhenangabe von P.
Gesucht: Größe des Neigungswinkels a.

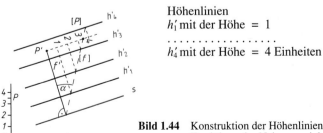

Höhenlinien
h'_1 mit der Höhe $= 1$
. . . .
h'_4 mit der Höhe $= 4$ Einheiten

Bild 1.44 Konstruktion der Höhenlinien und Ermittlung des Neigungswinkels

Konstruktion:
- Umklappen des Stützdreiecks für die Fallinie f (f' durch P' und senkrecht zu s);
- Ablesen des Neigungswinkels;
- Graduieren der Projektion der Fallinie (f') und Parallelen zur Spurgeraden s zeichnen.

Mit den beschriebenen Konstruktionen kann man weitere Untersuchungen der Ebene vornehmen, so z. B. die Konstruktion der Schnittgeraden zweier Ebenen im Raum.

Die *Schnittgerade e* ist die Gerade, die durch die Schnittpunkte der Höhenlinien beider Ebenen gleicher Höhe verlaufen.

Konstruktionsbeispiel

Die Ebenen E_1 bzw. E_2 sind gegeben durch die Spurgeraden s_1 bzw. s_2, die Punkte P_1' bzw. P_2' und die Höhen von P_1 und P_2.

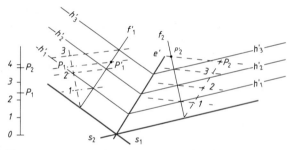

Bild 1.45   Konstruktion der Schnittgeraden zweier Ebenen

Konstruktion der Projektion der Schnittgeraden e':
- Graduieren der Fallinien f_1' und f_2'.
- Die Höhenlinien zeichnen und die Schnittpunkte entsprechender Höhenlinien verbinden.
- Die verbindende Gerade ist dann e'.

Schräge Parallelprojektion. Bei der Parallelprojektion verlaufen die Parallelen Projektionsstrahlen nicht senkrecht zur Projektionsebene. Die Bilder der schrägen Parallelprojektion verwendet man häufig für die Darstellung räumlicher Gebilde.

Die Sätze der Parallelprojektion gelten ebenfalls für die Schräge Parallelprojektion.

● Abbildung einer Tiefenstrecke $\overline{AB}$

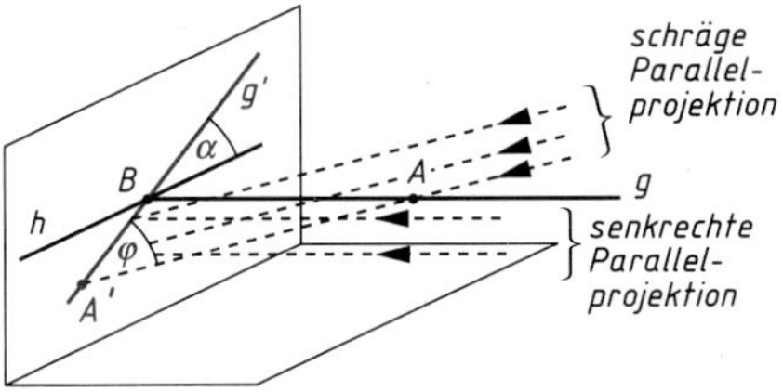

Bild 1.46
Abbildung einer
Tiefenstrecke mittels
der schrägen
Parallelprojektion

Aus der Abbildung einer Tiefenstrecke $\overline{AB}$ ($\overline{AB} \perp$ zur Projektionsebene) ergeben sich folgende Erkenntnisse:
- $\overline{A'B}$ ist das Bild von $\overline{AB}$; B ist selbst Spurpunkt.
- $\overline{A'B}$ ist auch Bild der Projektionsstrecke $\overline{AA'}$ bei einer senkrechten
  Parallelprojektion.
- φ ist der Neigungswinkel der Projektionsstrahlen zur Projektionsebene.
- α ist der Verzerrungswinkel und entsteht durch Drehen der
  Horizontalen h entgegen dem Uhrzeigersinn bis zur Deckung mit
  der Bildstrecke der Geraden.

Die Strecke $\overline{AB}$ wird verzerrt als Strecke $\overline{A'B}$ abgebildet. Das Verzer-
rungsverhältnis q errechnet sich zu:

$$\cot \varphi = \frac{\overline{A'B}}{\overline{AB}} = q \qquad \overline{A'B} = q \cdot \overline{AB}$$

> Die Bilder aller Tiefengeraden sind um den Verzerrungswinkel α
> gegen die Horizontale geneigt. Die Längen aller Tiefenstrecken
> werden nach dem Tiefenverhältnis q verändert.

Häufig werden die Schrägbilder nur mittels α und q gezeichnet, ohne
die Projektionsgeraden zu verwenden.
Für q verwendet man meist einfache rationale Zahlen.

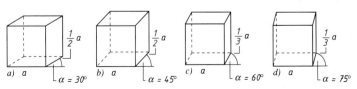

Bild 1.47 Schrägbilder der schrägen Parallelprojektion

1.8.2 Zentralprojektion

Das Projektionszentrum P, Beobachtungsstandpunkt, befindet sich bei der Zentralprojektion in einer endlichen Entfernung von der Projektionsebene, Tafelebene.

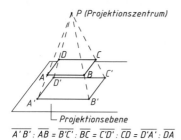

$$\overline{A'B'} : \overline{AB} = \overline{B'C'} : \overline{BC} = \overline{C'D'} : \overline{CD} = \overline{D'A'} : \overline{DA}$$

Bild 1.48
Abbildung einer frontalen Ebene
mittels der Zentralprojektion

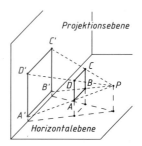

Bild 1.49
Original zwischen Projektionsebene
und Projektionszentrum

Eine *frontale*, parallel zur Tafelebene liegende ebene Figur ist dem Bild auf der Projektionsebene *ähnlich*.

Zeichnet man zur Projektionsebene noch die Horizontalebene, auf der der Beobachter steht, sowie die Schnittgeraden beider Ebenen so gilt:
– Senkrechte Geraden als Original werden wieder als senkrechte Geraden abgebildet.
– Parallel zur Projektionsebene und horizontal liegende Geraden werden wieder als horizontale Geraden abgebildet.
– Liegt das Original zwischen Projektionsebene und Projektionszentrum, so ist das Bild $A'B'C'D'$ größer als das Original $ABCD$.

Befindet sich die Projektionsebene zwischen dem Projektionszentrum und dem Original so nennt man diese Zentralprojektion *Perspektive* (perspicere: lat. hindurchblicken), und es entsteht ein verkleinertes Bild.
Befindet sich das Projektionszentrum zwischen der Projektionsebene und dem Original, so entsteht ein umgekehrtes, seitenvertauschtes Bild, je nach Lage des Projektionszentrums ein vergrößertes, verkleinertes oder gleich großes Bild. Diese Abbildung erfolgt in einer fotografischen Kamera. Dabei sind die Projektionsebene die Filmebene, und das Projektionszentrum der optische Mittelpunkt des Objektivs.

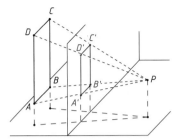

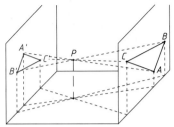

Bild 1.50
Projektionsebene zwischen
Projektionszentrum und Original

Bild 1.51
Projektionszentrum zwischen
Projektionsebene und Original

1.9 Fehler und Verbesserungen

1.9.1 Fehlerarten

Der wahre Wert einer Größe kann auch bei sorgfältigster Messung nicht bestimmt werden. Unterschieden werden drei Arten von Meßfehler:

Grobe Fehler. Sie erfordern immer eine Neumessung!
- Fehlerentstehung
Mangelnde Sorgfalt und Konzentration beim Messen.

- Fehlerauswirkung, z.B.
Meterfehler bei der Streckenmessung;
Gonfehler bei der Richtungsmessung;
Dezimeterfehler beim Nivellement;
Zahlendreher bei der Displayablesung.

- Fehlervermeidung, z.B.
volle Konzentration bei der Messung;
Überprüfung einer Ablesung und deren Protokollierung;
Kontrollen messen und berechnen.

Systematische Fehler. Sie werden durch Sachkenntnis erkannt und eingeschränkt.
- Fehlerentstehung
Wirkung äußerer Einflüsse wie Umwelteinflüsse, Gerätefehler, Instrumentenfehler;
Nichteinhalten der Meßvorschrift.

- Fehlerauswirkung
Einseitig wirkende Fehler, Meßdaten sind zu groß oder zu klein.

- Fehlervermeidung, z. B.
Einhalten der Meßvorschrift;
Überprüfen, Justieren, Eichen der Geräte und Instrumente;
Kontrollen messen und berechnen, Reproduktion bekannter Meß-
daten;
Korrekturen an den Meßdaten anbringen.

Zufällige, unvermeidbare Fehler. Diese Fehler sind bei der Messung
nicht zu vermeiden und Gegenstand der Fehler- und Ausgleichrech-
nung.
- Fehlerentstehung
Unvollkommenheit der Meßinstrumente und menschlichen Sinne,
z. B.: Zielungsfehler, Ablesefehler, Restfehler beim Instrument nach
dem Justieren, Luftdruckänderungen und Temperaturschwankungen
während der Messung.

- Fehlerauswirkungen
Mehrfachmessungen einer Größe ergeben Schwankungen mit unterschiedlichen Vorzeichen.

1.9.2 Maßzahlen der Fehlerrechnung

Nachfolgende Fehlergrößen und Maßzahlen werden unterschieden:

- Soll-Wert
Der Soll-Wert kann ein wahrer oder wahrscheinlicher Wert sein.

- Wahrer Wert X
Er kann nur selten bestimmt werden, z. B.
Innenwinkelsumme und Außenwinkelsumme eines Dreiecks bzw.
n-Ecks;
Höhenunterschied eines Schleifennivellements ($= 0$).

- Wahrscheinlicher Wert x
Der wahrscheinliche Wert ist einer durch Ausgleich bestimmter Wert
einer gemessenen Größe bzw. das Ergebnis einer Messung höherer
Genauigkeit.

- Ist-Wert
Der Ist-Wert ist der gemessene und mit Fehler behaftete *Meßwert L.*

- Fehler = *Ist – Soll*

- Verbesserung = *Soll – Ist*

Bezogen auf den Wahren Wert X: $\qquad \varepsilon = X - L$
Bezogen auf den wahrscheinlichen Wert x: $v = x - L$

- Stichprobe
Für die Bewertung der Messung einer Größe ist eine Mehrfachmessung, eine Stichprobe notwendig.
Eine Stichprobe mit dem Umfang n sind n Einzelmessungen L_1, L_2, ... L_n gleicher Genauigkeit.

Arithmetisches Mittel $\bar{x}$. Er ist der wahrscheinlichste Wert einer Stichprobe von n Meßwerten $L_1, ..., L_n$.

$$\bar{x} = \frac{L_1 + L_2 + ... + L_n}{n} = \frac{[L]}{n}$$

$[L]$ ist die Summe aller Meßwerte L und wird nur so in der Fehler- und Ausgleichsrechnung geschrieben.

Standardabweichung s, **mittlerer Fehler** m. Das arithmetische Mittel zweier Stichproben kann gleich sein, obwohl die Stichproben mit unterschiedlicher Genauigkeit gemessen wurden, z. B.

1. Meßreihe:	13	12	14	13	12	$\bar{x} = 12,8$
2. Meßreihe:	10	15	16	9	14	$\bar{x} = 12,8$

Die 1. Meßreihe wurde aber genauer als die 2. Meßreihe gemessen.

Ein Maß für die Schwankungen der Meßwerte um den wahrscheinlichsten Wert ist die Standardabweichung s bzw. der mittlere Fehler m.

$$s = m = \sqrt{\frac{[vv]}{n-1}}$$

$v = \bar{x} - L$; die Summe aller Verbesserungen muß den Wert Null ergeben!

$$[vv] = v_1^2 + v_2^2 + ... + v_n^2 \quad oder \quad [vv] = [L^2] - \frac{[L]^2}{n}$$

Den Wert s^2 bezeichnet man als *Varianz*.
Wird jede der n Einzelmessungen durch eine *Doppelbeobachtung L'
und L''* bestimmt, so errechnet sich die Standardabweichung:

$$s = m = \sqrt{\frac{[dd]}{2n}} \quad mit \quad d = L' - L''$$

Variationskoeffizient *v*. Für die endgültige Genauigkeitseinschätzung einer Messung gilt:

$$Variationskoeffizient = \frac{Standardabweichung}{arithmetisches\ Mittel}\ ;\ v = \frac{s}{\bar{x}}$$

Mit dem Variationskoeffizienten lassen sich Genauigkeitsvergleiche verschiedener Messungen, z. B. die der Streckenmessung und Winkelmessung, ermöglichen.

Beispiel

Die Strecke $\overline{AE}$ wurde durch fünf Einzelmessungen $s_1, ..., s_5$
($L_1, ..., L_5$) bestimmt.
Zu berechnen sind a) der Mittelwert; b) die Standardabweichung;
c) der Variationskoeffizient.

$s_i = L_i$	$v = \bar{x} - L_i$	vv
44,68	+ 0,02	$4 \cdot 10^{-4}$
44,70	0,00	0
44,71	− 0,01	$1 \cdot 10^{-4}$
44,69	+ 0,01	$1 \cdot 10^{-4}$
44,72	− 0,02	$4 \cdot 10^{-4}$
$[L] = 223,50$	$[v] = 0,00$	$[vv] = 10 \cdot 10^{-4}$

a) $\bar{x} = \dfrac{223,50}{5} = 44,70;$ b) $s = \sqrt{\dfrac{10 \cdot 10^4}{4}} = 0,016 = 0,02$

c) $v = \dfrac{0,016}{44,70} = 0,00036 = 3,6 \cdot 10^{-4} = 0,036\%$

1.9.3 Verbesserungen

Bestimmung der Verbesserung. Besteht eine Gesamtgröße aus gemessenen bzw. berechneten Teilgrößen, so besitzen diese Teilgrößen Fehler. Die Teilgrößen müssen auf die Gesamtgröße, die eine höhere Genauigkeit als die Teilgrößen besitzt, abgestimmt werden, verbessert werden.

Gesamtgröße (höhere Genauigkeit als die Teilgrößen):	*Soll*
Summe der Teilgrößen:	*Ist*

Gesamtverbesserung V, Summe der Teilverbesserungen $[v]$: *Soll – Ist*

Verbesserte Teilgröße = Teilgröße + Teilverbesserung v_i

Die Teilverbesserungen berechnen sich wie folgt:

Verbesserung der Strecken. Die Gesamtstrecke S besteht aus den Teilstrecken s_i.

Bei der mechanischen und optischen Streckenmessung sind die Teilverbesserungen v_i proportional zu den Teilstrecken s_i.

$$[v] = S - [s_i]$$

$$v_i = \frac{[v]}{s_i} \cdot s_i$$

S	Gesamtstrecke, *Soll-Wert*	$[v]$	Gesamtverbesserung
$[s_i]$	Summe der Teilstrecken, *Ist-Wert*	v_i	Teilverbesserung

Bei der elektronischen Streckenmessung sind die Teilverbesserungen v_i proportional zur Anzahl n der Teilstrecken.

$$[v] = S - [s_i]$$

$$v_i = \frac{[v]}{n}$$

Verbesserungen der Flächen. Die Gesamtfläche A_G besteht aus den Teilflächen A_i.

Die Teilverbesserungen v_i sind proportional zu den Teilflächen A_i.

$$[v] = A_G - [A_i]$$

$$v_i = \frac{[v]}{A_i} \cdot A_i$$

A_G Gesamtfläche, *Soll-Wert*; $[v]$ Gesamtverbesserung;
$[A_i]$ Summe der Teilflächen, *Ist-Wert*; v_i Teilverbesserung

Verbesserung der Winkel.

Die Teilverbesserungen v_i sind proportional zur Anzahl n der Winkel α_i.

$$[v] = \textit{Winkelsumme} - [\alpha_i] \qquad v_i = \frac{[v]}{n}$$

Dreieck: *Winkelsumme* = 200 gon = *Soll-Wert*
          $[\alpha_i]$ Summe der gemessenen Innenwinkel = *Ist-Wert*

2 Optische Grundlagen, Instrumentenbauteile, Aufstellen des Instruments

2

2   Optische Grundlagen, Instrumentenbauteile, Aufstellen des Instruments

2.1   Reflexion des Lichtes

Bei der Reflexion eines Lichtstrahles ist der Einfallswinkel ε gleich dem Reflexionswinkel ε'. Der einfallende Lichtstrahl, das Einfallslot und der Reflexionsstrahl liegen in einer Ebene.

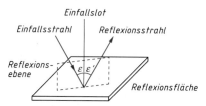

Bild 2.1
Reflexionsgesetz

Planspiegel. Jeder leuchtende Punkt sendet ein divergentes Strahlenbündel aus. Jeder Lichtstrahl, der auf einen Planspiegel fällt, reflektiert nach dem Reflexionsgesetz.

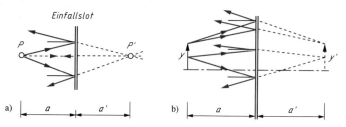

Bild 2.2   Abbildung am Planspiegel
a) Abbildung eines Punktes P; b) Abbildung eines Gegenstandes y

Zu unterscheiden sind folgende Größen:

P Objekt- oder Dingpunkt;	P' Bildpunkt;
y Objekt- oder Gegenstandsgröße;	y' Bildgröße;
a Objekt- oder Dingweite;	a' Bildweite.

Bei der Abbildung am Planspiegel entsteht ein virtuelles Bild.
Virtuelle Bilder entstehen aus den Schnittpunkten der rückwärtigen Verlängerungen der Lichtstrahlen.

Bildauswertung für die Abbildung am Planspiegel:

Bild y': virtuell, aufrecht, seitenvertauscht, gleich groß $y = y'$
Bildweite a': $a = a'$

Tripelspiegel, Tripelprisma. Beim Tripelspiegel stehen drei Spiegelebenen zueinander senkrecht.

> Der einfallende Lichtstrahl wird durch mehrmalige Reflexion um 200 gon abgelenkt, das Licht wird zur Lichtquelle zurückgeworfen.

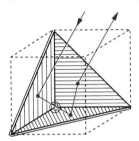

Bild 2.3
Tripelspiegel

Beim *Tripelprisma* ersetzt man die räumliche Ecke aus Planspiegeln durch ein Glasprisma mit verspiegelten Prismenflächen. Es findet in der Vermessungstechnik als *Reflektor*, z.B. für die elektronische Streckenmessung, Anwendung.

Parabolspiegel. Er ist ein Spiegel mit parabolisch gekrümmter Fläche.

> Alle einfallenden Parallelstrahlen werden durch den Brennpunkt F reflektiert.

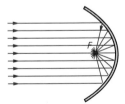

Bild 2.4
Parabolspiegel

Befindet sich im Brennpunkt die Lichtquelle, so sendet der Parabolspiegel Parallelstrahlen, gebündeltes Licht, aus. Eine vermessungstechnische Anwendung findet man beim Signalscheinwerfer.

2.2   Lichtbrechung

Brechungsgesetz. Durchläuft ein Lichtstrahl zwei verschiedene optische Medien, so bricht der Lichtstrahl an der Grenzfläche der Medien.

> Verläuft der Lichtstrahl vom optisch dünneren Medium (z. B. Luft) in das optisch dichtere Medium (z. B. Glas), so wird er zum Einfallslot hin gebrochen und bei entgegengesetztem Verlauf vom Einfallslot weg gebrochen.
> Alle optischen Prozesse sind umkehrbar, reversibel!

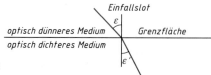

Bild 2.5
Lichtbrechung

Die verschiedenen Ausbreitungsgeschwindigkeiten c_1 und c_2 des Lichtes in den einzelnen Medien sind die Ursache der Lichtbrechung. Es gilt das *Brechungsgesetz*:

$$\frac{\sin \varepsilon}{\sin \varepsilon'} = \frac{c_1}{c_2}$$

ε Winkel im optisch dünneren Medium
ε' Winkel im optisch dichteren Medium

Wird ε und c_1 immer im Medium Luft gemessen und ε' und c_2 in einem Medium 2, so gilt für dieses Medium 2:

$$\frac{c_1}{c_2} = \text{const} = n \qquad\qquad \frac{\sin \varepsilon}{\sin \varepsilon'} = n$$

n ist die *Brechzahl*, der *Brechungsindex* für das Medium 2 und kann aus Tabellen entnommen werden.

Beispiel

Ein Lichtstrahl geht von schwerem Flintglas ($n = 1{,}754$) in Luft über. Der Einfallswinkel beträgt $22{,}5°$. Zu berechnen ist der Austrittswinkel!

$$\sin \varepsilon = n \cdot \sin \varepsilon' = 1{,}754 \cdot \sin 22{,}5° \qquad\qquad \varepsilon = 42{,}2°$$

Grenzwinkel und Totalreflexion. Verläuft ein Lichtstrahl vom optisch dichteren in das optisch dünnere Medium so gilt: $\varepsilon > \varepsilon'$.
Wird ε' vergrößert, so existiert ein Winkel $\varepsilon' = \gamma$, der *Grenzwinkel*, derart, daß der gebrochene Strahl genau in der Grenzfläche beider Medien verläuft.

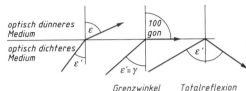

Bild 2.6
Grenzwinkel
und Totalreflexion

Für die Berechnung des Grenzwinkels γ gilt:

$$\frac{1}{\sin \gamma} = n$$

(Im Brechungsgesetz eingesetzt:
$\sin \varepsilon = \sin 90° = 1$ und
$\sin \varepsilon' = \sin \gamma$)

Vergrößert man den Winkel ε' $(\varepsilon' > \gamma)$, so verläßt der Lichtstrahl nicht mehr das optisch dichtere Medium. Es entsteht eine *Totalreflexion* des Lichtes. Diese Reflexion ist intensiver als die Reflexion am Spiegel.

Beispiel

Bei welchem Winkel ε' erfolgt Totalreflexion im schweren Flintglas $(n = 1{,}754)$?

$$\sin \gamma = \frac{1}{n} = \frac{1}{1{,}754} \; ; \qquad \gamma = 34{,}8°$$

Der Winkel ε' muß größer als $\gamma = 34{,}8°$ sein!

Planparallele Platte. Die Planplatte ist ein Glaskörper mit zwei zueinander parallelen, plangeschliffenen Flächen.

Der einfallende Lichtstrahl wird zweimal an den Parallelflächen gebrochen und dadurch um den Betrag q parallel versetzt.

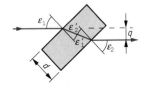

Bild 2.7
Planparallele Platte

Der Betrag der Parallelversetzung q ist abhängig vom Einfallswinkel ε, von der Dicke der Platte d und der Brechzahl n des Glases.
Berechnet man mittels der Brechzahl n den Winkel ε' so gilt:

$$q = \frac{d \cdot \sin(\varepsilon - \varepsilon')}{\cos \varepsilon'}$$

Mit einer Planplatte kann ein Lichtstrahl, ein Zielstrahl, parallel verschoben werden. Der Betrag der Parallelversetzung wird an einer Skale abgelesen.

2.3 Prismen

Optische Prismen sind lichtdurchlässige Körper, meist Glaskörper, mit mehreren geschliffenen bzw. verspiegelten Grenzflächen.
Durch Brechung, Reflexion an verspiegelten Flächen und Totalreflexion können Lichtstrahlen abgelenkt, seitenvertauscht und umgekehrt werden.
Sie finden im Instrumentenbau und als Einzelprismen Anwendung.

Pentagonprisma. Es ist ein Fünfseitprisma mit zwei verspiegelten Flächen. Ein einfallender Lichtstrahl wird *nach Brechung, Reflexion, Reflexion und Brechung* um 100 gon abgelenkt.

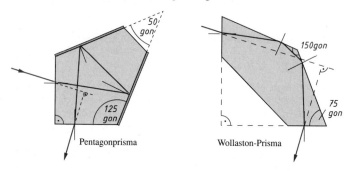

Bild 2.8 Pentagonprisma und *Wollaston*-Prisma

***Wollaston*-Prisma.** Es ist ein Fünfseitprisma, dessen Seiten so angeordnet sind, daß Totalreflexionen auftreten.
Ein einfallender Lichtstrahl wird nach *Brechung, Totalreflexion, Totalreflexion und Brechung* um 100 gon abgelenkt.

Doppelprismen. Werden zwei Pentagonprismen oder *Wollaston*-Prismen wie im Bild 2.9 übereinander angeordnet und zusammengekittet, so wird der links und rechts einfallende Lichtstrahl rechtwinklig abgelenkt und beide Scheitelpunkte der rechten Winkel liegen übereinander.

Ist eine Messungslinie mit zwei Fluchtstäben markiert, so erhält man zwei übereinanderliegende Halbbilder, Teilbilder, dieser Fluchtstäbe.

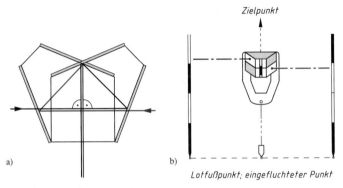

a)   b)

Zielpunkt

Lotfußpunkt; eingefluchteter Punkt

Bild 2.9   Doppelpentagonprisma
a) Strahlenverlauf;
b) Pentagonprisma in der Messungslinie

Vermessungstechnische Arbeiten mit Doppelprismen:

- Selbständiges Einfluchten, einen Punkt auf der Messungslinie bestimmen:
- Doppelprisma rechtwinklig zur Messungslinie bewegen bis beide Fluchtstabteile der Halbbilder koinzidieren, sich also in einer Geraden befinden.
- Der herabgelotete Punkt ist ein Punkt auf der Messungslinie.

- Aufwinkeln eines Punktes P, von einem Punkt P das Lot auf die Messungslinie fällen:
- Der Punkt P wird durch einen lotrecht stehenden Fluchtstab markiert bzw. ist eine senkrechte Hausecke.
- Unter Beachtung der Koinzidenz beider Teilbilder muß man sich in Richtung der Messungslinie bewegen, bis sich die koinzidierenden Halbbilder im Prisma mit dem Fluchtstab des Punktes P decken.
- Der herabgelotete Punkt ist der Lotfußpunkt.

- Absetzen eines rechten Winkels, von einem Punkt *P* auf der Messungslinie das Lot errichten:
- Prisma über den eingefluchteten Punkt *P* mittels Lot halten; das Einhalten der Flucht ist laufend zu überprüfen.
- Den Mitarbeiter, der einen Fluchtstab lotrecht hält, einweisen, bis die koinzidierenden Halbbilder im Prisma und der Fluchtstab eine Gerade bilden.

Prismen im Instrumentenbau. Vorteile:
- Prismen sind relativ klein und sie können platzsparend eingebaut werden.
- Die reflektierenden und brechenden Flächen sind in ihrer Lage unveränderlich und unterliegen keiner Abnutzung.
- Durch die Ausnutzung der Totalreflexion sind die entstehenden Bilder hell und klar.

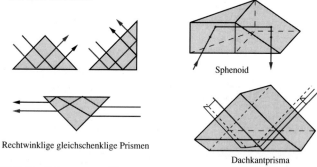

Rechtwinklige gleichschenklige Prismen

Sphenoid

Dachkantprisma

Bild 2.10 Prismenauswahl

Dispersion. Fällt weißes Licht durch ein Prisma, so kann auf einem hinter dem Prisma stehenden Schirm ein Farbband, das *Spektrum*, beobachtet werden. Unterschieden werden die *Spektralfarben*: Rot, Orange, Gelb, Grün, Blau, Indigo, Violett.

Soll das Aufspalten des weißen Lichtes unterdrückt werden, so benutzt man achromatische Prismen, Prismen ohne Farbfehler.

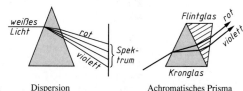

Bild 2.11
Dispersion und
achromatisches Prisma

Dispersion

Achromatisches Prisma

2.4 Refraktion

┃ Unter Refraktion versteht man die Brechung eines Lichtstrahls, der
┃ schräg durch verschiedene Luftschichten verläuft.

Atmosphärische Refraktion. Sie findet Berücksichtigung bei der
trigonometrischen Höhenmessung, elektronischen Streckenmessung
und astronomischen Beobachtungen. Man unterscheidet:
Wahre Richtung: Die zu messende Richtung zwischen Beobachter und
Zielpunkt
Lichtstrahl: Durch die Luftschichten mit unterschiedlicher Dichte ver-
läuft der Lichtstrahl als gebrochener Strahl
Beobachtete Richtung: Der Beobachter richtet sein Instrument in die
Richtung, aus der der Lichtstrahl auf dem letzten Stück seines Weges
zu kommen scheint.

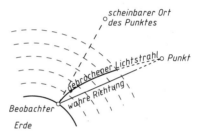

Bild 2.12
Atmosphärische
Refraktion

Bodennahe Refraktion. Ein Zielstrahl unterliegt der Refraktion und
damit der Richtungsänderung, wenn am Boden verschiedene dichte
Luftschichten durch unterschiedlich erwärmte Luft entstehen.

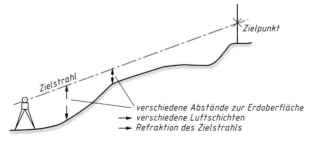

Bild 2.13/1 Bodennahe Refraktion, unterschiedliche Abstände zur Erdoberfläche

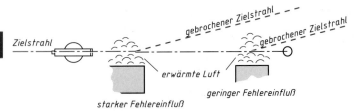

Bild 2.13/2   Bodennahe Refraktion, sonnenbestrahltes Bauwerk in der Nähe des Zielstrahls

Die bodennahe Refraktion kann als Fehlerursache bei der Richtungsmessung, beim Nivellements und der elektrooptischen Streckenmessung Einfluß nehmen.

2.5   Linsen

Linsen sind lichtdurchlässige Körper, meist Glaskörper, die durch zwei Kugelflächen oder durch eine Kugelfläche und eine Ebene begrenzt werden. Jede Linse ist so geschliffen, daß sie bestimmte Abbildungsaufgaben erfüllt.

Unterschieden werden:
Konvex- oder Sammellinsen: Sie sind in der Mitte dicker als am Rand.
Konkav- oder Zerstreuungslinsen: Sie sind in der Mitte dünner als am Rand.

Bild 2.14   Konvexlinsen und Konkavlinsen

2.5.1   Konvexlinsen

Parallelstrahlen durch Konvexlinsen. Jede Linse kann in dünne Prismen geschnitten und die Brechung der Lichtstrahlen nach dem Brechungsgesetz konstruiert werden.

Durch eine Konvexlinse werden Parallelstrahlen zu Brennpunkt-strahlen gebrochen, d.h., die gebrochenen Strahlen gehen durch einen gemeinsamen Punkt, den Brennpunkt F.

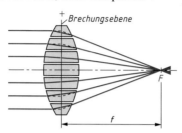

Bild 2.15 Brechung der Parallelstrahlen durch eine Konvexlinse

Die Verlängerungen der einfallenden und gebrochenen Strahlen schneiden sich in Punkten, die eine Ebene, die Brechungsebene oder Linsenebene, bilden. Es genügt für die Konfexlinse diese Brechungs-ebene zu zeichnen und sie mit einem „ + " zu kennzeichnen.

Abbildung durch Konvexlinsen. Bei der Abbildung eines Punktes P durch eine Konvexlinse verwendet man für die Konstruktion des Bildes P' die *ausgezeichneten Strahlen*.

Liegt P außerhalb der Brennweite f, so entsteht ein reeller Bildpunkt P'.
Reelle Bilder entstehen aus den Schnittpunkten der Lichtstrahlen, die vom Gegenstand selbst ausgehen.
Für die Abbildung eines Gegenstandes y reicht es aus, die Spitze von y abzubilden, um damit das Bild y' zu erhalten.

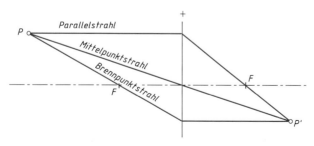

Bild 2.16 Abbildung eines Punktes durch ausgezeichnete Strahlen

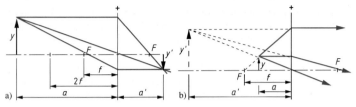

Bild 2.17   Abbildung eines Gegenstandes y
a) $a > 2f$; b) $a < f$

- Abbildungsgrößen:
F Brennpunkt; y Gegenstand; a Gegenstandsweite;
f Brennweite; y' Bild; a' Bildweite;
$2f$ doppelte Brennweite.
- Bildauswertung für die Abbildung mit $a > 2f$:
Bild y': reell, umgekehrt, seitenvertauscht, verkleinert ($y' < y$)
Bildweite a': $a' < a$
- Bildauswertung für die Abbildung mit $a < f$:
Bild y': virtuell, aufrecht, seitenrichtig, vergrößert ($y' > y$)
Bildweite a': $a' > a$
Die Konvexlinse wirkt in dieser Abbildungsform als Lupe.

2.5.2   Konkavlinsen

Parallelstrahlen durch Konkavlinsen. Wie bei den Konvexlinsen kann die Brechung von Parallelstrahlen konstruiert werden.

> Durch eine Konkavlinse werden Parallelstrahlen so gebrochen, als ob diese aus dem vorderen scheinbaren Brennpunkt F' kommen. Die Brennweite ist negativ ($-f$).

Die Brechungsebene oder Linsenebene wird mit einem „$-$" gekennzeichnet.

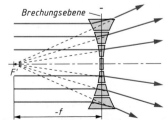

Bild 2.18
Brechung
der Parallelstrahlen
durch eine Konkavlinse

Abbildung durch Konkavlinsen. Bei der Abbildung eines Punktes P durch eine Konkavlinse verwendet man für die Konstruktion des Bildes P' die ausgezeichneten Strahlen.

Es entsteht ein virtueller Bildpunkt P' bzw. ein virtuelles Bild y'.
Für alle Gegenstandsweiten a ergibt sich folgende Bildauswertung:
– Bild y': virtuell, aufrecht, seitenrichtig, verkleinert ($y' < y$);
– Bildweite a': $a' < a$.

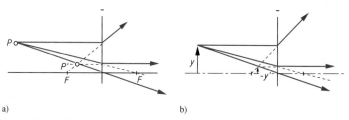

a)   b)

Bild 2.19 Abbildung durch eine Konkavlinse mit ausgezeichneten Strahlen
a) Abbildung eines Punktes P; b) Abbildung eines Gegenstandes y

2.5.3 Abbildungsgleichungen für Linsen

Die Abbildungsgleichungen ermöglichen die Berechnung der Bildgröße und der Bildweite.

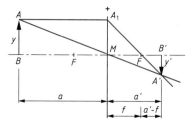

Bild 2.20
Abbildung durch eine
Konkavlinse für das Herleiten
der Abbildungsgleichungen

Aus den entstandenen ähnlichen Dreiecken (Bild 2.20) folgt:

(I) $\boxed{\dfrac{y}{y'} = \dfrac{a}{a'}}$ und   (II) $\boxed{\dfrac{1}{f} = \dfrac{1}{a} + \dfrac{1}{a'}}$

Negative Vorzeichen erhalten: Brennweite der Konkavlinse ($-f$), bei virtuellen Bildern die Bildgröße ($-y'$) und die Bildweite ($-a'$).

Beispiel

Gegeben: Ein 5 cm großer Gegenstand steht 6 cm vor einer Konvexlinse mit der Brennweite von 10 cm.

Gesucht: a) die Bildgröße; b) die Bildweite

b) $a' = \dfrac{a \cdot f}{a - f} = \dfrac{6\,\text{cm} \cdot 10\,\text{cm}}{6\,\text{cm} - 10\,\text{cm}} = \dfrac{60\,\text{cm}}{-4\,\text{cm}} = -15\,\text{cm}$

a) $y' = \dfrac{a' \cdot y}{a} = \dfrac{-15\,\text{cm} \cdot 5\,\text{cm}}{6\,\text{cm}} = -12,5\,\text{cm}$

Da a' und y' negativ sind, muß das Bild virtuell sein. Es ist die Abbildung durch eine Lupe.

Dioptrie. Die Dioptrie ist eine Größe, die die Brechkraft der Linse physikalisch erfaßt.

$$D = \frac{1}{f}$$

f Brennweite der Linse, gemessen in Meter
D Dioptrie in m^{-1} = dpt

Konvexlinsen haben positive und Konkavlinsen negative Dioptrieangaben.

2.5.4   Abbildungsfehler

Alle Abbildungen durch Linsen unterliegen Abbildungsfehlern.

Sphärische Aberration (Öffnungsfehler). Achsennahe und achsenferne Strahlen werden nicht durch den gleichen Brennpunkt gebrochen. Die Einschränkung des Fehlers erfolgt durch Abblendung und Linsenkombinationen.

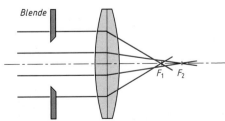

Bild 2.21
Sphärische Aberration

Chromatische Aberration (Farbfehler). Die einzelnen Spektralantei-le des weißen Lichtes brechen verschieden stark. Ein abgebildeter Punkt weist einen farbigen Rand auf.

Zum Einsatz kommen achromatische Linsensysteme, die aus kon-vexem Kronglas und konkavem Flintglas bestehen.

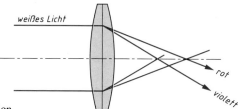

Bild 2.22
Chromatische Aberration

Astigmatismus (Nichtpunktförmigkeit). Das Lichtstrahlenbündel fällt auf eine Linse, die zwei verschiede Krümmungen zur Senkrech-ten und Waagerechten aufweist. Anstatt eines Brennpunktes erhält man zwei zueinander senkrechte Brennlinien in verschiedener Entfer-nung.

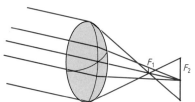

Bild 2.23
Astigmatismus

Bildwölbung. Achsenferne Punkte einer Gegenstandsebene werden nicht als Punkte auf einer Bildebene abgebildet, sondern die Bild-punkte liegen auf einer Bildschale.

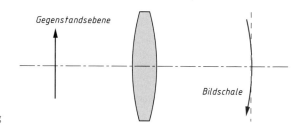

Bild 2.24
Bildwölbung

2

Koma. Die Ursache dieses Abbildungsfehlers ist die sphärische Aberration bei stark schräg einfallendem Licht. Das Bild des Punktes ist ein langgezogener, ungleichmäßig heller Fleck, ähnlich einem Kometen.

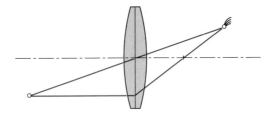

Bild 2.25
Koma

Verzeichnungen. Die Abbildung erfolgt nicht maßstabstreu. Ein quadratisches Gitter weist nach der Abbildung ein kissenförmiges oder tonnenförmiges Verformen auf.
Der Abbildungsmaßstab verändert sich von Bildmitte zum Bildrand.

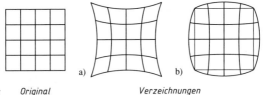

Bild 2.26
Verzeichnung   *Original*   *Verzeichnungen*

Einschränkung der Abbildungsfehler. Für die Einschränkung der Linsenfehler baut man *Linsenkombinationen, Linsensysteme*, für z. B. Objektive oder Okulare. Zusammengebaut werden Linsen mit konvexer bzw. konkaver Krümmung, verschiedener Brechkraft, Dicke, Glassorte und Linsenabstände.

2.6 Optische Geräte

Beim Auge wirkt die Kombination „gekrümmte Hornhaut, die mit Flüssigkeit gefüllte vordere Augenkammer und die Linse" wie ein konvexes Linsensystem. Divergente Strahlen, die von einem Gegenstand ausgehen, bilden ein reelles Bild auf der Netzhaut ab.

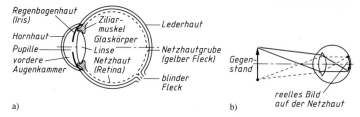

Bild 2.27 Das Auge
a) Aufbau; b) Abbildung eines Gegenstandes

Die Linsenform kann sich durch den Zilarmuskel in der Form verändern, so daß bei unterschiedlichen Gegenstandsweiten das Bild immer auf der Netzhaut liegt. Diesen Vorgang nennt man *Akkommodieren*.

- Auflösevermögen, Sehschärfe

Unter Auflösevermögen oder Sehschärfe versteht man die Eigenschaft, zwei getrennte Punkte gerade noch getrennt wahrzunehmen.

Für das Auge entspricht das Auflösevermögen, die Sehschärfe, einem *Sehwinkel* σ von etwa 1'.

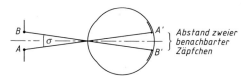

Bild 2.28 Auflösevermögen, Sehschärfe

- Vergrößerung

Die vergrößerte Betrachtung eines Gegenstandes bedeutet die Vergrößerung des Winkels, unter dem der Gegenstand als Bild auf der Netzhaut erscheint.

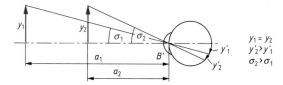

Bild 2.29 Vergrößerung

Lupe. Für die Lupe benutzt man Konvexlinsen oder konvexe Linsensysteme.

Befindet sich der Gegenstand y innerhalb der Brennweite f, so entsteht ein aufrechtes, seitenrichtiges, virtuelles Bild y'.

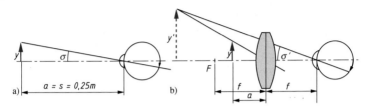

Bild 2.30 Vergrößerung durch die Lupe
a) Betrachtung eines Gegenstandes ohne Lupe; b) Betrachtung eines Gegenstandes mit Lupe

Für $y = f$ entsteht im Unendlichen ein unendlich großes Bild. Das Auge ist entspannt, ohne daß der Sehwinkel σ sich verändert hat.

- Die *Normalvergrößerung* Γ für die Lupe ergibt sich zu:

$$\Gamma = \frac{\sigma'}{\sigma}$$

σ' Sehwinkel mit Lupe;
σ Sehwinkel ohne Lupe, mit deutlicher Sehweite (0,25 m)

Mikroskop. Die Vergrößerung der Lupe reicht für die Ablesevorrichtung am Glasteilkreis nicht aus. Das Mikroskop ermöglicht eine stärkere Vergrößerung und damit eine höhere Ablesegenauigkeit.

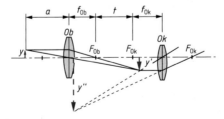

Bild 2.31 Strahlenverlauf im Mikroskop

Der Gegenstand y wird durch das konvexe Objektiv (Ob) als reelles Bild y' abgebildet.

Durch das wie eine Lupe wirkende konvexe Okular (Ok) wird das Bild y' betrachtet, und es entsteht ein vergrößertes, virtuelles Bild y''.

Fernrohre. Das *astronomische* oder *Kepler*sche Fernrohr besteht aus einem konvexen Objektiv mit großer Brennweite f_{Ob} und konvexen Okular mit kleiner Brennweite f_{Ok}.

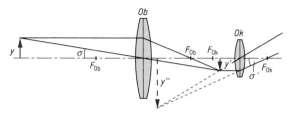

Bild 2.32 Strahlenverlauf im astronomischen Fernrohr

Das Objektiv bildet den Gegenstand y als reelles Bild y' ab.
Das Okular wirkt wie eine Lupe und erzeugt dann ein virtuelles, vergrößertes, umgekehrtes, seitenvertauschtes Bild y''.

Die im Instrumentenbau verwendeten Fernrohre besitzen zwischen dem Objektiv und Okular zusätzliche Linsen und Prismen, die die Bilder aufrecht und seitenrichtig erscheinen lassen oder die Fernrohrlänge verkürzen.

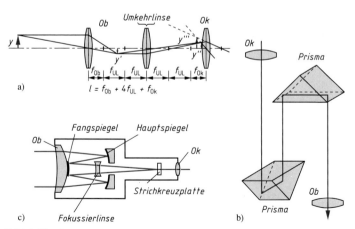

Bild 2.33 Fernrohre
a) Terrestrisches Fernrohr; b) Fernrohr mit Prismenumkehrung;
c) Spiegellinsenfernrohr, Cassegrainsystem

- Die *Fernrohrvergrößerung* Γ_F wird durch folgendes Verhältnis definiert:

$$\Gamma_F = \frac{\text{Fernrohrbildgröße (Fokussierung auf Unendlich)}}{\text{Gegenstandsgröße (Betrachtung mit dem Auge)}} = \frac{\sigma'}{\sigma}$$

σ Winkel, unter dem der Gegenstand nur mit dem Auge gesehen wird;
σ' Winkel, unter dem der Beobachter das Bild des Gegenstandes im Fernrohr sieht

- Sehfeld, Gesichtsfeld

  Das Sehfeld oder Gesichtsfeld eines Fernrohrs ist der kegelförmige Raum, der mit dem Fernrohr bei Fokussierung auf Unendlich überblickt wird.

2.7   Das vermessungstechnische Fernrohr

Fernrohre für vermessungstechnische Instrumente bestehen aus den nachfolgenden Bauteilen:

Objektiv und Okular. Objektive und Okulare bestehen aus Linsensystemen, um Abbildungsfehler klein zu halten.

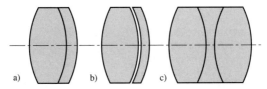

Bild 2.34   Objektive
a) gewöhnliches Achromat; b) Frauenhofer-Objektiv; c) Schwerflintachromat

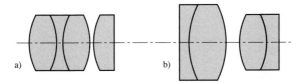

Bild 2.35   Okulare
a) orthoskopisches Okular nach *Abbe*; b) orthoskopisches Okular nach *Plöße*

Fokussierung, Fokussierlinse. Für die Abbildung des reellen Bildes
y' durch das Okular gilt:

Das reelle Bild y', daß vom Objektiv des Fernrohrs erzeugt wird,
muß in der Brennweite des Okulars f_{Ok} bzw. im Brennpunkt F_{Ok}
liegen.

Verschiedene Gegenstandsweiten ergeben aber unterschiedliche Bild-
weiten für das reelle Bild y', so daß die obere Forderung oft nicht
erfüllt ist. Das betrachtete Bild ist unscharf.

- Okularauszug

Das Okular mit seiner Brennweite f_{Ok} wird so verschoben, daß y'
innerhalb f_{Ok} liegt.

Beim Okularauszug können leicht Staub- und Wasserteilchen in das
Fernrohr eindringen. Nur ältere Instrumente haben diese Fokussiereinrichtung.

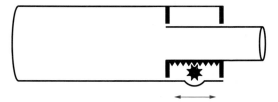

Bild 2.36
Okularauszug

- Innenfokussierung mittels Fokussierlinse

Die *Fokussierlinse* ist eine schwache Konkavlinse, die sich in der
Brennweite des Objektivs befindet.

Durch Verschiebung der Fokussierlinse verändert sich die Brennweite
des Objektivs.

Durch die Veränderung der Brennweite des Objektivs verändert sich
die Bildweite des reellen Bildes y' so, daß y' innerhalb f_{Ok} liegt.

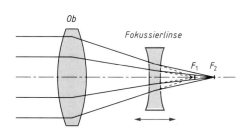

Bild 2.37
Innenfokussierung
mittels Fokussierlinse

Strichkreuzplatte. Mit dem Fernrohr soll eine Ablesung oder eine genaue Anzielung vorgenommen werden. Die Strichkreuzplatte ist meist eine Glasplatte mit eingeätzten Strichkreuzlinien. Die Metallfassung der Strichkreuzplatte wird durch Justierschrauben gehalten und kann mit diesen auch in ihrer Lage verändert werden.

Nur am reellen Bild y' kann angezielt oder abgelesen werden.

a)   b)

Bild 2.38   a) Strichkreuzplatten; b) Befestigung der Strichkreuzplatte
im Fernrohr

> Die Ebene der Strichkreuzplatte und die des reellen Bildes y' müssen zusammenfallen.

Das reelle Bild, z. B. einer Latte, und das Strichkreuz werden dann mit dem Okular betrachtet.

Strichkreuzparallaxe. Liegen Strichkreuzplatte und reelles Bild nicht in einer Ebene, so entsteht eine Strichkreuzparallaxe.

Parallaxenerkennung: Durch Veränderung der Sichtrichtung durch das Okular erkennt man eine veränderte Anzielung.

Parallaxenbeseitigung: Fernrohr gegen hellen Hintergrund richten und durch Drehung der Okularmuschel das Strichkreuz scharf stellen. Das Okular ist um etwa 1 mm gegen die Strichkreuzplatte durch Drehung der *Okularmuschel* zu verschieben. Die Sehkraft der unterschiedlichen Beobachter kann so Berücksichtigung finden.

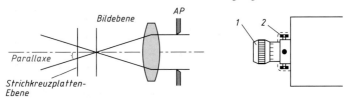

Bild 2.39   a) Parallaxe der Strichkreuzplatte; b) Okularseite
1 Okularmuschel; *2* Justierschrauben der Strichkreuzplatte, unter
einer abschraubbaren Kappe verborgen

Vermessungstechnisches Fernrohr. Unter Verwendung der vorher beschriebenen Bauteile erhält man ein Fernrohr, welches einen Gegenstand vergrößert abbildet, Gegenstände unterschiedlicher Gegenstandsweiten scharf stellt und am Bild des Gegenstandes eine Anzielung bzw. Ablesung ermöglicht. Es ist ein Fernrohr für vermessungstechnische Arbeiten.

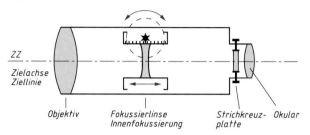

Bild 2.40   Vermessungstechnisches Fernrohr mit Zielachse

Zielachse, Ziellinie: Eine wichtige Achse für die weitere Verständigung in der Instrumentenkunde ist die Zielachse.

> Die Zielachse, Ziellinie, ist die Gerade, die durch Objektiv- und Strichkreuzplattenmittelpunkt verläuft (ausreichende Definition).

2.8   Libellen

> Libellen (*lat.*: libra Waage) dienen zur Vertikalstellung oder Horizontalstellung von Achsen an vermessungstechnischen Instrumenten sowie zur Messung kleiner Neigungen.

2.8.1   Röhrenlibellen

Bau der Röhrenlibelle. Die Röhrenlibelle besteht aus einer zylindrischen Glasröhre, die im Innenraum tonnenförmig ausgeschliffen ist. Als Libellenflüssigkeit wird Äther oder Spiritus verwendet, da diese Flüssigkeiten einen niederen Erstarrungspunkt haben und leichtflüssig sind. Die Libellenflüssigkeit wird erhitzt in den Glaskörper gefüllt und dann wird der Glaskörper zugeschmolzen. Durch die Abkühlung der Flüssigkeit bildet sich eine Gasblase, die *Libellenblase*.
Der Glaskörper wird durch ein Metallgehäuse geschützt. Justierschrauben ermöglichen eine Lageveränderung gegenüber der Unterlage.

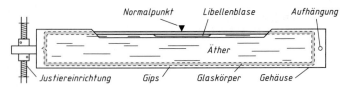

Bild 2.41 Bau der Röhrenlibelle

Libellenteilung. Der Mittelpunkt der Libellenteilung ist der *Normalpunkt*, er ist ein theoretischer Punkt. Symmetrisch zum Normalpunkt befinden sich die Teilungsintervalle mit der Intervallänge von 2 mm. Die symmetrische Lage der Blasenenden zum Normalpunkt zeigt das Einspielen der Libelle an.

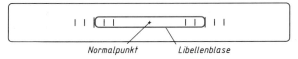

Bild 2.42 Libellenteilung

Libellenachse der Röhrenlibelle LL_R

Die Libellenachse der Röhrenlibelle LL_R ist die Tangente am Schliffbogen im Normalpunkt.
Ist die Libelle eingespielt, so ist die Libellenachse LL_R eine Horizontale.

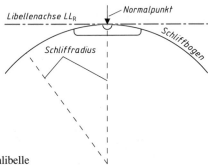

Bild 2.43
Libellenachse der Röhrenlibelle

Verläuft die Libellenachse LL_R bei eingespielter Libelle nicht parallel zur Unterlage, so erkennt man die Nichtparallelität durch das Umsetzen der Libelle um 200 gon.

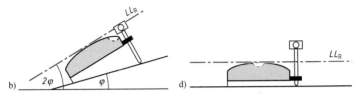

Bild 2.44 Nichtparallelität der Libellenachse LL_R zur Unterlage
a) LL_R nicht parallel zur Unterlage; b) Umsetzen der Libelle um
200 gon; c) Unterlage um φ geneigt; d) Libelle mit Justierschrauben eingespielt

Beim Umsetzen um 200 gon entspricht der Ausschlag der Libellenblase dem doppelten Fehler 2φ.
Wird die Unterlage um einen halben Libellenausschlag (φ) geneigt, so
befindet sich die Unterlage in der Horizontalen, aber die Libelle ist
noch nicht eingespielt.
Mit Hilfe der Justierschraube wird die Libelle eingespielt. Libellenachse und Unterlage verlaufen parallel.

Libellenangabe p. Die Libellenangabe gibt Auskunft über die Genauigkeit, die Empfindlichkeit einer Libelle.

> Die Libellenangabe p ist der Winkel, um den die Libelle geneigt
> werden muß, damit die Libellenblase um ein Teilungsintervall,
> 2 mm, auswandert.

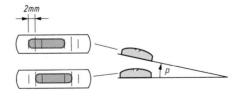

Bild 2.45
Libellenangabe

Vermessungstechnische Instrumente verfügen über Libellen mit einer
Libellenangabe von $10''$ bis $30''$.

Meßlibellen. Meßlibellen dienen zur Messung kleiner Neigungen mittels des Blasenausschlages. Sie sind durchlaufend geteilt und beziffert. In der Teilungsmitte befindet sich der Normalpunkt.

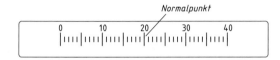

Bild 2.46 Meßlibellen

Koinzidenzlibelle (*lat.*: Koinzidenz Zusammentreffen). Die Koinzidenzlibelle ist eine Röhrenlibelle, deren Blasenenden jeweils zur Hälfte in zwei nebeneinander liegenden Bildhälften abgebildet werden.

Die Libelle ist eingespielt, wenn die halben Blasenenden so nebeneinander liegen, so daß der Eindruck eines kompletten Blasenendes entsteht.

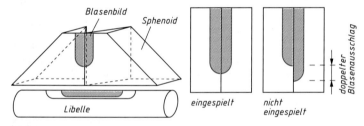

Bild 2.47 Koinzidenzlibelle

2.8.2 Dosenlibelle

Dosenlibellen dienen zur Grobhorizontierung der Instrumente und Geräte. Sie sind wesentlich unempfindlicher als Röhrenlibellen und besitzen eine Libellenangabe p von $8'$.

Aufbau der Dosenlibelle. Die Dosenlibelle besteht aus einem zylindrischen Glasgefäß, dessen Deckfläche an der Innenseite kugelförmig ausgeschliffen ist.

- Einspielen der Dosenlibelle
Zum Mittelpunkt der kreisförmigen Deckfläche (Normalpunkt) befindet sich ein konzentrischer Kreis. Er ist der Einspielkreis für die kreisförmige Libellenblase.

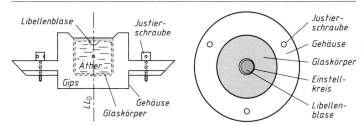

Bild 2.48 Bau der Dosenlibelle
LL_D Libellenachse

Bild 2.49
Einspielen der Dosenlibelle

Libellenachse der Dosenlibelle LL_D. Durch den Normalpunkt der kugelförmigen Deckfläche können unendlich viele Tangenten liegen, sie bilden eine Tangentialebene.

> Die Libellenachse LL_D steht rechtwinklig zur Tangentialebene im Normalpunkt (Bild 2.48).
> Bei eingespielter Libelle ist die Libellenachse LL_D eine Vertikale.

Verläuft die Libellenachse LL_D bei eingespielter Libelle nicht parallel zu einer Achse, die vertikal ausgerichtet werden soll, so erkennt man die Nichtparallelität durch das Drehen der Libelle um 200 gon.

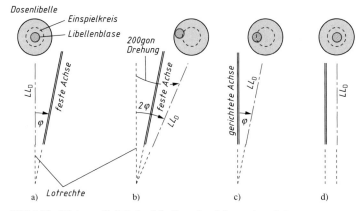

Bild 2.50 Nichtparallelität der Libellenachse LL_D zu einer Achse
a) LL_D nicht parallel zur Achse; b) Drehung um die Achse um 200 gon; c) Achse um φ gerichtet; d) Libelle mit Justierschrauben eingespielt

Nach der Drehung um 200 gon entspricht der Ausschlag der Libellenblase dem doppelten Fehler.

Wird die Achse um den halben Libellenausschlag (φ) gerichtet, so
liegt die Achse in der Vertikalen, aber die Libelle ist noch nicht eingespielt. Mit Hilfe der drei Justierschrauben wird die Libelle eingespielt.
Libellenachse und Achse verlaufen parallel.

2.9   Aufstellen des Instruments

Stativ. Das Instrument steht während der Messung auf einem Stativ.

Das Stativ soll während der Arbeit dem Instrument eine feste,
unveränderliche und grob horizontale Unterlage geben.

Stative werden in leichte, mittelschwere und schwere unterschieden.
Die aus Holz oder Leichtmetall bestehenden drei Stativbeine sind aus-
ziehbar. Am unteren Ende hat das Stativbein eine Spitze mit Tritt-
ansatz.

Bei weichem Untergrund werden die Stativspitzen in den Boden leicht
eingetreten. Das Bein des Vermessers liegt dabei am Stativbein an.

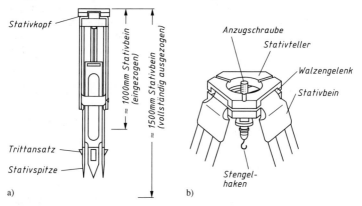

Bild 2.51   a) Stativ; b) Stativkopf

Stativkopf. Auf dem Stativkopf wird das Instrument befestigt. Der
Stativkopf besteht aus dem Walzengelenk für die Stativbeine, dem
Stativteller und der *Anzugsschraube*, die durch die Lasche gehalten
wird. Die Anzugsschraube kann im gesamten Bereich der Teller-
öffnung benutzt werden.

Verbindung Instrument und Stativ. Der *Dreifuß* ist das Bauteil, das Instrument und Stativ verbindet.

Die Anzugsschraube wird in das Gewinde der *Federplatte* geschraubt, die die *Grundplatte* auf den Stativteller drückt. Mittels der drei *Fußschrauben* kann die Horizontierung des Instrumentes erfolgen; die Libellen am Instrument werden eingespielt. Der Dreifußkörper nimmt den Steckzapfen des Instruments auf.

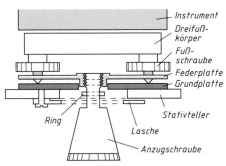

Bild 2.52
Verbindung
Instrument und Stativ

Leichte Instrumente haben keine Grundplatte. Die Fußschrauben sitzen direkt auf dem Stativteller. Für ein sehr schnelles Einspielen der Dosenlibelle ersetzt ein *Keilscheibenpaar* oft den Dreifußkörper. Zwei kreisförmige, übereinanderliegende, drehbare Keilscheiben werden gegeneinander gedreht und horizontieren so das Instrument.

Aufstellen des Instruments auf das Stativ. Folgende Hinweise sind zu beachten:
- Um dem Stativ eine große Stabilität zu geben, werden die Stativbeine nicht vollständig ausgezogen.
- Das Stativ so stellen, daß die Stativspitzen ein gleichseitiges Dreieck bilden.
- Die Stativbeine leicht in den Boden treten.
- Die Instrumentenlage im Instrumentenbehälter einprägen.
- Instrument am Fernrohrträger oder Bügel festhalten bis die Anzugschraube eine feste Verbindung mit dem Stativ herstellt.
- Beim Transport des Stativs mit Instrument befindet sich der Stativkopf auf der Schulter. Die Stativbeine zeigen nach vorn, nach hinten und zur Seite. Eine Hand sollte zum Abstützen im Gelände frei bleiben.
- Bevor mit dem Instrument gemessen wird, muß dieses sich an die Außentemperatur anpassen, *austemperieren*.

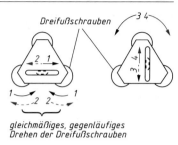

gleichmäßiges, gegenläufiges
Drehen der Dreifußschrauben

Bild 2.53
Transport des Stativs mit Instrument

Bild 2.54
Einspielen der Libellen mittels
der Dreifußschrauben

Horizontieren des Instruments. Das Instrument wird mit der Dosenlibelle grob und mit der Röhrenlibelle fein horizontiert, die Stehachse
wird grob und dann fein lotrecht ausgerichtet (→ Abschnitt 8.2.2).
Zum Einspielen der Libellen verwendet man die Dreifußschrauben des
Instruments.

Zentrieren des Instruments. Bei vielen Vermessungsarbeiten muß
das Instrument zentrisch über einem Punkt, z.B. Lagefestpunkt, stehen.

┃ Das Instrument ist zentriert, wenn die Verlängerung der lotrechten
┃ Stehachse durch den Standpunkt verläuft.

In Abhängigkeit zur Zentriergenauigkeit unterscheidet man:

– Schnurlot   Zentriergenauigkeit bei Windstille 3,0…5,0 mm
– Lotstab   Zentriergenauigkeit   1,0…2,0 mm
– optisches Lot   Zentriergenauigkeitbis   0,5 mm

Zentrieren mit dem Schnurlot. Mit dem Schnurlot wird wie folgt
zentriert:
– Stativ mit Instrument so aufstellen, daß nach Augenmaß der Stativ-
teller horizontal liegt und das Instrument etwa zentrisch steht.
– Instrumentenlot mit einer Schlaufe am Haken der Anzugsschraube
einhängen. Das Lot hängt nur wenige Millimeter über dem Punkt.
(Lotspitze von zwei Seiten beobachten!).
– Durch die Längenveränderung der ausziehbaren Stativbeine Lot
über den Bodenpunkt bringen.
– Dosenlibelle mit den Dreifußschrauben einspielen.

Kleine Zentrierungsfehler werden wie folgt ausgeglichen:
Anzugsschraube lösen und den Dreifuß auf dem Stativteller verschieben, bis das Lot über der Zentrumsmarkierung des Punktes hängt.
Anzugsschraube anziehen.

Zentrieren mit dem Lotstab. Der Lotstab besteht aus einem ausziehbaren Standrohr, dessen unterer Teil eine Dosenlibelle hat.

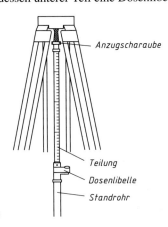

Anzugscharaube

Teilung

Dosenlibelle

Standrohr

Bild 2.55   Lotstab

- Mit dem Lotstab wird wie folgt zentriert:
- – Lotspitze auf die Zentrumsmarkierung stellen.
- – Anzugsschraube etwas lösen und das Instrument auf dem Stativteller verschieben bis die Dosenlibelle des Lotstabes eingespielt ist.
- – Anzugsschraube anziehen.

Zentrieren mit dem optischen Lot. Das optische Lot existiert als eigenständiges Gerät zur Zentrierung des Dreifußes oder es ist im Instrument bzw. Dreifußkörper eingebaut.

Das optische Lot besteht aus einem kleinen Fernrohr mit Strichkreuzplatte, das um eine Stehachse drehbar ist. Der Zielstrahl wird mit einer Kreuzlibelle, zwei rechtwinklig zueinander liegenden Röhrenlibellen, horizontiert.
Durch das drehbare Umschaltprisma kann der Zielstrahl in die Nadir- oder Zenitrichtung abgelenkt werden. Zur genauen Anzielung der Zentrumsmarkierung besitzt die Strichkreuzplatte einen kleinen Einspielkreis.

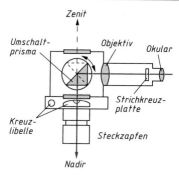

Bild 2.56   Optisches Lot, First- oder Fußpunktlot

- Ein Instrument, das ein optisches Lot besitzt, wird wie folgt zentriert:
- Stativ mit Instrument so aufstellen, daß nach Augenmaß der Stativteller horizontal liegt und in etwa das Instrument zentrisch steht.
- Mittels Dreifußschrauben die Zentrumsmarkierung anzielen.
- Durch die Längenveränderung der ausziehbaren Stativbeine ist die Dosenlibelle des Instrumentes einzuspielen.
- Kleine Ungenauigkeiten der Zentrierung können durch Verschiebung des Instrumentes auf dem Stativteller ausgeglichen werden.

Instrumentenhöhe. Vermessungstechnische Arbeiten mit dem Instrument, z.B. trigonometrische Höhenmessung, benötigen die Bestimmung der Instrumentenhöhe.

Die Instrumentenhöhe i ist der Abstand von der Zentrumsmarkierung eines Bodenpunktes bis zur Kippachse des Instrumentes.

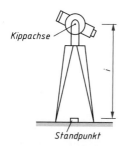

Bild 2.57
Instrumentenhöhe

3 Geodätische Grundlagen

3

3   Geodätische Grundlagen

3.1   Einfache Koordinatensysteme

Rechtwinkliges, ebenes Koordinatensystem ($\rightarrow$ Abschnitt 1.4). In der Geodäsie verwendet man ein rechtwinkliges, ebenes Koordinatensystem mit folgenden Merkmalen:

- Die *x-Achse*, *Abszissenachse*, zeigt nach oben.
- Die *y-Achse*, *Ordinatenachse*, zeigt nach rechts.
- Die Quadrantenverteilung, der Drehsinn der Winkel, ist *rechtsläufig*.

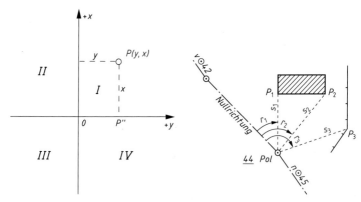

Bild 3.1
Rechtwinkliges Koordinatensystem
in der Geodäsie

Bild 3.2
Polarkoordinatensystem

Polarkoordinatensystem. Das Polarkoordinatensystem besteht aus dem *Pol* und einer festen *Nullrichtung*.

Liegt in der Örtlichkeit z. B. ein Plygonzug, so ist der Pol und die Nullrichtung eindeutig bestimmt.

> Die Polarkoordinaten eines Punktes *P* sind die *Richtung r* gegenüber der Nullrichtung und die *Strecke s* zum Pol.

Die Aufmessung mittels Polarkoordinaten ist das effektivste und häufigste Verfahren.

Rechtwinkliges, räumliches Koordinatensystem. Es ermöglicht zusätzlich zur Lagebestimmung in der Ebene, die Höhenangabe eines Punktes.

| Die drei Achsen, x-, y- und z-Achse, stehen rechtwinklig, räumlich zueinander.

Die Koordinaten eines beliebigen Punktes P_1 werden wie folgt bestimmt:
- Die Projektion eines Raumpunktes P_1 in die x-y-Ebene ergibt den Punkt P_1'.
- Der Punkt P_1' hat in der x-y-Ebene die Koordinaten y_1 und x_1
- Der Abstand P_1, P_1' ist die z_1-Koordinate oder bei der vermessungstechnischen Arbeit die Höhe h.

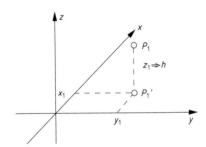

Bild 3.3
Räumliches, rechtwinkliges
Koordinatensystem

3.2 Koordinatensysteme auf der Erde

3.2.1 Bezugsflächen

Für die praktische Arbeit und theoretischen Betrachtung in der Geodäsie benötigt man Bezugsflächen, die der Erdfigur möglichst nahekommen und mathematisch gut erfaßbar sind.

Kugel. Die Kugel als Erdfigur ist mathematisch gut erfaßbar aber widerspiegelt nicht die Realität. Für die Abbildung kleiner Flächen, etwa 100 km im Umkreis, kann sie als Bezugsfläche genutzt werden.

Das Geoid. Astronomische Ortsbestimmungen beziehen sich immer auf das Geoid.

> Die Oberfläche des Geoids ist die Niveaufläche, die mit dem in Ruhe befindlichen Meeresspiegel zusammenfällt und die man sich unter den Kontinenten fortgesetzt denkt.
> Die Geoidoberfläche steht in jedem Punkt senkrecht zur Schwerkraft.

Die Fläche des Geoids ist mathematisch schwer zu erfassen, sie ist als Rechenfläche ungeeignet.

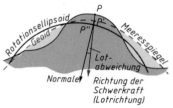

P   = Punkt der Erdoberfläche
P' = Lotpunkt auf das Geoid
P'' = Lotpunkt auf das Rotationsellipsoid

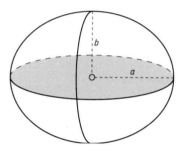

Bild 3.4
Geoid und Rotationsellipsoid

Bild 3.5
Die Erde als Rotationsellipsoid
a große Halbachse;
b kleine Halbachse

Referenzellipsoid. Neben der mathematischen Erfaßbarkeit fordert man für die Bezugsfläche, daß sie dem Geoid möglichst nahe kommt. Dieser Forderung werden Referenz-, Vergleichs- oder Bezugsellipsoid gerecht.

> Das Referenzellipsoid ist ein Rotationsellipsoid, das sich einem bestimmten Teil des Geoids maximal anpaßt.
> Das Rotationsellipsoid, das sich in seiner Gesamtheit dem Geoid gut anpaßt, bezeichnet man als *mittleres Erdellipsoid*.

Lotabweichung. Vergleicht man Daten des Geoids und Ellipsoids, so muß die Lotabweichung berücksichtigt werden.

> Die Lotabweichung ist der Winkel zwischen der Lotrichtung (die Normale zur Oberfläche des Geoids) und der Normalen zur Oberfläche des Ellipsoids.

Dimensionen des Referenzellipsoids. Folgende Dimensionen des Referenzellipsoids werden unterschieden:

- Erddimensionen nach *Bessel* (deutscher Naturwissenschaftler und Mathematiker; 1784 bis 1846):
  große Halbachse $a = 6\,377\,397$ m
  kleine Halbachse $b = 6\,356\,079$ m
- Erddimensionen nach *Krassowski* (russischer Geodät, 1878 bis 1948)
  große Halbachse $a = 6\,378\,245$ m
  kleine Halbachse $b = 6\,356\,863$ m
- Von der Internationalen Geodätischen Union wurden folgende Erdmaße empfohlen:
  große Halbachse $a = 6\,378\,137$ m
  kleine Halbachse $b = 6\,356\,752$ m.

3.2.2   Koordiantensysteme der Erde

Geographische Koordinaten. Zur Bestimmung der geographischen Koordinaten benutzt man folgendes Koordinatensystem:

- Kugel als Erdform;
- Erdachse mit Nord- und Südpol;
- Äquator;
- Nullmeridian.

Der *Nullmeridian* wurde international vereinbart und ist der Meridian, der durch die Sternwarte der Ortschaft *Greenwich* bei London verläuft.

Die geographischen Koordinaten für einen Punkt P auf der Erdoberfläche sind wie folgt festgelegt:

> Durch den Punkt P einen Ortsmeridian legen. Alle Punkte auf diesem Ortsmeridian haben die Koordinate: *Geographische Länge λ* (die Winkelangabe λ).
> Weiterhin ist durch den Punkt P ein Parallelkreis, ein Breitenparallel, zu legen. Alle Punkte auf diesem Parallelkreis haben die Koordinate: *Geographische Breite φ* (die Winkelangabe φ).

Die geographischen Koordinaten können folgende Größen annehmen:

λ: 180° westliche Länge…0°(Nullmeridian)…180° östliche Länge
φ: 90° nördliche Breite…0°(Äquator)   … 90° südliche Breite.

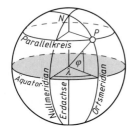

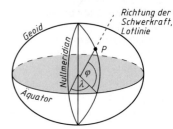

Bild 3.6
Geographische Koordinaten

Bild 3.7
Astronomisch-geodätische
Koordinaten

Astronomisch-geodätische Koordinaten. Für die Ortsbestimmung eines Punktes erfolgt eine astronomisch-geodätische Messung. Bei dieser Messung steht das Instrument lotrecht über dem Punkt. Dadurch werden Koordinaten bestimmt, die sich auf das Geoid beziehen.

> Die Koordinaten eines Punktes auf der Erdoberfläche, die durch eine direkte astronomisch-geodätische Messung bestimmt werden, sind die geographischen Koordinaten auf dem Geoid, *die astronomisch-geodätischen Koordinaten λ und φ.*

Die astronomisch-geodätischen Koordinaten haben die gleiche Winkelangabe wie die geographischen Koordinaten.

Geodätische Koordinaten. Wird das Rotationsellipsoid als Erdfigur zugrunde gelegt, so erhält man die geodätischen Koordinaten.

> Geodätische Koordinaten, die sich auf das Rotationsellipsoid beziehen, sind die *geodätische Breite B* und die *geodätische Länge L.*

Diese Koordinaten werden ebenfalls im Winkelmaß angegeben.

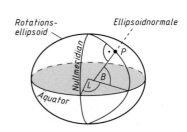

Bild 3.8
Geodätische Koordinaten

Das Lot des Geoids und die Normale des Ellipsoids fallen nicht zusammen. Sie bilden miteinander einen Winkel, die Lotabweichung. Mit Hilfe der Lotabweichung können die astronomisch-geodätischen Koordinaten λ und φ in geodätische Koordinaten L und B umgerechnet werden.

Das geodätische Koordinatensystem ermöglicht die Koordinatenberechnung weiterer Punkte auf der Erdoberfläche, da das Rotationsellipsoid eine geeignete Rechenfläche ist.

Alle Koordinatenangaben, die in der Geodäsie im Winkelmaß erfolgen, sind geodätische Koordinaten B und L.

3.2.3 Ebene Koordinatensysteme der Erdoberfläche

***Gauß-Krüger*-Koordinaten, 3°-Meridianstreifensystem.** Für die Abbildung des Ellipsoids in die Kartenebene hat *Carl-Friedrich Gauß* (1777 bis 1855) eine Methode gefunden, die später von *Krüger* (1857 bis 1923) weiterentwickelt wurde.
Ziel des Vorgehens ist die Schaffung eines ebenen, rechtwinkligen Koordinatensystems. Die Schritte sind:

– Zerlegen der Ellipsoidoberfläche des *Bessel*ellipsoids in Meridianstreifen mit $\Delta L = 3°$. Jeder Meridianstreifen hat einen Mittelmeridian oder Hauptmeridian und eine Kennzahl.
   Kennzahl: 0   1   2   3   4   5   …
   Hauptmeridian: 0°   3°   6°   9°   12° 15° … ö. L.
– Schrittweise Zylinderprojektion, wobei die Hauptmeridiane nacheinander am Zylindermantel anliegen.
– Danach wird der Zylindermantel in die Ebene abgewickelt.

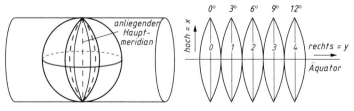

Bild 3.9 *Gauß-Krüger*-Koordinaten, 3°-Meridianstreifen

Jeder Meridianstreifen ist ein ebenes rechtwinkliges Koordinatensystem mit dem Hauptmeridian, Mittelmeridian, als x-Achse und dem Äquator als y-Achse.

Die Koordinatenangabe für einen Punkt P im Meridianstreifen ist:

Rechtswert R: Abstand vom Hauptmeridian in Metern
(y-Wert)   + 500 000 m, um negative Koordinaten zu vermeiden
          und die Meridianstreifenkennzahl wird als erste Ziffer
               vorangeschrieben.

Hochwert H: Abstand vom Äquator in Metern
(x-Wert)

Beispiel

Punkt P_1 liegt im Meridianstreifen mit dem Mittelmeridian 15° ö. L.
Weitere Angaben sind:

> Abstand vom Hauptmeridian: + 456,92 m
> Abstand vom Äquator: 4 568 345,39 m

Die *Gauß-Krüger* Koordinaten errechnen sich wie folgt:

$R =$ 456,92 + 500 000 und Kennzahl **5**
$R =$ 500 456,92 und Kennzahl **5**
$R = 5 500 456,92$

$H = 4 568 345,39$

Eine ältere Schreibweise wäre: $R = {}^{55}00\,456,92$ $H = {}^{45}68\,345,39$.

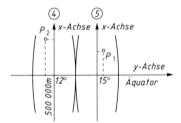

Bild 3.10
3°-Meridianstreifensystem

Beispiel

Ein Punkt P_2 hat die Koordinaten: $R = 4\,496\,766,55$; $H = 5\,012\,345,67$

Daraus folgt:
4. Meridianstreifen mit dem Hauptmeridian 12° östliche Länge
Abstand vom Hauptmeridian: 496 766,55 – 500 000 = – 3 233,45 m
Abstand vom Äquator: 5 012 345,67 m

***Gauß-Krüger*-Koordinaten, 6°-Meridianstreifensystem.** Für die Abbildung größerer Teile der Erdoberfläche ist es erforderlich, breitere Meridianstreifen, mit $\Delta L = 6°$, in der Ebene abzubilden.
Kennzahl und Hauptmeridian werden wie folgt zugeordnet:

Kennzahl:	1	2	3	4 ...	
Hauptmeridian:	3°	9°	15°	21°...	ö.L.

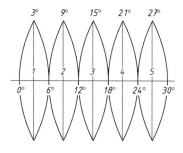

Bild 3.11
Gauß-Krüger-Koordinaten,
6°-Meridianstreifensystem

Es erfolgt die gleiche Zylinderprojektion wie beim 3°-Meridianstreifensystem.

> Die Gauß-Krüger-Koordinaten y und x im 6°-Streifensystem werden in gleicher Weise bestimmt wie die Koordinaten im 3°-Meridianstreifensystem.

Universale Transversale Merkator Projektion (UTM). Bezugsellipsoid ist für Europa das Internationale Erdellipsoid, das *Hayford* Erdellipsoid.
Es ist im Prinzip eine *Gauß-Krüger*-Projektion mit $\Delta L = 6°$ Meridianstreifen.
Das Zuordnen der Kennzahl und des Hauptmedians ist wie folgt:

Kennzahl:	1	2		30
Hauptmeridian:	177° w.L.;	171° w.L.;	...;	3° w.L.;
Kennzahl:	31	32	33	60
Hauptmeridian	3° ö.L.;	9° ö.L;	15° ö.L;	...177° ö.L.

> Die *y-Koordinaten* im UTM-System werden in gleicher Weise bestimmt wie die Koordinaten im 3°-Meridianstreifensystem.
> Die *x-Koordinaten* für die Nordhalbkugel beginnen am Äquator mit 0 m und für die Südhalbkugel mit 10 000 000 m.

Überlappungszonen bei den Meridianstreifensystemen. Für die Randstreifen werden sogenannte Überlappungszonen festgelegt, die eine Ausdehnung von $\Delta L = 0,5°$ sowohl nach West als auch nach Ost haben.

> Die Koordinaten der Lagefestpunkte, die in den Überlappungszonen liegen, werden für beide Systeme angegeben.

Verzerrungen der Meridianstreifensysteme. Da die Streifen relativ schmal sind und nur der Hauptmeridian bei der Projektion am Zylindermantel anliegt, entstehen nur kleine Verzerrungen.

Die Abbildung der Meridianstreifen ist in kleinen Teilen winkeltreu, nicht aber längen- und flächentreu. Die Flächenverzerrung wächst mit dem Abstand vom Mittelmeridian.

Abstand vom Mittelmeridian	Verzerrung je ha
63 800	+ 1 m²
90 250	+ 2 m²
110 550	+ 3 m²

Soldner-**Koordinaten, rechtwinklig sphärische Koordinaten.** Angewendet wird dieses System für kleinste Gebiete der Erdoberfläche, die man als Ebene betrachten kann. Das System ist wie folgt aufgebaut:

Koordinatennullpunkt: markanter, im Zentrum des Aufnahmegebietes liegender Punkt;

x-Achse: Meridian, der durch den Koordinatennullpunkt verläuft;

y-Achse: Großkreis, der rechtwinklig zur *x*-Achse durch den Koordinatennullpunkt verläuft.

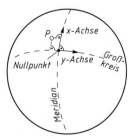

Bild 3.12
Soldner-Koordinaten,
rechtwinklig-sphärische
Koordinaten

Um negative Koordinaten zu vermeiden, werden diese als dekadische Ergänzung geschrieben.

Dekadische Ergänzung zu $-a$: Die zum Betrag von $-a$ $(|-a|)$ nächst größere Zehnerpotenz addieren. Die Dekadische Ergänzung mit einem hochgestellten Kreuz „^{x}" kennzeichnen.

Beispiel

$y = -4\,563,27 \Rightarrow y = -4\,563,27 + 10\,000 = {}^x 5\,436,73$

oder

$y = {}^x 768,21 \quad \Rightarrow y = 768,21 - 1000 = -231,79$

Nordrichtungen. Es werden in der Vermessungstechnik folgende Nordrichtungen hinreichend unterschieden:

- *Geographisch-Nord, GgN:* Nordrichtung eines Ortsmeridians durch P bei der Bestimmung der geographischen Koordinate λ auf der Kugel;
- *Geodätisch-Nord, GdN:* Richtung des Ortsmeridians durch P bei der Bestimmung der geodätischen Koordinate L auf dem Bessel-ellipsoid.
- *Gitter-Nord, GiN:* Nördliche Richtung der Parallelen zum Hauptmeridian eines Meridianstreifensystems durch den Punkt P.
  Sie ist die Verbindung der Netzspinnen in nördlicher Richtung, die *Richtung des Nordpfeils.*
- *Magnetisch-Nord, MaN:* Richtung zum magnetischen Nordpol des erdmagnetischen Feldes im Punkt P.
  Das magnetische Feld der Erde ist kein konstantes Feld.

Geographisch-Nord *GgN* und Geodätisch-Nord *GdN* müssen für viele Vermessungsarbeiten nicht unterschieden werden.

Für die geodätische Arbeit mit den Nordrichtungen werden die Winkel zwischen den Richtungen wie folgt bezeichnet:

- *Deklination D oder δ:* Winkel zwischen Geographisch-Nord *GgN* bzw. Geodätisch-Nord *GdN* und Magnetisch-Nord *MaN*;
- *Nadelabweichung d:* Winkel zwischen Gitter-Nord *GiN* und Magnetisch-Nord *MaN*;
- *Meridiankonvergenz γ:* Winkel zwischen Gitter-Nord *GiN* und Geodätisch-Nord *GdN* bzw. Geographisch-Nord *GgN*.

Zwischen den Nordrichtungen und der Richtung zu einem Zielpunkt P werden folgende Winkel unterschieden:

- *Magnetisch-Azimut μ:* Winkel zwischen Magnetisch-Nord *MaN* und Zielpunkt P, rechtsläufig bestimmt.
- *Richtungswinkel t:* Winkel zwischen Gitter-Nord *GiN* und Zielpunkt P, rechtsläufig gemessen.

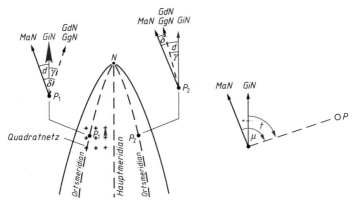

Bild 3.13   Nordrichtungen

3.3   Festpunktnetz der Lage

Die Lagefestpunkte, die die Grundlage der Lageaufnahme bilden, werden nach ihren Koordinaten bestimmt.

Man arbeitet nach der Methode „vom Großen ins Kleine". Zuerst wird ein fester Rahmen geschaffen, der dann die Grundlage für eine Verdichtung ist.

Trigonometrische Netze. Trigonometrische Netze sind Dreiecksnetze, bestehend aus etwa gleichseitigen Dreiecken, die das Territorium überdecken.

Die Eckpunkte der Dreiecke sind die *trigonometrischen Punkte TP*.

Die Bestimmung der Netzgröße und der Koordinaten für die TPs erfolgt durch verschiedene Verfahren.

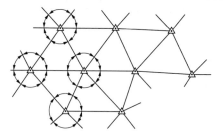

Bild 3.14 Trigonometrisches Netz

Klassisches Triangulationsverfahren. Vor der elektronischen Strekkenmessung war die Genauigkeit der Richtungsmessung der Genauigkeit der Messung langer Strecken überlegen. Daraus ergibt sich folgender Ablauf:

- Basis und Basisvergrößerungsnetz

Streckenmessung der Basis mit sehr hoher Genauigkeit. Aufbau eines Basisvergrößerungsnetzes und nur noch Messung der Innenwinkel. Dadurch kann die Länge der ersten Dreiecksseite bestimmt werden.

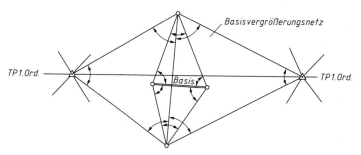

Bild 3.15 Basis und Basisvergrößerungsnetz

Mit Hilfe der Länge der ersten Dreiecksseite und der Messung der Innenwinkel können dann die anderen Dreiecksseiten fortlaufend berechnet werden.

Für einen Punkt, dem *Fundamentalpunkt*, werden astronomische Messungen durchgeführt. Mit Hilfe der Netzgröße und den astronomischgeodätischen Koordinaten des Fundamentalpunktes sind die Koordinaten der TPs berechenbar.

Trilateration. Durch die hohe Streckenmeßgenauigkeit und den großen Meßbereich der elektronischen Streckenmeßgeräte werden heute die Dreiecksseiten der Netze mit hoher Genauigkeit gemessen. Zusätzlich werden Diagonalen gemessen, so daß eine Überbestimmung vorliegt.
Die so gemessenen Netze werden als *Trilaterationsnetze* bezeichnet.

Häufig werden aber Verfahren angewendet, die sich sowohl der Winkelmessung als auch der elektronischen Streckenmessung bedienen.

Satellitenverfahren. Das Satellitenverfahren ist ein von Anschlußpunkten unabhängiges Verfahren, das eine dreidimensionale Punktbestimmung erlaubt.
Zwischen Erdstationen und Satelliten erfolgen Distanzmessungen, die die Koordinatenbestimmung ermöglichen (→ Abschnitt 11).

Trigonometrisches Festpunktfeld, Netzverdichtung. Nach DIN 18 709 Teil 1 werden unterschieden:

- TP-Feld
Das TP-Feld ist Grundlage der amtlichen Lagevermessung und anderer Vermessungsarbeiten. Das TP-Feld ist gegliedert durch das Trigonometrische Netz (TP-Netz). Das TP-Feld gliedert sich in TP-Netze 1. bis 4. Ordnung.

- TP-Netz 1. Ordnung
Das Netz 1. Ordnung ist Grundlage weiterer Verdichtungen und ermöglicht die Lagemessung über große Gebiete hinweg.
Grundlage für das Netz 1. Ordnung sind die Punkte des *Deutschen Hauptdreiecksnetzes* (DHDN).
Zum DHDN gehören die Hauptdreieckspunkte 1. Ordnung. Dieses Netz ist auf das Erdellipsoid nach *Bessel* bezogen.
Zentralpunkt ist der TP Rauenberg, heute Marienberg in Berlin Tempelhof. Die Netzseite Rauenberg–Berlin Marienkirche ist astronomisch orientiert.
Zum Netz 1. Ordnung gehören außerdem Punkte des Grundlinienvergrößerungsnetzes und Zwischenpunkte.

- TP-Netze 2. bis 4. Ordnung
Die TP-Netze 2. bis 4. Ordnung verdichten das TP-Netz 1. Ordnung. Damit ist ein Lagefestpunktfeld mit einem einheitlichen Bezugssystem geschaffen.

Staatliches Trigonometrisches Netz. Das Staatliche Trigonometrische Netz, das STN, der ehemaligen DDR:
Das Netz I. Ordnung wurde durch das Netz III. Ordnung und dieses durch das Netz V. Ordnung verdichtet.
Durch die rechentechnische Möglichkeit des Ausgleichens großer Teile konnte das Netz II. Ordnung entfallen. Eine Ausnahme bildete ein kleines Küstengebiet.
Ebenso wurde das Netz V. Ordnung als unmittelbares Folgenetz der III. Ordnung geschaffen.

Vermarkung und Sicherung der TPs. Die TPs sind eine wichtige Grundlage für nachfolgende geodätische Arbeiten und müssen deshalb dauerhaft und sehr sorgfältig vermarkt werden. Für einen TP werden unterschieden:

Zentrum: Das Zentrum ist gekennzeichnet durch die unterirdische Platte. Die Tagesmarke, die oberirdische Vermarkung, ist ein Pfeiler.
Sicherungspunkte: Um das Zentrum zu sichern und wiederherzustellen, werden Platten als Sicherungspunkte eingebracht.

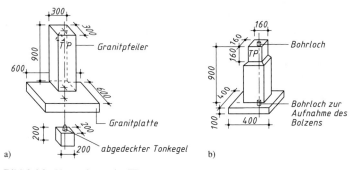

Bild 3.16   Vermarkung der TP
a) TP 1. Ordnung; b) TP 2. Ordnung

Orientierungspunkte OP: Orientierungspunkte erlauben einen besseren Richtungsanschluß und sind Anschlußpunkte für nachfolgende Messungen. Die Vermarkung des Zentrums eines *TP*s und eines Orientierungspunktes sind gleich und unterscheiden sich nur durch die Beschriftung (*OP* bzw. *O*).

Die Orientierungspunkte liegen etwa 500 bis 1000 m vom Zentrum entfernt und werden meist mit Tafelsignalen signalisiert.

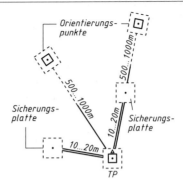

Bild 3.17
Sicherungs- und
Orientierungspunkte

Signalisieren. Auf Grund des Geländeverlaufs, der Bewachsung, der
vorhandenen Bauwerke, der Erdkrümmung und der Ausschaltung der
bodennahen Refraktion wurden Signalbauten unterschiedlicher Art
verwendet.

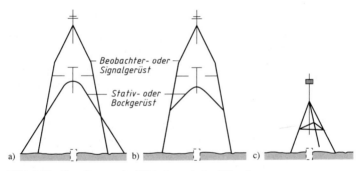

Bild 3.18   Signalbauten der TP (schematische Skizze)
a) getrennter Signaltyp; b) kombinierter Signaltyp; c) Tafelsignal

Um Erschütterungen vom Beobachtergerüst auf das Stativgerüst und
umgekehrt nicht zu übertragen, werden die Signale vollständig oder
teilweise getrennt gebaut.

Weitere Verdichtung des Lagenetzes. Die weitere Verdichtung der
Trigonometrischen Netze erfolgt durch das Netz der *Aufnahmepunkte*.
Sie werden im Rahmen der Polygonzugmessung koordinatenmäßig
bestimmt. Die endgültigen angestrebten Festpunktabstände, die Zahl
der Festpunkte je km² bestimmen die Erlasse der Bundesländer.

3.4 Höhennetz

Höhensysteme. Grundlage für die Höhenmessung ist eine Bezugsfläche, die einheitlich sein muß, damit Höhen vergleichbar sind.

> Die Höhe eines Meßpunktes ist sein lotrechter Abstand von einer Bezugsfläche, die Länge der Lotlinie zwischen der Höhenbezugsfläche und dem Punkt.

Der Verlauf der Lotlinien wird durch die Schwerkraft bestimmt. Sie sind daher nicht parallel, sondern stehen senkrecht zu einer Niveaufläche. Die Fläche des Geoids eignet sich als solche Höhenbezugsfläche. Die Höhen der Punkte, die vom Geoid aus gemessen werden nennt man *orthometrische Höhen*.

- Höhen über NN

Als Bezugsfläche für die Höhenmessung wählte man im vorigen Jahrhundert das Mittelwasser der Nordsee am Pegel von Amsterdam.
Die durch den Nullpunkt dieser Pegel, genannt Normalpunkt, verlaufende Niveaufläche wurde als *Normalnull* bezeichnet.

> Die auf den Nomalnullpunkt bezogenen Höhen werden „*Höhen über Normalnull, Höhen über NN*" genannt.

Zum Anschluß an Normalnull wurde im Jahre 1912 östlich von Berlin mittels Höhenübertragung für Deutschland ein *Normalhöhenpunkt HN*, unterirdisch festgelegt.

- Höhen über HN

In der ehemaligen DDR wurden Höhen eines Höhensystems verwendet, dessen Nullpunkt durch das Mittelwasser des Kronstädter Pegels, Höhen-Null, festgelegt wurde.

> Die auf den Kronstädter Pegel bezogenen Höhen werden als „*Höhen über Höhen-Null, Höhen über HN*" bezeichnet.

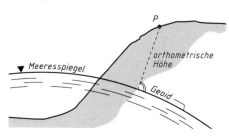

Bild 3.19
Bezugsfläche und
orthometrische Höhe

Aufbau des Nivellementsnetzes. Das Nivellementsnetz bilden die Grundlage für die Höhenbestimmung aller vermessungstechnischen Aufgaben und für die Erforschung der Figur der Erde sowie die Erfassung vertikaler Erdkrustenbewegungen.

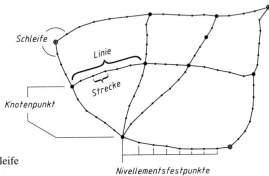

Bild 3.20
Nivellementsschleife
mit Verdichtung

Das Nivellementsnetz ist wie folgt aufgebaut:

– *Schleife:* Die Schleife ist ein geschlossener Nivellementsweg, der aus mehreren netzbildenden Linien besteht.
– *Linie:* Die Linie ist der Nivellementsweg zwischen zwei benachbarten Knotenpunkten, die alle dazwischenliegenden Strecken enthält.
– *Strecke:* Die Strecke ist der Nivellementsweg zwischen zwei benachbarten Nivellementsfestpunkten einer Linie.
– *Knotenpunkt:* Knotenpunkte sind Nivellementsfestpunkte, in denen mindestens drei netzbildende Linien zusammentreffen.

Außer den Knotenpunkten dürfen Nivellementslinien keine weiteren gemeinsamen Punkte aufweisen.

Höhenfestpunktfeld, Höhennetz. Nach DIN 18 709 Teil 1 und den Richtlinien des AdV werden unterschieden:

■ Höhenfestpunktfeld
Es ist die Gesamtheit der Höhenfestpunkte, die Ausgangspunkt für die Höhenmessungen sind. Für die Höhenfestpunkte werden Höhen im Höhensystem angegeben.

■ Nivellementpunktfeld (NivP-Feld)
Nivellementspunkte sind Punkte, die im amtlichen „Nachweis der

Nivellementspunkte" geführt werden. Sie sind Grundlage der amtlichen Höhenvermessung und anderer Vermessungsarbeiten mit Höhenbestimmung.
Das Nivellementpunktfeld gliedert sich in Nivellementsnetzen 1. bis 4. Ordnung.

■ Deutsches Haupthöhennetz (DHHN)
Es besteht aus Nivellementsschleifen, dessen Linien zum Netz 1. Ordnung gehören und ausgeglichen sind. Es ist aus Netzlinien der Nivellements des ehemaligen Reichsamtes für Landesaufnahme und aus Netzteilen hervorgegangen, die von Landesvermessungsämtern geschaffen wurden.
Die Durchmesser der Nivellementsschleifen des DHHN liegen zwischen 30 und 80 km.

■ Nivellementsnetz 1. Ordnung
Das Nivellementsnetz 1. Ordnung verdichtet das DHHN durch Zwischenlinien. Sie werden nach den selben Verfahren und der gleichen Genauigkeit wie das DHHN gemessen.
Erst nach dem Ausgleich des DHHN werden die Linien eingerechnet.

■ Nivellementsnetze 2., 3. und 4. Ordnung
Diese Nivellementsnetze haben die Aufgabe das Nivellementsnetz 1. Ordnung nacheinander zu verdichten.
Niv-Netz 2. Ordnung: Schleifen von maximal 20 km Durchmesser
Niv-Netz 3. Ordnung: Schleifen von maximal 10 km Durchmesser
Niv-Netz 4. Ordnung: weitere Verdichtung der übergeordneten Netze durch maximal 4 km lange Nivellementslinien.

Erkundung. Folgende Gesichtspunkte sind bei der Erkundung der Festpunkte zu beachten:

– Linien entlang befestigter, verkehrsarmer Straßen legen.
– Bei der Auswahl der Nivellementsfestpunkte sind die geologischen, hydrologischen, geomorphologischen und baugrundmäßigen Verhältnisse zu berücksichtigen.
– Festpunkte sollen für den Beobachter leicht zugänglich jedoch vor Beschädigungen geschützt sein. Sie sind so auszuwählen, daß sich Verkehrserschütterungen auf die Festpunkte nicht übertragen.
– Festpunkte so legen, daß diese durch nachfolgende bauliche Veränderungen, z.B. Erdaushub oder landwirtschaftliche Arbeiten, nicht verloren gehen.

Vermarkung. Die wichtigsten Vermarkungsarten sind der *Mauer-* und der *Pfeilerbolzen*. Weitere Vermarkungen sind der *unterirdische Pfeiler* mit bodengleicher Abdeckung und der *unterirdische Rammstab* für den unsicheren Untergrund.

Alle Vermarkungen sind so zu wählen, daß die Aufsetzfläche der Nivellierlatte eindeutig auf dem höchsten Punkt des Bolzens aufgestellt werden kann.

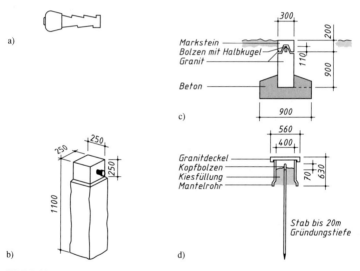

Bild 3.21 Vermarkung der Höhenfestpunkte
a) Höhenbolzen; b) Nivellementspfeiler; c) unterirdischer Pfeiler;
d) unterirdischer Rammstab

4 Einfache Vermessungsgeräte und Vermessungsarbeiten

4

4 Einfache Vermessungsgeräte und Vermessungsarbeiten

4.1 Grundausstattung eines Meßtrupps

Fluchtstab. Zum Signalisieren und Markieren von Messungspunkten benutzt man Fluchtstäbe.

Material:	Holz, Kunststoff, Stahl, Aluminium
Abmessung:	2 m lang, meist kreisförmiger Querschnitt mit einem Durchmesser von 27 mm
Fluchtstabspitze:	Flußstahl oder Temperguß
Farbgebung:	rot-weiße Felder von 0,5 m Länge

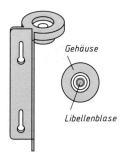

Bild 4.1
Fluchtstab und Fluchtstabstativ

Bild 4.2
Lattenrichter,
vereinfachte Darstellung

Bild 4.3
Zählnadeln

Bild 4.4
Gliedermaßstab

Fluchtstabstativ. Fluchtstäbe können auf festem Boden, befestigten Straßen usw. mit Hilfe von Fluchtstabstativen aufgestellt werden. Zum Aufstellen eines Fluchtstabes können auch 1 bis 2 weitere Fluchtstäbe als Streben zur Anwendung kommen.

Schnurlot. Zur Senkrechtstellung eines Fluchtstabes, zum Abloten eines Punktes und zum Zentrieren benutzt man Schnurlote.

Schnurlote sind walzen- oder birnenförmige Metallstücke, die an einer etwa 2 m langen Lotschnur hängen.

Lattenrichter, Anschlaglibelle. Zur Senkrechtstellung von Latten oder auch Fluchtstäben verwendet man Lattenrichter.
Der Lattenrichter besteht aus einer Dosenlibelle, die an einem Winkeleisen befestigt ist.

Zählnadeln. Zur Markierung von abgesetzten Meßbandlängen oder der kurzzeitigen Markierung von Punkten werden Zählnadeln (Markierungsnadeln) verwendet.
Zählnadeln sind aus Stahldraht gefertigt, etwa 400 mm lang und haben einen Kopfring oder eine Kopfscheibe.
Verwendet werden zweckmäßig 6 oder 11 Stück mit Tragering.

Doppelprisma. Mit dem Doppelprisma können folgende Vermessungsarbeiten zu einer ausgesteckten Messungslinie ausgeführt werden:

– Selbständiges Einfluchten;
– Aufwinkeln eines Punktes;
– Absetzen eines rechten Winkels.

Der Aufbau eines Doppelprismas und die Arbeit mit dem Prisma sind in Abschnitt 2.3 beschrieben.

Gliedermaßstab. Zur Messung von kurzen Stichmaßen wird der Gliedermaßstab verwendet. Zur Anwendung kommen:

– 2-m-Gliedermaßstab, den man auch in anderen Berufsfeldern kennt;
– Gliedermaßstab mit einer Nivellierlattenteilung auf der einen und einer Millimeterteilung auf der anderen Seite.
  Dieser Gliedermaßstab (früher Nivellierzollstock) ist aus etwa 0,3 m langen zusammenklappbaren Schenkeln aus Holz gefertigt und hat eine Gesamtlänge von 2 m oder 3 m.

Der Gliedermaßstab kann neben der Längenmessung auch für die geometrische Höhenmessung mit geringer Genauigkeitsanforderung eingesetzt werden.

Rollbandmaß. Das bevorzugte Längenmeßgerät für die mechanische Streckenmessung ist das Rollmeßband. Zur Anwendung kommen Meßbänder, die 20 m, 30 m oder 50 m lang sind (→ Abschnitt 6.1).

Feldbuchrahmen. Zur Niederschrift von Messungsergebnissen und der Führung eines Messungsrisses benutzt man im Außendienst den Feldbuchrahmen.

Der Feldbuchrahmen besteht aus einem aufklappbaren Holz- oder Kunststoffrahmen mit einer Leichtmetallplatte als Schreibunterlage. Feldbuchrahmen gibt es für die Blattgröße DIN A4 und DIN A3.

4.2 Fluchten und Verlängern

Zu bestimmen sind zusätzliche Punkte auf einer Strecke $\overline{AB}$ oder deren Verlängerung.

Ausstecken einer Linie. Messungspunkte und Punkte, die eine Messungslinie, z.B. eine Polygonseite, festlegen, werden durch Fluchtstäbe markiert.

– Der Fluchtstab wird im Punkt selbst oder hinter dem Punkt in Richtung der Messungslinie aufgestellt.
– Fluchtstäbe werden sorgfältig senkrecht (lotrecht in Messungsrichtung) aufgestellt, besonders dann, wenn durch Hindernisse der Fußpunkt nicht sichtbar ist.

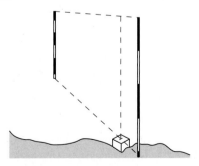

Bild 4.5
Ausstecken einer
Linie mit Fluchtstäben

Fluchten von einem Endpunkt aus. Die Fluchtstäbe an den Endpunkten sind sichtbar. Es werden mindestens zwei Mitarbeiter benötigt.

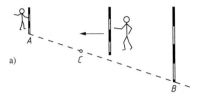

a)

Bild 4.6
Fluchten vom Endpunkt aus

b) A C_1 C_2 B

- Werden mehrere Punkte eingefluchtet, so wird der Punkt zuerst eingefluchtet, der am weitesten vom Einweisenden entfernt ist.
- Der Einweisende tritt einige Schritte hinter den Fluchtstab A in Verlängerung der Strecke $\overline{BA}$. Er weist den Einzuweisenden auf den Fluchtstab B durch entsprechende Winkzeichen oder bei kurzen Entfernungen durch Zuruf „An" (an den Körper) bzw. „Ab" (vom Körper weg) ein.
- Der Einzuweisende hält den Fluchtstab mit zwei Fingern so, daß dieser lotrecht hängt. Er bewegt den Stab auf Zuruf oder Winkzeichen etwa rechtwinklig in Richtung der Linie so lange, bis der Einweisende die Deckung der Fluchtstäbe A, C und B feststellt.
- Nach dem Feststellen und Einloten des Fluchtstabes ist die Flucht nochmals zu kontrollieren.

Fluchten aus der Mitte. Die beiden Endpunkte A und B der Strecke $\overline{AB}$ sind nicht zugänglich, z.B. durch Hausecken, Mauern usw., oder die Sicht ist durch eine Geländeerhebung verdeckt. Es werden mindestens zwei Mitarbeiter benötigt.

- Die beiden Mitarbeiter stellen sich auf die Punkte C_1 und D_1. Diese Standorte sind so zu wählen, daß jeder Mitarbeiter den anderen zu einem Endpunkt einweisen kann, d.h. C_1 muß D_1 sowie B sehen und D_1 muß C_1 sowie A sehen.
  Die Punkte C_1 und D_1 sollen die Strecke etwa dritteln.
- Von C_1 aus weist der Mitarbeiter den Fluchtstab von D_1 nach D_2 in die Strecke $\overline{C_1B}$ ein.
- Von D_2 weist der zweite Mitarbeiter den Fluchtstab von C_1 nach C_2 in die Strecke $\overline{D_2A}$ ein.

– Das Verfahren wird wiederholt, bis keine Abweichung aus der Flucht erkennbar ist.

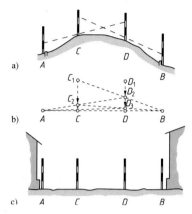

Bild 4.7   Fluchten aus der Mitte
a) Behinderung durch Geländeerhebung; b) Draufsicht; c) Punkte *A* und *B* nicht zugänglich

Verlängern einer Strecke. Die Anfangs- und Endpunkte sind sorgfältig zu markieren.

– Den Fluchtstab oder die Lotschnur in *C* danach in *D* usw. so einrichten, daß die Punkte *A*, *B* und *C*, dann die Punkte *A*, *B* und *D* usw. in einer Flucht liegen.
– Die Verlängerungen sollten etwa die Hälfte der Strecke $\overline{AB}$ nicht überschreiten, weil Abweichungen aus der Flucht proportional zur verlängerten Strecke größer werden.

Bild 4.8
Verlängern einer Strecke

4.3   Vermarken

Die Vermarkung ist eine dauerhafte Kennzeichnung eines Punktes in der Örtlichkeit durch das Einbringen bzw. Anbringen von Vermarkungsmitteln bzw. Zeichen.

Fluchtstäbe, Zählernadeln, Signierkreide *markieren* bzw. *signalisieren* einen Punkt.

Vermarkungsmittel. Die Vermarkungsmittel werden nach folgenden Gesichtspunkten unterschieden:

- Standzeit: dauerhafte und zeitweilige Vermarkung;
- Material und Größe: schwere und leichte Vermarkung;
- Ein- bzw. Anbringen: Grab-, Schlag-, Klebe-, Strichvermarkung;
- Markierungsgenauigkeit: hohe, mittlere und geringe Markierungsgenauigkeit;
- Zeitpunkt der Markierung: vor oder nach dem Ein- bzw. Anbringen der Vermarkung.

Vermarkung der Lagefestpunkte und Grenzpunkte. Lagefestpunkte, die vermarkt werden sind z.B. Trigonometrische Punkte, Orientierungspunkte, Aufnahmepunkte, Sicherungspunkte, Grenzpunkte, polar bestimmte Punkte usw.

Erlasse für bestimmte vermessungstechnische Arbeiten bestimmen die Vermarkungsmittel und die Vermarkungsart, z.B. unterirdische Vermarkung, oberirdische Vermarkung (Tagesvermarkung).

Häufig verwendete Vermarkungsmaterialien:
- Für Tagesvermarkungen:
- Granit- oder Betonpfeiler mit Zentrumsmarkierung: Kreuz, Loch, Bolzen, Rohr;
- Grenzsteine z.B. aus Basalt;
- Metallrohre mit zentrischer Deckkappe;
- Kunststoffrohre mit zentrischer Deckkappe;
- Bolzen mit der Aufschrift „Vermessungspunkt";
- Nägel mit der Aufschrift „Vermessungspunkt";
- Holzpfahl mit und ohne Zentrumsmarkierung-Nagel;
- Klebemarke mit Zentrumsmarkierung;
- Meißelzeichen auf Natur- oder Kunststein.

- Für unterirdische Vermarkungen:
- Granitplatte mit Zentrumsmarkierung;
- Tonkegel oder Kunststoffkegel;
- Tonrohre.

Punktsicherung bei Vermarkungsarbeiten. Da bei Erdaushub ein durch Messung bestimmter Punkt verlorengehen würde, ist vor dem Einbringen einer Vermarkung die Lage der Messungs- bzw. Grenzpunkte zu sichern und die eingebrachte Vermarkung zu zentrieren.

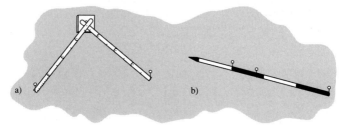

Bild 4.9   Zentrierung der Vermarkung
a) mit Gliedermaßstab; b) mit Fluchtstab

- Verwendung des Gliedermaßstabes
- Gliedermaßstab in der Mitte knicken und die entstandene Außen-
kerbe des Knickpunktes genau über den vermarkten Punkt legen.
Die Enden des Gliedermaßstabes werden durch Zählernadeln
fixiert und dann der Gliedermaßstab entfernt.
- Nach dem Erdaushub wird der Gliedermaßstab wieder an den Zählnadeln angelegt und mittels Lot das Zentrum herabgelotet.

- Verwendung des Fluchtstabes
- Fluchtstab auf den Boden legen, so daß die Spitze genau über den
zu vermarkenden Punkt liegt. Mit Zählnadeln Fluchtstab fixieren
(Fluchtstabende, links und rechts vom Fluchtstab). Danach Fluchtstab entfernen.
- Nach dem Erdaushub wird der Fluchtstab wieder an die Zählnadeln
angelegt und mittels Lot das Zentrum herabgelotet.

Vermarkung der Höhenfestpunkte. Dauerhaft zu vermarkende
Höhenfestpunkte sind z. B. die Punkte des Nivellementsnetzes
und deren Verdichtungsnetz, die Punkte des Bauhöhennetzes ($\rightarrow$ Abschnitt 3.4).

5 Lagemessung

5

5 Lagemessung

Die Lagemessung dient der eindeutigen Lagebestimmung von Meßpunkten für nachfolgende Kartierungs- und Berechnungsarbeiten.

5.1 Einbindeverfahren

■ Meßprinzip
In einem gegebenen Rahmen, Grundstücksgrenzen, einem geschaffe-
nen Netz von Messungslinien, werden Gebäude oder Grundstücks-
seiten durch Verlängerungen eingebunden.

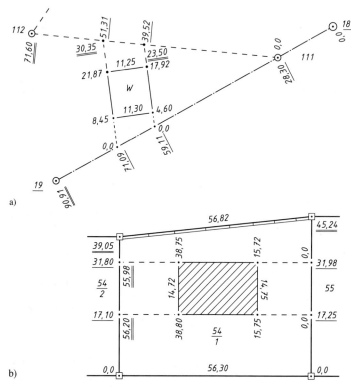

Bild 5.1 Einbindeverfahren
a) bei gegebenem Liniennetz; b) bei gegebenen Grundstücksgrenzen

- Messungshinweise
- Bei Gebäudemessungen sind möglichst die längeren Gebäude-
  seiten einzubinden.
- Spitze Linienschnitte sind zu vermeiden, da diese sehr ungenau
  sind.
- Neben den Linienschnittpunkten sollten für Kontrollzwecke auch
  immer bekannte Linienpunkte angemessen werden.

- Vorteil des Verfahrens
Bei vorhandenen Rahmen ist eine Ergänzungsmessung mit einfachen
Arbeitsmitteln leicht ausführbar.

- Nachteil des Verfahrens
Eine spätere Flächenberechnung aus Feldmaßen ist nicht möglich.

- Anwendung des Verfahrens
Es ist für Ergänzungsmessungen geeignet aber nicht für Neumessun-
gen. Eine eigenständige Messung ist mit diesem Verfahren nicht
möglich. Das Einbindeverfahren kann nur in Verbindung mit anderen
Verfahren angewendet werden.

5.2 Orthogonalverfahren
(orthogonal – *griech.*: rechtwinklig, senkrecht)

- Arbeitsschritte
- Durch das aufzumessende Objekt wird eine Messungslinie gelegt,
  die an Lagefestpunkten oder eindeutig identifizierbaren Karten-
  punkten an- und abschließt.
  Zwischen den Endpunkten der Messungslinie müssen gute Sicht-
  bedingungen bestehen. Die Messungslinie muß gut begehbar sein,
  und die rechtwinkligen Abstände zwischen der Messungslinie und
  den Meßpunkten sollten 30 m nicht überschreiten.
- Auf die Messungslinie werden alle aufzumessenden Punkte mit
  Hilfe eines Doppelprismas aufgewinkelt.

- Gemessen werden:
- Die Abstände der Lotfußpunkte vom Anfangspunkt der Messungslinie, die *Abszissen*;
- die rechtwinkligen Abstände, die Lotlängen, von den Aufnahme-
  punkten bis zur Messungslinie, die *Ordinaten*.

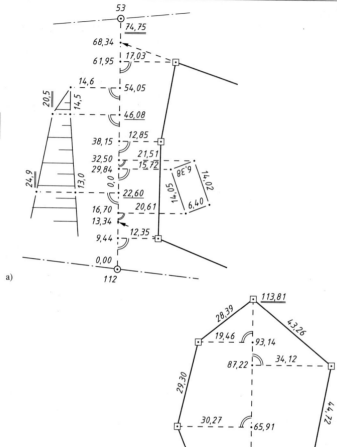

Bild 5.2   Orthogonalverfahren
a) Grundrißaufnahme im Liniennetz; b) gewählte Messungslinie
mit festem Anfangs- und Endpunkt

- Kontrollen der Aufmessung

Die orthogonale Aufmessung wird durch die Messung von *Streben,
Steinbreiten, Gebäudeumringsmaßen* und *Spannmaßen* kontrolliert.
Die Kontrollberechnung der Abszissen- und Ordinatenmaße erfolgt
nach dem Satz des *Pythagoras*.

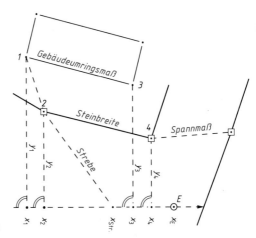

Bild 5.3
Kontrollmaße beim
Orthogonalverfahren

$$\text{Strebe} = \sqrt{(x_{\text{Str}} - x_2)^2 + y_2^2}$$

$$\text{Steinbreite } \overline{2,4} = \sqrt{(x_4 - x_2)^2 + (y_2 - y_4)^2}$$

$$\text{Gebäudeumringsmaß } \overline{1,3} = \sqrt{(x_3 - x_1)^2 + (y_1 - y_3)^2}$$

$$\text{Spannmaß } \overline{1,2} = \sqrt{(x_2 - x_1)^2 + (y_1 - y_2)}$$

- Vorteile des Verfahrens

Einfache vermessungstechnische Arbeitsmittel sind verwendbar. Die
Messungsfehler pflanzen sich nicht fort, unvermeidbare Meßdifferen-
zen haben keine große Auswirkung.

Durch die rechtwinklige Aufmessung ist die Wiederherstellung von
aufgemessenen Punkten möglich, und nichtmeßbare Strecken können
berechnet werden.

Eine Flächenberechnung aus Feldmaßen ist möglich.

■ Nachteile des Verfahrens

Häufig erlauben die Geländeform und die Bebauung keinen günstigen Verlauf der Messungslinie.

Die orthogonale Aufmessung ist sehr zeitaufwendig, besonders bei großen Aufnahmegebieten.

■ Anwendung des Verfahrens

Nur noch bei Fortführungsvermessungen und Ergänzungsmessungen.

5.3 Polarverfahren (→ Abschnitt 1.4)

■ Meßprinzip

Als Grundlage dienen der Instrumentenstandpunkt, kurz Standpunkt, und eine Nullrichtung, meist zu einem Anschlußpunkt.

Standpunkt und Anschlußpunkt sind Lagefestpunkte oder identische Kartenpunkte, deren Koordinaten bekannt sind.

Gemessen werden vom Standpunkt aus zum Meßpunkt die Richtung r (Nullrichtung = 0,000 gon) und die Strecke s.

Für die Polaraufnahme kommen Tachymeterinstrumente zum Einsatz, die neben der Lagebestimmung auch die Höhenmessung erlauben.

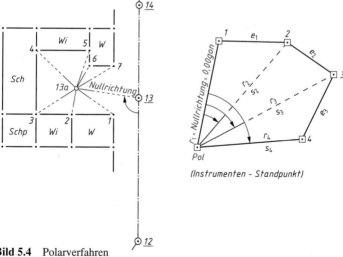

Bild 5.4 Polarverfahren
a) Gebäudeaufmessung; b) Grundstückaufmessung

■ Kontrollen

Mit dem aufgestellten und eingerichteten Instrument werden bekannte Punkte (Anschlußpunkte, Kartenpunkte) nach Lage und Höhe bestimmt.

Kontrollen für Lagerichtigkeit der aufgemessenen Punkte ergeben sich aus der Messung von *Gebäudeumringsmaßen*, *Abstandsmaßen*, *Steinbreiten* usw.

■ Vorteile des Verfahrens

Eine genaue und schnelle Messung beim heutigen Instrumentenstandard ist gegeben.

Die Wahl des Instrumentenstandpunktes kann der Geländeform so angepaßt werden, daß möglichst viele Geländepunkte aufgemessen werden.

Die Aufnahme kann in Verbindung mit einer örtlichen Kartierung erfolgen.

5.4 Lineare Messung

Für Ergänzungsmessungen ist die lineare Messung das am häufigsten verwendete Verfahren.

■ Arbeitsschritte

– Eine Gebäudeseite, Grenzseite usw. ist durch die Aufmessung wenigstens zweier Punkte A und B der Lage nach bestimmt.

– Durch die Messung entlang der Seite AB oder rechtwinklig zu AB werden zusätzliche Punkte aufgemessen.

– Die Messung dient dann zugleich als Kontrolle der beiden vorher gemessenen Punkte A und B.

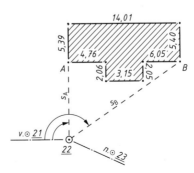

Bild 5.5
Lineare Messung

5.5 Vermessungsriß

Die Ergebnisse der Lagemessung müssen dauerhaft in einem Vermessungsriß, auch Riß oder Feldriß, erfaßt werden.

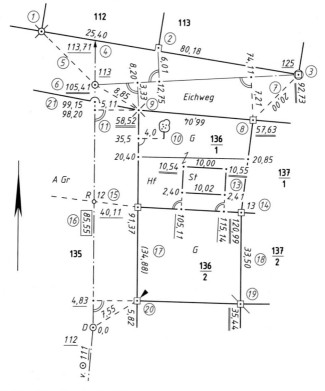

Bild 5.6 Schreibweise der Messungszahlen und zeichnerische Darstellung im Vermessungsriß

①   Grenzhügel;
②   Grenzstein, dessen südliche Kante die Grenze bildet;
③   Polygonpunkt (PP) ist zugleich Grenzstein;
④   Verlängerung;
⑤   Spannmaß;

⑥ Polygonpunkt, Polygonpunktnummer, Polygonseite, Endmaß;
⑦ Strebe;
⑧ Grenzstein;
⑨ Grenzkreuz;
⑩ Einmessung eines topographischen Gegenstandes, nach Augenmaß bestimmte Senkrechte, Einmessung in Dezimetergenauigkeit;
⑪ mit Meßgerät bestimmte Senkrechte, Abszissen- und Ordinatenmaß;
⑫ Nutzungsgrenze, keine Grundstücksgrenze;
⑬ mehrere Messungspunkte auf einer Ordinate, Gebäudeeinmessung;
⑭ Kleinpunkt ist zugleich Grenzpunkt;
⑮ Kleinpunkt dauerhaft vermarkt, abgehende Messungslinie;
⑯ angelegtes Maß;
⑰ gerechnetes Maß;
⑱ Steinbreite;
⑲ Grenzstein unter den Erdboden versenkt;
⑳ Grenzstein neu abgemarkt;
㉑ Maß für Schnittpunkt mit der geraden Grenze, Gradheitszeichen

- ■ Anforderungen an den Vermessungsriß
- – Der Vermessungsriß muß sauber, eindeutig, vollständig, leserlich und als Original geführt werden.
- – Der Vermessungsriß stellt eine Urkunde dar, auf der nicht radiert werden darf.

- ■ Vorbereitung der Risse
- – Begehen des Aufnahmegebietes und Orientierung des Risses, so daß Norden nach links, oben oder rechts zeigt.
- – Die Situation mit weichem Bleistift skizzieren; eine Verzerrung kann dabei vorteilhaft sein.
- – Einlegen des Kohlebogens mit schwärzender Seite zum Riß; entfällt bei Benutzung eines Tuschefüllhalters.

- ■ Eintragung der Messungsergebnisse
- – Jeder angemessene Punkt ist im Riß auch als Punkt zu kennzeichnen.
- – Der Riß muß alle Meßdaten enthalten. Die Messungszahl nicht durch die graphische Darstellung unlesbar machen.

- Die Genauigkeit der Maßangabe wird bestimmt durch die Art der aufzumessenden Objekte.
- Abszissenmaße stehen rechtwinklig zur Messungslinie, und der Fuß des Abszissenmaßes zeigt zum Anfangspunkt der Messungslinie.
- Einbindemaße werden einmal, Endmaße doppelt unterstrichen.
- Ordinatenmaße werden stets parallel zur Ordinate geschrieben. Der Fuß des Ordinatenmaßes zeigt stets zum Anfangspunkt der Messungslinie.
- Abstandsmaße und Sicherungsmaße werden parallel zur entsprechenden Linie geschrieben. Die Messungszahl steht immer in der Mitte der Strecke.
- Die Gebäudebreiten müssen auf die Gebäudeumringslinie geschrieben werden.

Die Darstellung der Messungszahlen, Linien, Signaturen und Schrift regelt die DIN 18 702.

6 Streckenmessung

6

6   Streckenmessung

In der Vermessungstechnik unterscheidet man folgende Streckenmeß-
verfahren:
– die mechanische Streckenmessung;
– die optische Streckenmessung;
– die elektronische Streckenmessung.

6.1   Mechanische Streckenmessung

6.1.1   Meßbänder

Historische Meßgeräte. Streckenmeßgeräte, die heute nicht mehr zur
Anwendung kommen, sind:
Meßketten: Kettenglieder, die die Länge einer Maßeinheit hatten;
Meßlatten: 3 m oder 5 m lange Holzlatten, deren Teilungsintervalle
durch rote und weiße Farbfelder und Nägel mit verschiedenen Köpfen
gekennzeichnet wurden;
Meßbänder: 20 m langer, 12 mm oder 20 mm breiter und 0,4 mm
dicker Bandstahl; die Teilungsintervalle sind durch Nieten bzw. Nieten mit Plättchen gekennzeichnet.

Rollmeßband. Rollmeßbänder, kurz Meßbänder, bestehen aus sehr
dünnem Bandstahl, Bandstahl mit Kunststoffüberzug oder Glasfaser.
Leinenmeßbänder weisen unvertretbare Längenänderungen infolge
Zug oder Witterungseinflüssen auf.

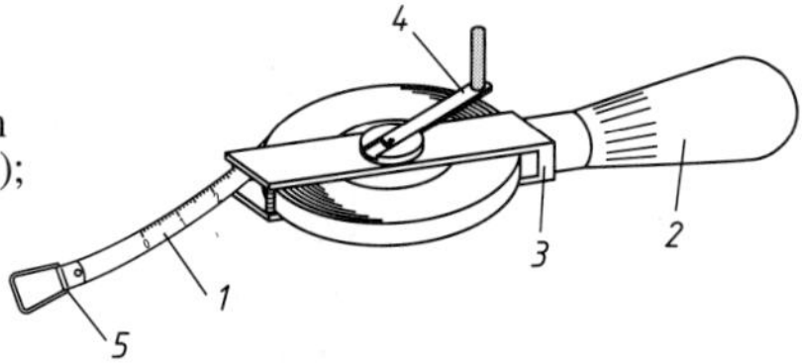

Bild 6.1
Stahlrollmeßband
1 Meßband (Bandstahl mit dem
Querschnitt 13 mm × 0,2 mm);
2 Griff;
3 Fassung;
4 umklappbare Kurbel;
5 Ring mit Beschlag

Meßbandteilung. Die Teilung, Ziffern und eine Schutzkante sind
beim Meßband aus Stahl durch Hochätzung aufgetragen. Um das
Ablesen zu erleichtern, sind die tiefliegenden Teile des Bandes
schwarz eingefärbt.

Aufgetragen ist meist eine durchgehende Zentimeterteilung. Beziffert sind die Meter und Dezimeter. Der erste Dezimeter weist eine Millimeterteilung auf.

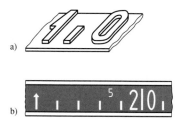

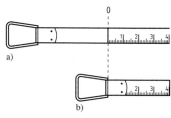

Bild 6.2
Meßbandteilung
a) Hochätzung;
b) Meßbandteilung,
Meßbandausschnitt bei 5,20 m

Bild 6.3
Meßbandanfänge
a) Bandüberstand;
b) Nullmarke an der vorderen
Beschlagkante

Meßbandanfänge. Meßbänder können drei verschiedene Meßbandanfänge besitzen (Bild 6.3).
Der Bandüberstand als Normalausführung gewährleistet ein sorgfältiges Anhalten der Nullmarke.
Die Nullmarke an der vorderen Beschlagkante oder Ringkante eignet sich gut für das Anhalten in Hausecken.

Soll-Länge. Die gebräuchlichsten Meßbandlängen sind 20 m, 30 m und 50 m.
Die *Soll-Länge* hat das Meßband bei folgenden Normalbedingungen:
– Zugkraft $F_0 = 50\,N$ (etwa 5 kp)
– Temperatur $t_0 = 20\,°C$

Nach DIN 6403 gilt: Der Abstand zweier beliebiger Teilstriche l darf bei 20 °C und einer Zugkraft von 50 N von seinem Nennwert um höchstens den Betrag Δl abweichen, der sich aus folgender Formel ergibt:

$$\Delta l = \pm\,(0,2 + l \cdot 10^{-4})$$ Δl und l in mm

Invarbänder. Für sehr genaue Streckenmessungen benutzt man Meßbänder aus einer Legierung von etwa 36 % Nickel und 64 % Stahl. Dieses Legierung ist relativ temperaturunabhängig und weist einen geringen Ausdehnungskoeffizienten auf. Auf Grund dieser Eigenschaften nennt man dieses Material *Invar* (invariabel: unveränderlich).

Invarbänder sind gegen Verbiegen, Erschütterungen oder Schläge sehr empfindlich, da diese Einflüsse zu sprunghaften Längenveränderungen führen können.

Neben Invarbändern werden auch *Invardrähte* gefertigt, die einen kreisförmigen Querschnitt von 1,65 mm Durchmesser und eine Länge von 24 m haben.

Thermische Längenänderung. Sie muß berücksichtigt werden, wenn die Meßtemperatur t stark von der Normaltemperatur t_0 abweicht. Die thermische Längenänderung Δl errechnet sich wie folgt:

$$\Delta l = l_0 \cdot \alpha \cdot \Delta t$$

Δl Längenänderung bei der Meßtemperatur t
l_0 Soll-Länge bei der Temperatur $t_0 = 20\,°C$
Δt Temperaturdifferenz $\Delta t = t - t_0$ (in K)
α *Linearer thermischer Ausdehnungskoeffizient* (in K^{-1}); er gibt den Längenzuwachs an, den das betreffende Material erfährt, wenn es um ein Kelvin erwärmt wird (α_{Stahl} etwa $11,5 \cdot 10^{-6}\,K^{-1}$)

Die Meßtemperatur wird mit dem *Schleuderthermometer* bestimmt.

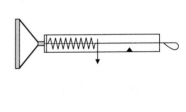

Bild 6.4
Schleuderthermometer

Bild 6.5
Prinzip des Meßbandspanners

Elastische Längenänderung. Die Normalkraft $F_0 = 50\,N$ kann mit einem *Meßbandspanner* konstant gehalten werden und unterliegt somit den äußeren Bedingungen nicht so wie die Meßtemperatur.

Wird die Elastizitätsgrenze des Materials überschritten, erfolgt eine Dehnung, die auch nach der Entlastung verbleibt. Wird die angreifende Kraft weiter vergrößert, so zerreißt das Material.
Die Längenzunahme Δl errechnet sich wie folgt:

$$\Delta l = \frac{l_0 \cdot F}{A \cdot E}$$

E Elastizitätsmodul des Materials in $N \cdot mm^{-2}$
l_0 Länge des Meßbandes in m
A Querschnittsfläche des Meßbandes in mm^2
F angreifende Kraft in N

Korrekturen der Streckenmessung. Korrekturen an den Ergebnissen der Streckenmessung s sind anzubringen, wenn bestimmte Einflußgrößen durch die Messungsanordnung nicht beseitigt werden können. Folgende Einflußgrößen und Korrekturwerte werden unterschieden:

– Geneigte Bandlänge ($\rightarrow$ Bild 6.8):

$$k_{\Delta h} = -\frac{\Delta h^2}{2s}$$

s gemessene Strecke
Δh Höhenunterschied zwischen Anfangspunkt und Endpunkt der Strecke

– Abweichung zwischen Meßtemperatur t und Bezugstemperatur t_0:

$$k_{\Delta t} = s \cdot \alpha \cdot \Delta t$$

α thermischer Ausdehnungskoeffizient
Δt Temperaturdifferenz ($\Delta t = t - t_0$)

– Abweichung der tatsächlichen Meßbandlänge l von der Soll-Länge l_0:

$$k_{\Delta l} = \frac{\Delta l}{l_0} \cdot s$$

Δl Abweichung von der Soll-Länge ($\Delta l = l - l_0$)

6.1.2 Messung im Gelände

Allgemeine Hinweise. Ein Teil der Einflußgrößen, die eine fehlerhafte Messung bewirken, wird durch sorgfältiges Arbeiten ausgeschaltet:

– bei der Messung nicht aus der Flucht abweichen;
– genau und parallaxenfrei das Meßband anhalten und ablesen;
– Bandlängen und Teillängen genau markieren bzw. abloten;
– Durchhang bzw. unebene Auflage des Meßbandes vermeiden;
– die vorgegebene Zugkraft einhalten.

Messung im ebenen Gelände. Der Anfangs- und Endpunkt der Messungslinie sind durch Fluchtstäbe ausgesteckt. Zwei Mitarbeiter messen die Strecke.

■ Arbeitsschritte
– Der 1. Mitarbeiter hält die Nullmarke des Meßbandes genau am Anfangspunkt A an.
– Er weist den 2. Mitarbeiter, der die Meßbandlänge absetzt, in die Messungsrichtung ein.
– Nach den Zuruf „Gut" wird die erste Meßbandlänge durch den 2. Mitarbeiter markiert (z. B. Zählnadel, Signierkreide).
– Nach dem Zuruf „Weiter" vom 2. Mitarbeiter gehen beide Mitarbeiter in der Messungsgeraden eine Meßbandlänge weiter. Der 1. Mitarbeiter hält nun die Nullmarke des Meßbandes an die erste Markierung, z. B. 20 m-Marke, an.
– Der Ablauf wiederholt sich, bis nur noch eine Reststrecke zum Endpunkt gemessen und abgelesen werden muß.

Gesamtstrecke = Σ der gemessenen Meßbandlängen + Reststrecke

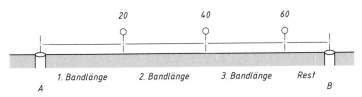

Bild 6.6 Streckenmessung im ebenen Gelände; Meßbandlänge = 20 m

Messen im geneigten Gelände. Für die Messung im geneigten Gelände wendet man die *Staffelmessung* an. Durch die Staffelmessung wird der horizontale Abstand zweier Punkte A und B bestimmt, indem Bandlängen oder Teillängen des Meßbandes herabgelotet werden.

- Arbeitsschritte
- Nach Möglichkeit immer bergab messen.
- Im steilen Gelände kurze, horizontale Teillängen des Meßbandes wählen, z.B. 5 m oder 10 m.
- Ein Durchhängen des Meßbandes ist durch Spannen oder Unterstützung in der Bandmitte zu vermeiden.
- Die Bandlänge mit dem Schnurlot abloten; der Lotpunkt am Boden muß dabei frei von Hindernissen sein.
- Die Nullmarke oder das abgesetzte Maß am Lotpunkt wieder anhalten.
- Ist die geneigte Strecke eben und wird die *Schrägentfernung s'* gemessen, so muß diese auf die *Horizontalentfernung s* reduziert werden.

$$s = \sqrt{s'^2 - \Delta h^2}$$ \qquad mit \quad $\Delta h = H_A - H_B$

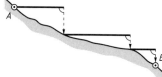

Bild 6.7
Staffelmessung

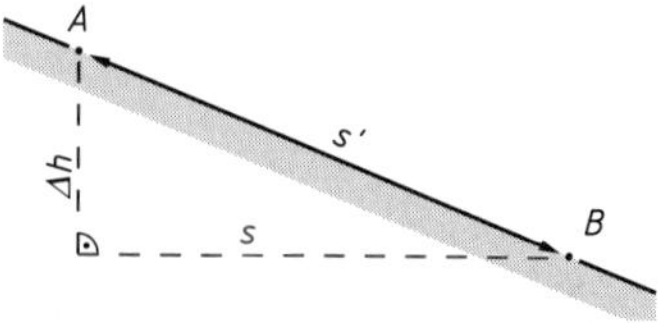

Bild 6.8
Reduzierung der Schrägentfernung

Niedrige Messungshindernisse. Niedrige Messungshindernisse werden durch Lotungen am Anfang und Ende der Bandlänge bzw. Teillänge überwunden. Dabei muß das Meßband in der Horizontalen liegen und ein Durchhang vermieden werden.

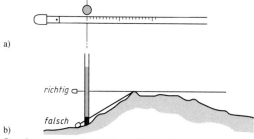

Bild 6.9   Streckenmessung bei kleinen Hindernissen

Paralleles Absetzen bei freier Sicht. Zwischen den Punkten A und B besteht freie Sicht, die Strecke $\overline{AB}$ ist aber mit dem Meßband nicht meßbar.

- Arbeitsschritte
- Punkt C und D in die Strecke $\overline{AB}$ einfluchten.
- Rechten Winkel in den Punkten C und D absetzen, die Lotlängen $\overline{CC'}$ und $\overline{DD'}$ sind gleich und so klein wie möglich. Die rechten Winkel mittels Streben kontrollieren.
- Die Strecke $\overline{AB}$ ergibt sich dann zu $\overline{AB} = \overline{AC} + \overline{C'D'} + \overline{DB}$

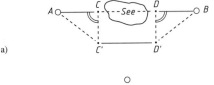

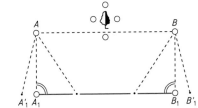

Bild 6.10 Streckenbestimmung
a) paralleles Absetzen bei freier Sicht; b) paralleles Absetzen bei Sichtbehinderung

Paralleles Absetzen bei Sichtbehinderung. Zwischen den Punkten A und B besteht keine freie Sicht.

- Arbeitsschritte
- Gleich lange Strecken $\overline{AA_1'}$ und $\overline{BB_1'}$ nach Augenmaß rechtwinklig zur Strecke $\overline{AB}$ von den Punkten A und B absetzen und mit einem Fluchtstab signalisieren.
- Mit dem Doppelpentagonprisma und Lot im Punkt B_1' aufstellen und die Punkte A_1' und B im Bild des Prismas zur Deckung bringen. Der so endgültige Punkt B_1 wird mit den Fluchtstab signalisiert.
- Vorgang in A_1' wiederholen und zur Kontrolle der Rechtwinkligkeit Streben messen.

Es gilt dann $\overline{AB} = \overline{A_1B_1}$.

Streckenbestimmung mit Hilfe eines rechtwinkligen Dreiecks.
Zwischen den Punkten A und B ist keine freie Sicht.

- Arbeitsschritte
- Punkt B wird auf eine durch A verlaufende Gerade mit freier Sicht abgelotet, Punkt B_1 wird dabei Lotfußpunkt. $\overline{BB_1}$ soll möglichst klein sein.
- $\overline{AB_1}$ und $\overline{BB_1}$ werden gemessen.
- $\overline{AB}$ ergibt sich dann zu $\qquad \overline{AB} = \sqrt{\overline{AB_1}^2 + \overline{BB_1}^2}$
- Zur Kontrolle wird ein zweites rechtwinkliges Dreieck mit dem Punkt B_2 gemessen und $\overline{AB}$ berechnet.

Streckenbestimmung mit Hilfe des Strahlensatzes. Zwischen den Punkten A und B besteht freie Sicht; die Strecke $\overline{AB}$ ist nicht meßbar.

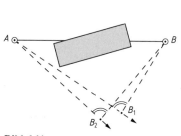 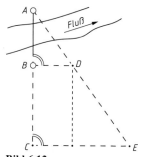

Bild 6.11
Streckenbestimmung
mit Hilfe eines rechtwinkligen
Dreiecks bei Sichtbehinderung

Bild 6.12
Streckenbestimmung
mit Hilfe des Strahlensatzes

- Arbeitsschritte
- Strecke $\overline{AB}$ bis zum Punkt C verlängern; im Punkt C zur Strecke $\overline{AC}$ rechten Winkel absetzen ($\overline{CE}$).
- Im Punkt B zur Strecke $\overline{AC}$ rechten Winkel absetzen. Das Lot schneidet die Strecke $\overline{AE}$ im Punkt D.
- Gemessen werden die Strecken $\overline{BC}$, $\overline{BD}$, $\overline{CE}$ und $\overline{DE}$.
- Kontrolle der abgesetzten Winkel: $\overline{DE} = \sqrt{(\overline{CE} - \overline{BD})^2 + \overline{BC}^2}$
- Die Strecke $\overline{AB}$ ergibt sich zu:

$$\frac{\overline{AB}}{\overline{BD}} = \frac{\overline{BC}}{\overline{CE} - \overline{BD}} \quad \Rightarrow \quad \overline{AB} = \frac{\overline{BC} \cdot \overline{BD}}{\overline{CE} - \overline{BD}}$$

Streckenbestimmung mit Hilfe der Kongruenz. Zwischen den Punkten A und B besteht freie Sicht, die Strecke ist nicht meßbar.

- Arbeitsschritte
- Es wird eine Hilfskonstruktion errichtet, bei der die kongruenten Dreiecke ABC und $A'B'C$ entstehen.
- Die Strecke $\overline{A'B'}$ kann direkt gemessen werden und entspricht $\overline{AB}$.

Die Streckenbestimmungen mit freier Sicht werden heute bevorzugt mit der elektronischen Streckenmessung direkt gemessen ($\rightarrow$ Abschnitt 6.3).

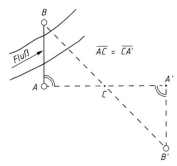

Bild 6.13   Streckenbestimmung unter Anwendung der Kongruenz

6.2   Grundlagen der optischen Streckenmessung

6.2.1   Das parallaktische Dreieck

Mathematische Grundlage der optischen Streckenmessung ist das parallaktische Dreieck.

Die Strecke s ergibt sich zu:

$$\cot \frac{\gamma}{2} = \frac{s}{\dfrac{b}{2}} \quad \Rightarrow \quad \boxed{s = \frac{b}{2} \cdot \cot \frac{\gamma}{2}}$$

Optische Entfernungsmesser sind so gebaut, daß die Basis oder der parallaktische Winkel konstant gehalten wird.

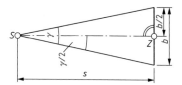

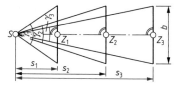

Bild 6.14
Parallaktisches Dreieck

Bild 6.15
Parallaktisches Dreieck
mit konstanter Basis

Z Zielpunkt
S Standpunkt
s die zu bestimmende Strecke $\overline{SZ}$
b *Basis*; die Basis b steht senkrecht zur Strecke $\overline{SZ}$; der Zielpunkt Z
halbiert die Basis b
γ *parallaktischer Winkel*; die Strecke $\overline{SZ}$ halbiert den Winkel γ

6.2.2 Entfernungsmesser mit konstanter Basis im Zielpunkt, 2-m-Basislatte

Meßprinzip. Eine feste Basis mit konstanter Länge wird im Zielpunkt
rechtwinklig zur Strecke horizontal aufgestellt und der parallaktische
Winkel γ zu den Endpunkten der Basis mit einem Theodoliten hoher
Genauigkeit gemessen.

In der Praxis wird die *2-m-Basislatte* verwendet.

Aus $s = \dfrac{b}{2} \cdot \cot \dfrac{\gamma}{2}$ und $\dfrac{b}{2} = 1$ folgt:

$$s = \cot \frac{\gamma}{2}$$

Es wird auch bei geneigtem Fernrohr stets die *Horizontalentfernung*
gemessen!

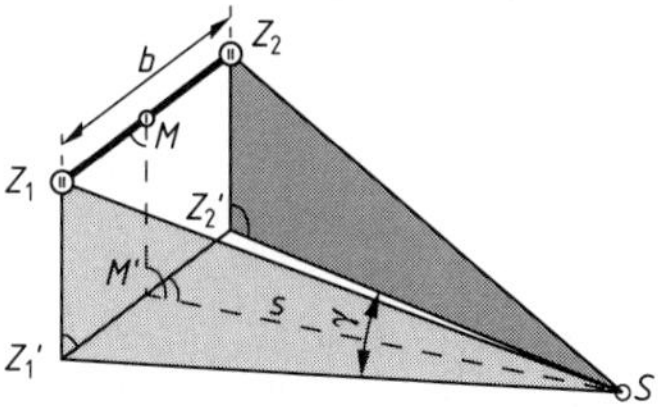

Bild 6.16
Basislatte steht höher
als der Instrumentenstandpunkt

Lattenbau. Die 2-m-Abmessung der Basislatte muß sehr genau sein. Eingebaut sind Invarstäbe um eine thermische Längenänderung sehr klein zu halten.

Die Horizontierung erfolgt mittels Dosenlibelle auf dem Mittelstück. Ein Richtglas, *Diopter*, stellt die Latte senkrecht zur zu messenden Strecke.

Die Endmarken bestehen aus Opalscheiben mit weißen Dreiecksflächen und Doppelstrichmarkierung. Diese können auch von hinten beleuchtet werden.

Die Mittelmarke ist ebenfalls ausgearbeitet, so daß die Latte auch als 1-m-Latte verwendet werden kann.

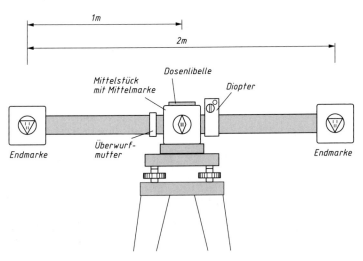

Bild 6.17 2-m-Basislatte

Richtungsmessung. Für die Arbeit mit der Basislatte wird für die Winkelmessung eine Standardabweichung $\sigma_w = 0,3$ mgon gefordert.

Meßverfahren. Die Standardabweichung σ_s der Streckemessung wächst annähernd mit dem Quadrat der Strecke; z. B. entsteht bei doppelter Strecke ein vierfacher Fehler.

Man wählt zwischen zwei Meßverfahren in Abhängigkeit der Streckenmeßgenauigkeit.

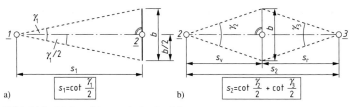

Bild 6.18 Meßverfahren mit der Basislatte
a) Basislatte am Ende; b) Basislatte in der Mitte

Meßverfahren mit der Basislatte

Länge der Strecken-messung in m	Latte am Ende	Latte in der Mitte
	Standardabweichungen in mm	
	σ_{s1}	σ_{s2}
50	6	
80	16	6
100	24	9
150	54	20

6.2.3 Entfernungsmesser mit konstantem parallaktischen Winkel

6.2.3.1 Strichentfernungsmesser

Meßprinzip. Der parallaktische Winkel wird durch das Instrument konstant gehalten. Die Basisbestimmung erfolgt durch die Ablesung an einer lotrecht gestellten Latte.

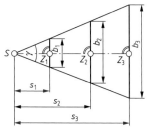

Bild 6.19 Parallaktisches Dreieck mit konstantem parallaktischen Winkel

Die meisten Fernrohre der geodätischen Instrumente sind mit Strichkreuzplatten ausgerüstet, die zusätzliche *Distanzstriche* aufweisen und
den senkrechten Mittelstrich symmetrisch und parallel zum Horizontalstrich schneiden.

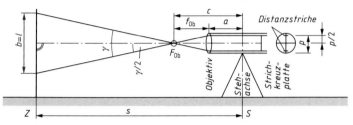

Bild 6.20   Entfernungsbestimmung mit Distanzstrichen

Durch den festen Abstand p beider Distanzstriche und der konstanten
Brennweite f_{Ob} wird der parallaktische Winkel γ konstant gehalten.

An einer vertikalen Meßlatte mit cm-Teilung wird zwischen den
Distanzstrichen der Lattenabschnitt l ermittelt.

Streckenbestimmung bei horizontaler Zielung. Bei konstanter
Brennweite des Objektivs f_{Ob} wird der Abstand der Distanzstriche p so
festgelegt, daß die Multiplikationskonstante $k = 100$ ist.

$$\boxed{s = k \cdot l}$$ $s = 100 \cdot l$

Streckenbestimmung bei geneigter Sicht. Neben der Lattenablesung
l an der vertikalen Latte wird der Zenitwinkel z oder der Höhenwinkel
α gemessen.

$$\boxed{s = k \cdot l \cdot \sin^2 z}$$ oder $$\boxed{s = k \cdot l \cdot \cos^2 \alpha}$$

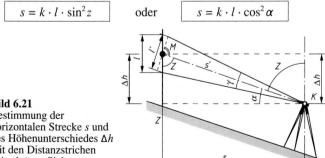

Bild 6.21
Bestimmung der
horizontalen Strecke s und
des Höhenunterschiedes Δh
mit den Distanzstrichen
bei schräger Sicht

Höhenunterschied Δ*h* bei geneigter Sicht. Da der Zenitwinkel *z* bzw. der Höhenwinkel *α* bei der Streckenbestimmung gemessen wurde, kann der Höhenunterschied Δ*h* berechnet werden.

$$\Delta h = \frac{1}{2} \, k \cdot l \cdot \sin 2z$$ oder $$\Delta h = \frac{1}{2} \, k \cdot l \cdot \sin 2\alpha$$

6.2.3.2 Diagrammtachymeter

Das Diagrammtachymeter gehört zu der Gruppe der Reduktionstachymeter. *Reduktionstachymeter* reduzieren automatisch die Strecke auf die Horizontale.
Der Höhenunterschied kann abgelesen oder aus der reduzierten Strecke berechnet werden.
Das Diagrammtachymeter ist ein Theodolit mit einem zusätzlichen Kurvenkreis, der mit dem Fernrohrträger fest verbunden ist. Im Gesichtsfeld ist ein Lattenbild, der Kurvenkreis und der Vertikalstrich der Strichkreuzplatte zu erkennen.

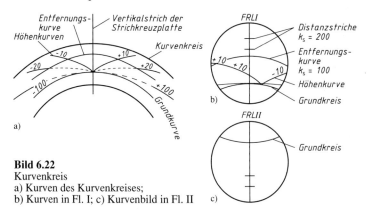

Bild 6.22
Kurvenkreis
a) Kurven des Kurvenkreises;
b) Kurven in Fl. I; c) Kurvenbild in Fl. II

Die *Grundkurve* ist ein konzentrischer Kreis auf dem gesamten Kurvenkreis. Sie ist die Bezugskurve für die Lattenablesungen.
Die *Entfernungskurve* verändert den Abstand zur Grundkurve in Abhängigkeit der Fernrohrneigung. Der maximale Abstand besteht bei horizontaler Zielung und wird bei Zielung nach oben und unten kleiner.

Horizontalstrecke = Ablesung: Grundkurve-Entfernungskurve × 100

Alle *Höhenkurven* haben ihren Ursprung im Schnittpunkt des Vertikalstriches der Strichkreuzplatte mit der Grundkurve bei horizontaler Zielung.

Da die Breite des Kurvenkreises begrenzt ist, müssen zusätzlich zur Höhenkurve mit der Multiplikationskonstanten + oder − 10 weitere Höhenkurven mit den Faktoren ± 20, ± 50, ± 100, aufgetragen werden.

$$\text{Höhenunterschied} = \begin{array}{c} \text{Abl.: Grundkurve bis} \\ \text{Schnittpunkt der Höhen-} \\ \text{kurve mit Vertikalstrich} \end{array} \times \begin{array}{c} \text{Multiplikations-} \\ \text{konstante an der} \\ \text{Höhenkurve} \end{array}$$

Zum Messen kann eine Latte mit cm-Teilung verwendet werden oder eine spezielle Latte mit Keilstrichteilung und einer Flügelmarke als Nullpunkt.

Die Grundkurve muß dann durch die Nullmarke verlaufen und der Vertikalstrich der Strichkreuzplatte in der Lattenmitte liegen.

Bild 6.23
Latte und Kurvenkreis

6.3 Elektronische Streckenmessung

6.3.1 Phasenentfernungsmessung

Funktionsschritte der Phasenentfernungsmessung. Für die weiteren Betrachtungen soll folgender physikalischer Lehrsatz im Vordergrund stehen.

> Jedem Schwingungszustand einer harmonischen Welle kann eindeutig ein Phasenwinkel φ zugeordnet werden.

Kontinuierliche harmonische Wellen werden unter einem bestimmten Phasenwinkel φ_1 ausgesendet und am Reflektor reflektiert.

Der Empfänger nimmt die reflektierte Welle unter einem Phasenwinkel φ_2 auf.

In einem Phasenmesser wird die Phasendifferenz $\Delta\varphi = \varphi_2 - \varphi_1$ zwischen ausgesendeter und reflektierter Welle gemessen.

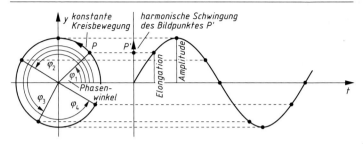

Bild 6.24 Harmonische Schwingung einer Welle und Phasenwinkel

6

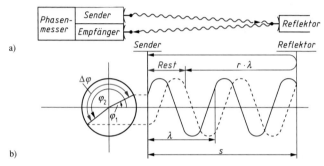

Bild 6.25 Phasenentfernungsmessung
a) Grundprinzip; b) gesendete, reflektierte und empfangene Welle

Für die durchlaufende Schrägstrecke $2s'$ gilt:

$$2s' = r \cdot \lambda + Rest$$

λ Wellenlänge der ausgesendeten Meßwelle
r Anzahl der durchlaufenden ganzen Wellenlängen
$r \cdot \lambda$ ist nicht bestimmt, da die Anzahl r der Wellenlängen unbekannt ist.

Der *Rest* ist abhängig von der Phasendifferenz $\Delta\varphi = \varphi_2 - \varphi_1$ und kann wie folgt bestimmt werden:

$$\frac{\Delta\varphi}{Rest} = \frac{2\pi}{\lambda} \quad \Rightarrow \quad Rest = \lambda \cdot \frac{\Delta\varphi}{2\pi}$$

Modellvorstellung. Durch die Veränderung der Frequenz kann die Wellenlänge λ variiert werden, z. B. 1000 m, 100 m, 10 m. Die *Rest*-Strecke kann auf 3 Stellen bestimmt werden.

Meßwelle λ	keine Aussage	Einheiten der *Rest*-Strecke					*Rest*-Strecke
1000 m	$r \cdot 1000$ m	100 m	10 m	1 m			936
100 m	$r \cdot 100$ m		10 m	1 m	1 dm		325
10 m	$r \cdot 10$ m			1 m	1 dm	1 cm	264

$$2s' = 932{,}64 \text{ m}$$
$$s' = 466{,}32 \text{ m}$$

$2s' = 932{,}64$ m ist nicht die Summe der Zwischenwerte, sondern das Ergebnis der bei jeder Meßwelle verbesserte Streckenbestimmung. s' bezeichnet man auch als *Distanz D*.

6.3.2 Elektrooptische Entfernungsmesser

Amplitudenmodulation. Die zur Messung verwendeten Wellen sollen folgende Bedingungen erfüllen:
– geradlinige Ausbreitung der Wellen, keine Streuung nach dem Aussenden;
– gutes Bündeln bei dem Aussenden und dem Empfang der Wellen;
– gute Reflexion der Wellen.

Die Meßwellen mit den entsprechenden Wellenlängen erfüllen diese Bedingungen nicht.

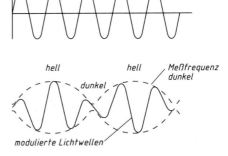

Bild 6.26
Amplitudenmodulation

Lichtwellen, auch im Infrarotbereich, erfüllen alle oben genannten Bedingungen. Sie werden die Trägerfrequenz für die Meßfrequenz durch Amplitudenmodulation. Entsprechend der Meßfrequenz ändert sich die Amplitude des Lichtes.

Die Entfernungsmesser, die nach diesem Prinzip arbeiten, nennt man *elektrooptische* Entfernungsmesser.

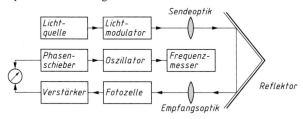

Bild 6.27 Blockschaltbild eines elektrooptischen Entfernungsmessers

Funktionsweise und Bauteile. Das Blockschaltbild unterscheidet folgende Bauteile:

Lichtquelle: Die Lichtquelle erzeugt einen kontinuierlichen Lichtstrom, der zum Lichtmodulator geleitet wird.

Oszillator: Der Oszillator, ein Hochfrequenzgenerator, erzeugt mit hoher Frequenzkonstanz die Meßfrequenz.

Lichtmodulator: Entsprechend der Meßfrequenz wird der Lichtstrom im Hell-Dunkel-Wechsel moduliert (Amplitudenmodulation).

Sendeoptik: Die modulierten Lichtwellen werden gebündelt zum Reflektor gestrahlt. Die aufmodulierte Meßfrequenz bewegt sich mit der Ausbreitungsgeschwindigkeit der Lichtwellen.

Reflektor: Als inaktiven Reflektor verwendet man Tripelprismen, die die Lichtwellen zum Entfernungsmesser zurückwerfen. Die Anzahl der Prismen ist abhängig von der zu messenden Streckenlänge und den herrschenden Lichtverhältnissen.

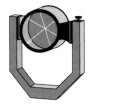

Bild 6.28
Reflektorprismen

Empfangsoptik: Die reflektierten Wellen werden noch einmal gebündelt und gelangen konzentriert zur Fotozelle.

Fotozelle: Die ankommenden Lichtsignale werden durch die Fotozelle in einen elektrischen Strom umgewandelt. Die Stromstärke des Fotostroms ändert sich entsprechend dem Hell-Dunkel-Wechsel der Modulation. Dieser Stromfluß geht durch den Verstärker.

Phasenschieber: Die Sendefrequenz wird mit der Empfangsfrequenz verglichen. Ein Phasenschieber wird so lange verstellt, bis ein Nullausschlag an einem Zeigerinstrument entsteht. Die Phasenverschiebung entspricht dann der Phasendifferenz.

Den Messungsablauf, z. B. die Einstellung der drei Meßfrequenzen, und alle Auswertungen übernehmen heute Mikroprozessoren.

6.3.3   Korrekturen und Reduktionen

Der vom Instrument intern gemessene Entfernungswert D^* ist noch nicht die gewünschte zu bestimmende Distanz D.
Korrektur- und Reduktionswerte sind an den Entfernungswert D^* anzubringen.

Physikalische Zusammenhänge. Die Ausbreitungsgeschwindigkeit c einer elektromagnetischen Welle ist abhängig von dem Brechungsindex n des Mediums Luft. Folgender Zusammenhang gilt:

$$n = \frac{c_0}{c} \qquad \text{und damit} \qquad c = \frac{c_0}{n}$$

c_0 Ausbreitungsgeschwindigkeit im Vakuum = 299 792,5 km/s ± 0,4 km/s
c Ausbreitungsgeschwindigkeit im Medium Luft
n Brechungsindex der Luft; der Brechungsindex wird bestimmt durch die Lufttemperatur, den Luftdruck und den Partialdruck des Wasserdampfes.
Der Partialdruck des Wasserdampfes kann bei Lichtwellen vernachlässigt werden.
Die Änderung der Frequenz f bedeutet die Veränderung der Wellenlänge λ und umgekehrt. Wellenlänge oder Frequenz ändern sich bei Veränderung der Ausbreitungsgeschwindigkeit c. Es gilt:

$$c = \lambda \cdot f$$

Aus den Gleichungen $\lambda = \dfrac{c}{f}$ und $c = \dfrac{c_0}{n}$ folgt:

$$\lambda = \frac{c_0}{n \cdot f}$$

Die Wellenlänge ist abhängig von n und damit von der Lufttemperatur und dem Luftdruck sowie von der Frequenz.

Fehlerquelle Instrument. Für das Instrument werden folgende Größen unterschieden:

- Nullpunktkorrektur, Additionskonstante
- D^* intern gemessener Entfernungswert
- D zu bestimmende Distanz
- k_0 *Nullpunktkorrektur, Additionskonstante*; sie wird im Instrument intern berücksichtigt

$$k_0 = c_1 + c_2$$

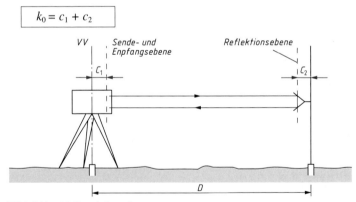

Bild 6.29 Nullpunktkorrektur

- Maßstabskonstante, Multiplikationskonstante
- k *Maßstabskonstante, Multiplikationskonstante*; für den durchschnittlichen Brechungsindex n_0 (bei normaler Temperatur und normalen Luftdruck) und für die durchschnittlichen Modulationsfrequenz f_0 ist $k = 1$.

Es gilt: $\quad D = k_0 + k \cdot D^*$

- Überprüfung der Nullpunktkorrektur k_0

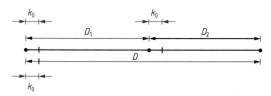

Bild 6.30   Überprüfung: Nullpunktkorrektur

Unter der Annahme $k = 1$ gilt:

$$D \quad = \quad D_1 \quad + \quad D_2$$

$$k_0 + D^* \quad = \quad k_0 + D_1^* \quad + \quad k_0 + D_2^*$$

$$\boxed{k_0 = D^* - (D_1^* + D_2^*)}$$

- Neubestimmung der Nullpunktkorrektur k_0:
Sie erfolgt mit einer Teststrecke, die in mehrere Teilstrecken unterteilt ist. Die Distanzmessungen der Teilstrecken erfolgen in allen Kombinationen.
Soll-Wert: Streckenbestimmung mit höherer Genauigkeit als die des zu überprüfenden Instruments
Ist-Wert: gemessene Distanzen der Teilstrecken
Ablauf und Auswertung der Messung erfolgt nach DIN 18 723 Teil 6.

- Korrektur wegen Frequenzabweichung:
Bei der Änderung des Luftdrucks und der Lufttemperatur kann $k \neq 1$ werden.
Bleibt die Modulationsfrequenz nicht konstant, so wird ebenfalls $k \neq 1$. Der Korrekturwert k_f wegen Abweichung von der Soll-Frequenz kann angebracht werden.

$$\boxed{k_f = D^* \cdot \frac{f_0 - f}{f_0}} \qquad \begin{array}{ll} f_0 & \text{Soll-Frequenz} \\ f & \text{Ist- Frequenz} \end{array}$$

Einfluß: Brechungsindex und Refraktion. Die Atmosphäre beeinflußt die Ausbreitungsgeschwindigkeit und die Bahn der elektromagnetischen Wellen Licht ($\rightarrow$ Bild 2.12).

Die Ausbreitungsgeschwindigkeit ist abhängig von dem Brechungs-index n und damit von der Temperatur t und dem Luftdruck p. Bei sehr genauen Distanzmessungen werden diese Werte am Instrumenten- und Reflektorstandpunkt gemessen.

Man unterscheidet:

1. Korrekturwert für die Ausbreitungsgeschwindigkeit k_n

$$k_n = D^* \cdot (n_0 - n)$$

D^* gemessene Distanz bei dem festen Brechungsindex n_0

n ermittelter Brechungsindex in Abhängigkeit von t und p

2. Korrekturwert für die Ausbreitungsgeschwindigkeit $k_{\Delta n}$
Die Bahnkrümmung ist abhängig von der Refraktionskonstanten k. Diese Refraktionskonstante wird mit zunehmender Höhe kleiner und ändert sich in Abhängigkeit von Tageszeit bzw. Nachtzeit und der Bewölkung des Himmels ($k = 0,13$ bis $0,30$).

$$k_{\Delta n} = -\left(k - k^2\right) \cdot \frac{D^{*3}}{12R^2}$$

R Erdradius

Aus den beiden oben beschriebenen Abschnitten gilt für die korrigierte Distanz D:

$$D = D^* + k_o + k_f + k_n + k_{\Delta n}$$

Reduktionen der gemessenen Strecke D. Die gemessene Strecke D muß wie folgt reduziert werden:

Es werden unterschieden:
S Standpunkt
H_S Höhe des Standpunkts
P Zielpunkt
H_P Höhe des Zielpunkts
D gemessene Distanz

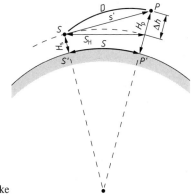

Bild 6.31
Reduktionswerte einer Schrägstrecke

Um die Strecke s, den Abstand der Punkte S und P auf der Erdoberfläche, zu erhalten, müssen nachfolgende Reduktionen an D angebracht werden:

gemessene Distanz	Schräg-strecke	Strecke in gleicher Höhe	Entfernung auf der Erdoberfläche
D	$\Rightarrow$ s' $\Rightarrow$	s_H	$\Rightarrow$ s

Reduktionen: r_K r_H r_E

r_K Reduktion wegen Bahnkrümmung
r_H Reduktion wegen Höhenunterschied zwischen S und P
r_E Reduktion wegen Erdkrümmung

Die Strecke s ergibt sich dann zu:

$$s = D + r_K + r_H + r_E$$

Bei Distanzen < 10 km können die Korrektur $k_{\Delta n}$ und die Reduktionen r_K sowie r_E vernachlässigt werden:

Die *korrigierte* und *reduzierte* Distanz beträgt dann:

$$D = D^* + k_0 + k_f + k_n + r_H$$

Entfernungsmeßgenauigkeit. Im Gegensatz zur mechanischen und optischen Streckenmessung ist die Meßgenauigkeit der elektronischen Streckenmessung nicht proportional zur Streckenlänge.
Jedoch gibt es den *ppm*-Wert (parts per millionen, Anteil pro 10^6), der als Teil der Genauigkeitsangabe von der Streckenlänge abhängig ist.

Beispiel

Genauigkeit der Distanzmessung $= \pm (2$ mm $+ 2$ ppm$)$
Genauigkeit für $D = 1000$ m: $\pm (2$ mm $+ 2$ mm$)$
Genauigkeit für $D = \ \ 400$ m: $\pm (2$ mm $+ 0{,}8$ mm$)$

7 Höhenmessung

7

7 Höhenmessung

Die Höhenmessung bestimmt den Höhenunterschied Δh zweier Punkte.

Die absolute Höhe H_A eines Punktes A und der Höhenunterschied Δh zwischen den Punkten A und B ermöglichen die Berechnung der absoluten Höhen H_B des Punktes B.

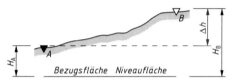

Bild 7.1 Bezugsfläche/Niveaufläche, absolute Höhe, Höhenunterschied

7.1 Verfahren der Höhenmessung

Nivellement, geometrische Höhenmessung. Der Höhenunterschied zweier Punkte A und B wird mit Hilfe der horizontalen Ziellinie, Zielachse, eines Nivelliers und den vertikal aufgestellten Maßstäben, den Nivellierlatten, gemessen.

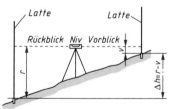

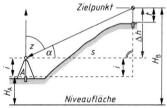

Bild 7.2
Nivellement,
geometrische Höhenmessung

Bild 7.3
Trigonometrische Höhenmessung

$$\boxed{\Delta h = r - v}$$ und $$\boxed{H_B = H_A + \Delta h}$$

Trigonometrische Höhenmessung. Angezielt, z. B. mit einem Theodoliten, wird der Zielpunkt Z.

Gemessen werden folgende Größen:

Zenitwinkel	z auch ζ
bzw. Höhenwinkel	α
Horizontalstrecke	s
bzw. Schrägstrecke	s'
Instrumentenhöhe über einen Meßpunkt	i
Zielhöhe, Zieltafelhöhe	t

$$\Delta h = s \cdot \cot z$$ bzw. $$\Delta h = s \cdot \tan \alpha$$

$$\Delta h = s' \cdot \cos z$$ $$\Delta h = s' \cdot \sin \alpha$$

$$H_B = H_A + i + \Delta h - t$$

Tachymetrische Höhenmessung. Mit einem Tachymeterinstrument wird der Höhenunterschied wie folgt bestimmt.

Optisches Tachymeter: Lattenablesung multipliziert mit einer Konstanten ergibt den Höhenunterschied.

Elektronisches Tachymeter: Direkte Anzeige des Höhenunterschiedes bzw. der absoluten Höhe am Display.

Hydrostatische Höhenmessung. Bestimmt werden die Höhengleichheit zweier Punkte bzw. kleine Höhenunterschiede.

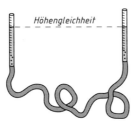

Höhengleichheit

Bild 7.4
Schlauchwaage

Die *Schlauchwaage* besteht aus zwei Glasröhren, die mit einem durchsichtigen Schlauch verbunden sind. Gefüllt wird die Schlauchwaage mit Wasser, ohne daß Luftblasen entstehen.
Es gilt: In nicht zu engen, verbundenen Gefäßen liegen die Flüssigkeitsoberflächen in einer waagerechten Ebene.

Direkte Höhenmessung. Sie kann nach zwei Methoden erfolgen:
- zwischen zwei Marken wird der vertikale Abstand mit dem Meßband gemessen;
- das vertikal hängende Meßband ersetzt die Latte bei der Arbeit mit dem Nivellier.

Barometrische Höhenmessung. Die barometrische Höhenmessung beruht auf der physikalischen Gesetzmäßigkeit, daß der Luftdruck mit zunehmender Höhe abnimmt.
Man mißt den Luftdruck und die Lufttemperatur an zwei Punkten und kann dann deren Höhenunterschied aus den gemessenen Werten berechnen.

7.2 Nivellierinstrumente

Das Nivellierinstrument, kurz das Nivellier, erzeugt eine horizontale Zielachse, Ziellinie, mit deren Hilfe die vertikalen Abstände zwischen der Horizontalen und den Punkten bestimmt werden.

Libellennivellier. Eine Röhrenlibelle, Nivellierlibelle, die mit dem Fernrohr fest verbunden ist, horizontiert die Zielachse.
Das Instrument dreht sich mit dem Achszapfen in der Buchse. Das Einspielen der Nivellierlibelle erfolgt mit der Kippschraube.
Libellennivelliere kommen heute nur noch begrenzt zum Einsatz, z. B. bei der Messung in der Nähe stark befahrener Verkehrswege mit starken Erschütterungen.

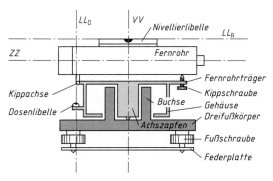

Bild 7.5 Libellennivelliere, Prinzipdarstellung

Kompensatornivellier. Ein Kompensator, Kompensatorpendel, das sich zwischen Objektiv und Strichkreuzplatte befindet, richtet die Zielachse horizontal aus.

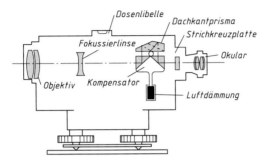

Bild 7.6 Kompensatornivellier, Beispiel: *Zeiss* Jena Ni 025

Der *Arbeitsbereich des Kompensators* ist der Raum im Instrument, der für das freie Auspendeln des Kompensatorpendels zur Verfügung steht. Er wird durch das Einspielen der Dosenlibelle bereitgestellt.

Laserwasserwaage. Bei Baumaßnahmen mit kleinem Umfang und geringeren Genauigkeitsanforderungen kann eine Laserwasserwaage zum Einsatz kommen.
Ein, in der Wasserwaage eingebauter, Laser erzeugt einen Laserstrahl, einen sichtbaren Zielstrahl. Die Horizontierung des Laserstrahles erfolgt durch das Einspielen der Röhrenlibelle.
Mit der Laserwasserwaage, die häufig auf dem Stativ höhenverstellbar ist, bestimmt man die Höhengleichheit von Punkten bzw. deren Höhenunterschiede.

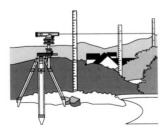

Bild 7.7 Laserwasserwaage

Arbeit mit den Nivellier. Folgende Hinweise sind zu beachten:
- Jedes Instrument muß vor dem Einsatz überprüft und, wenn notwendig, justiert werden.
- Instrument mit Stativ so aufstellen und Stativspitzen eintreten, daß der Stativteller etwa horizontal ist. Dosenlibelle einspielen.
- Latte mittels Visiereinrichtung anzielen und Seitenklemme klemmen. Einige Instrumente haben eine Rutschkupplung mit unendlichem Feintrieb.
- Mit der Fokussiereinrichtung Lattenbild scharf stellen und mit dem Seitenfeintrieb Latte genau anzielen.
- Nur für Libellennivelliere: Nivellierlibelle einspielen.
- Lattenablesung vornehmen.

Justierbedingungen. Justierbedingungen sind eindeutige Forderungen an das Instrument. Sie garantieren bei sachkundiger Bedienung die Leistungsfähigkeit des Instrumentes und ein rationelles Arbeiten.

■ Hauptforderung

Zum Herstellen einer horizontalen Zielachse müssen folgende Bedingungen eingehalten werden:

Für Libellennivelliere: Die Zielachse ZZ muß parallel zur Achse der Röhrenlibelle LL_R verlaufen.

Für Kompensatornivelliere: Im Arbeitsbereich des Kompensators muß die Zielachse horizontal verlaufen.

■ Nebenforderungen

Die Einhaltung der Nebenforderungen erleichtern die Arbeit mit dem Nivellier.

Nebenforderung 1: Die Stehachse VV muß parallel zur Achse der Dosenlibelle LL_D verlaufen ($VV \| LL_D$).

Nebenforderung 2: Bei eingespielter Dosenlibelle muß der Horizontalstrich der Strichkreuzplatte waagerecht sein.

Die Überprüfung der Nebenforderungen erfolgt vor der Prüfung der Hauptforderung.

Überprüfung: $VV \| LL_D$**.** Folgende Arbeitsschritte sind einzuhalten:
- Mit den drei Fußschrauben Dosenlibelle einspielen.
- Drehung des Instrumentes um 200 gon; ein Libellenausschlag entspricht dem doppelten Stehachsenfehler.
- Ein halben Libellenausschlag mit den Fußschrauben und die restliche Hälfte mit den Justierschrauben beseitigen.

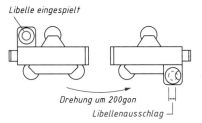

Bild 7.8 Überprüfung $VV \parallel LL_D$

Überprüfung der Strichkreuzplatte. Folgende Arbeitsschritte sind einzuhalten:

- Mit horizontiertem Instrument Randpunkt im Gesichtsfeld anzielen. Schwenken des Fernrohrs mittels Seitenfeintrieb; der Randpunkt durchläuft das Gesichtsfeld.
- Verläuft der Randpunkt nicht auf dem Horizontalstrich, so kann die Strichkreuzplatte durch Lösen der entsprechenden Schrauben gedreht werden.

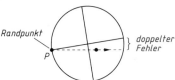

Bild 7.9 Überprüfung der waagerechten Lage des Horizontalstriches der Strichkreuzplatte

Überprüfung der Hauptforderung. Beide nachfolgend beschriebenen Methoden setzen die Bestimmung des fehlerfreien Höhenunterschiedes zweier Punkte voraus.

■ Bestimmung des fehlerfreien Höhenunterschiedes, Instrument in der Mitte

- Instrument in der Mitte zwischen zwei feste, eindeutige Punkte A und B aufstellen, Abstand $\overline{AB}$ etwa 50 bis 60 m.
- An den auf A und B stehenden Latten die Ablesungen a_1 und b_1 vornehmen.
- Berechnung des fehlerfreien Höhenunterschiedes Δh, da Δa und Δb gleich sind.

$$\Delta h = (a_1 - \Delta a) - (b_1 - \Delta b) = a_1 - b_1$$

■ 1. Überprüfungsmöglichkeit: Instrument kurz vor der Latte B

– Das Nivellier auf kürzeste Distanz, 2 bis 3 m, vor die Latte B aufstellen und an der Latte a_2 ablesen. Da $\Delta b'$ etwa 0 ist, wird b_2 als fehlerfrei betrachtet.

– Wäre ZZ horizontal, so müßte man a_{Soll} ablesen: $a_{Soll} = b_2 + \Delta h$.

– Ablesung von $a_2 = a_{Ist}$.

Die Differenz von a_{Soll} und a_{Ist} darf bestimmte Größen nicht überschreiten und ist abhängig von der Art des Nivelliers und der Genauigkeit des Nivellements.

Dieses Verfahren bezeichnet man in Verbindung mit der Bestimmung des fehlerfreien Höhenunterschiedes als *„Verfahren aus der Mitte"*.

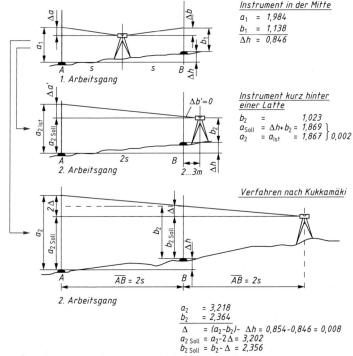

Instrument in der Mitte
$a_1 = 1,984$
$b_1 = 1,138$
$\Delta h = 0,846$

1. Arbeitsgang

Instrument kurz hinter einer Latte
$b_2 = 1,023$
$a_{Soll} = \Delta h + b_2 = 1,869$ }
$a_2 = a_{Ist} = 1,867$ } 0,002

2. Arbeitsgang

Verfahren nach Kukkamäki

2. Arbeitsgang

$a_2 = 3,218$
$b_2 = 2,364$
$\Delta = (a_2-b_2)- \Delta h = 0,854-0,846 = 0,008$
$a_{2\ Soll} = a_2-2\Delta = 3,202$
$b_{2\ Soll} = b_2-\Delta = 2,356$

Bild 7.10   Überprüfung der Hauptforderung

- 2. Überprüfungsmöglichkeit: Verfahren nach *Kukkamäki*

Instrument mit der Entfernung AB hinter der Latte B aufstellen und an den Latten A und B die Ablesungen a_2 und b_2 vornehmen. Bei nicht horizontaler Zielachse sind die Ablesungen

a_2 um 2Δ und
b_2 um Δ fehlerhaft. Es gilt

$$a_2 - b_2 = \Delta h + \Delta \quad \Rightarrow \quad \Delta = a_2 - b_2 - \Delta h = (a_2 - b_2) - (a_1 - b_1)$$

$$a_{2\,\text{Soll}} = a_2 - 2\Delta \qquad b_{2\,\text{Soll}} = b_2 - \Delta$$

Die Werte $a_{2\,\text{Soll}}$ und $b_{2\,\text{Soll}}$ werden mit den Ablesungen a_2 und b_2 verglichen.

- Justierungshinweis
Für Libellennivelliere: Durch Drehen der Kippschraube a_{Soll} an der Latte anzielen, die dadurch ausgespielte Röhrenlibelle wird mit den Justierschrauben eingespielt.

Für Kompensatornivelliere: Die Strichkreuzplatte verschieben, bis errechneter a_{Soll}-Wert als Ablesung an der Latte erscheint.

7.3 Geräte zum Nivellieren

Nivellierlatten. Zum Nivellieren benötigt man einen lotrecht stehenden Maßstab, der es ermöglicht, den Abstand zwischen dem Meßpunkt und der horizontalen Zielachse zu ermitteln.

Bei Latten unterscheidet man:
- Materialien: Holz, Kunststoff, Aluminium;
- verschiedene Lattenquerschnitte, die das Durchbiegen der Latte bei der Arbeit und beim Transport verhindern;
- Lattenkonstruktionen: Starre Latte, Klapplatte, Schiebe- bzw. Teleskoplatte;
- als Aufsatzfläche dient ein Fußbeschlag, z. B. aus Stahl;
- Lattenteilung: Die meisten Latten haben eine cm-Teilung, die als *Flächen*- oder *E-Teilung* aufgetragen ist. Sie ermöglichen ein schnelles Erfassen der Lattenablesung.
  Die Einfärbung der Lattenteilung, schwarz und rot, wechselt von Meter zu Meter.

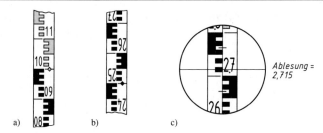

Bild 7.11   Lattenteilungen
           a) aufrechte Zahlen der Teilung; b) umgekehrte Zahlen der
           Teilung; für Instrumente, die umgekehrte Bilder haben;
           c) Latte im Gesichtsfeld eines Nivelliers; Gesichtsfeld mit Latte

Nivellier-Gliedermaßstab. Für einige Vermessungsarbeiten mit geringer Genauigkeitsanforderung kann ein Gliedermaßstab mit aufgetragener Nivellierteilung benutzt werden ($\rightarrow$ Bild 4.5).

Invarbandlatten. Für das Feinnivellement kommen Invarlatten und Nivelliere hoher und höchster Genauigkeit zur Anwendung. In einem Lattenkörper ist ein Invarband eingespannt.
Unterschieden werden Latten mit *10-mm-Teilung* oder *5-mm-Teilung* aber laufender dm-Bezifferung. Bei der 5-mm-Teilung teilt man den ermittelten Höhenunterschied und damit auch einen möglichen Fehler durch 2.

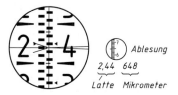

Bild 7.12
Invarlatte im Gesichtsfeld
eines Ni 007, Beispiel: *Zeiss* Jena

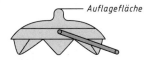

Bild 7.13
Lattenuntersatz

Mit Hilfe der Mikrometertrommel des Nivelliers erfolgt die Verschiebung der Ziellinie so, daß ein Teilstrich der Latte zwischen zwei keilförmigen Strichen der Strichkreuzplatte liegt.
Die Ablesung setzt sich aus der Latten- und Mikrometertrommelablesung zusammen.

Lattenrichter, Anschlaglibelle. Ein Lattenrichter ($\rightarrow$ Bild 4.3) bzw. eine an der Latte angebrachte Dosenlibelle hält die Latte im Moment der Ablesung vertikal.

Lattenuntersatz. Der Lattenuntersatz, der aus Temperguß gefertigt ist, soll der Latte einen festen und eindeutigen Standpunkt geben, z. B. als Wechselpunkt beim Streckennivellement.

7.4 Nivellement, geometrische Höhenmessung

7.4.1 Streckennivellement

Beim Streckennivellement müssen für die durchgreifende Messungs- und Berechnungskontrolle die Höhen des Anfangs- und Endpunkt bekannt sein.

Messungsablauf. Zu bestimmen ist die Höhe für den Punkt C, der zwischen den Anschlußpunkten A und B liegt.

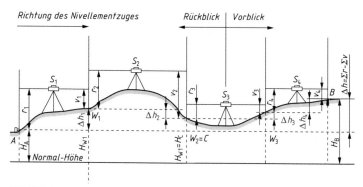

Bild 7.14 Nivellementszug, Streckennivellement

- Arbeitsschritte
- Der Nivellementsweg beginnt mit der lotrechten Lattenaufstellung auf den Anschlußpunkt A.
- Das Instrument wird auf dem Standpunkt S_1 aufgestellt und horizontiert. An der Nivellierlatte wird der *Rückblick* r_1 abgelesen und protokolliert.

- Der Lattenträger geht zum Wechselpunkt W_1. Als Wechselpunkt wählt man einen markanten, sicheren Aufsatzpunkt bzw. einen Lattenuntersatz.
- Der Mitarbeiter am Instrument liest für W_1 den *Vorblick* v_1 an der Latte ab, protokolliert die Ablesung und wechselt anschließend mit dem Instrument zum Standpunkt S_2.
- Vom Standpunkt S_2 erfolgt der Rückblick r_2 zum Wechselpunkt W_1. Der Lattenträger geht zum Wechselpunkt W_2 usw.
- Diese Arbeitsgänge wiederholen sich, bis für den Endpunkt B der Vorblick abgelesen und protokolliert ist.

Der Punkt C, dessen Höhe zu bestimmen ist, wurde als Wechselpunkt gemessen.

Hinweise zur Messung. Bei der Wahl der Wechselpunkte soll die Rückblicklänge etwa gleich der Vorblicklänge sein. Ein möglicher Restfehler der Hauptforderung wird dadurch ausgeschaltet und der fehlerfreie Höhenunterschied bestimmt.

Instrument und Latte dürfen niemals gleichzeitig ihren Standpunkt wechseln.

An einer Latte mit cm-Teilung werden die Millimeter geschätzt.

Die Angaben über Witterungsbedingungen, Beobachter, Instrument und dessen Nummer, Objektbezeichnung oder Art des Auftrags sind im Formular nachzuweisen.

Messungskontrolle und Verbesserung. Die einzelnen Höhenunterschiede berechnen sich zu:

$\Delta h_1 = r_1 - v_1$	$[\Delta h]$ Summe aller Δh;
$\Delta h_2 = r_2 - v_2$	$[r]$ Summe aller Rückblicke
$\vdots$	$[v]$ Summe aller Vorblicke
$\Delta h_n = r_n - v_n$	

$$[\Delta h] = [r] - [v] \qquad \text{\textit{Ist}-Wert, mit Messungsfehlern behaftet}$$
$$\Delta h = H_B - H_A \qquad \text{\textit{Soll}-Wert}$$
$$\overline{Soll - Ist = V} \qquad \text{Gesamtverbesserung}$$
$$= [v] \qquad \text{Summe aller Teilverbesserungen}$$

Die Differenz zwischen Soll und Ist darf bestimmte Grenzwerte nicht überschreiten.

Die Verbesserungen v werden gleichmäßig auf die Rückblicke r verteilt. Die Messungskontrolle wird sofort nach Beendigung des Nivellements durchgeführt, und danach werden die Verbesserungen eingetragen.

Tabelle 7.1 *Streckennivellement, gemessen mit einem Nivellier mittlerer Genauigkeit, berechnet mit positiven und negativen Höhenunterschieden (Beispiel für eine Berechnung in Tabellenform)*

Ablesung			Höhenunterschied	Höhe		Punkt	Bemerkungen
r	z	v	Δh	H	Nr.	Lage	
1	2	3	4	5	6		7
		Auftrag 12/535, Bestimmung des Punktes C					
2,215				154,382	A	Höhenbolzen	Wetter: bedeckt,
$\overset{+1}{0,741}$		1,893	+0,322	154,704	W1		zeitweilig
$\overset{+1}{1,358}$		1,076	−0,334	154,370	W2		leichter Regen
$\overset{+1}{1,145}$		1,470	−0,111	154,259	W3		
$\overset{+1}{2,471}$		0,972	+0,174	154,433	W4		
$\overset{+1}{1,619}$		0,588	+1,884	156,317	C	Eisenrohr	
$\overset{+1}{1,496}$		1,832	−0,212	156,105	W5		
0,507		0,782	+0,715	156,820	W6		
		1,214	−0,707	156,113	B	Höhenbolzen	
11,552		9,827	+1,731	+1,731			
[r]	+1,725	[v]	[Δh']		$H_B - H_A$		Richter 25.5.74
	VH = 0,006	[r] − [v]					

Höhenberechnung mit positiven und negativen Höhenunterschieden (Steigen und Fallen) (→ Tabelle 7.1). Berechnet werden in Spalte 4 die Höhenunterschiede Δh mit den *verbesserten* Rückblicken.

$$\Delta h_1 = r_1 - v_1 = 2,215 - 1,893 = +0,322$$
$$\Delta h_2 = r_2 - v_2 = 0,742 - 1,076 = -0,334$$
$$\vdots$$

Die Summe aller berechneten Höhenunterschiede, [Δh], muß gleich der Höhendifferenz, $H_B - H_A$, sein.

Berechnet werden in Spalte 5 die Höhen der Wechselpunkte durch fortlaufende Addition.

$$H_{W1} = H_A + \Delta h_1 = 154,382 + 0,322 = 154,704$$
$$H_{W2} = H_{W1} + \Delta h_2 = 154,704 - 0,334 = 154,370$$
$$\vdots$$

Die Höhe des Endpunktes muß genau reproduziert werden.

Höhenberechnung mit dekadischen Höhenunterschieden ($\rightarrow$ Tabelle 7.2). Die Berechnung der Höhenunterschiede ohne Rechenhilfsmittel wird erleichtert, wenn man dekadische ergänzte Zahlen, kurz dekadische Ergänzungen, für die negativen Höhenunterschiede in Spalte 4 benutzt.

Tabelle 7.2 *Streckennivellement, gemessen mit einem Nivellier mittlerer Genauigkeit, berechnet mit dekadischen Ergänzungen*

Ablesung			Höhen-unter-schied	Höhe		Punkt	Bemerkungen
r	z	v	Δh	H	Nr.	Lage	
1	2	3	4	5	6		7
			Auftrag 12/535, Bestimmung des Punktes C				
2,215				154,382	A	Höhenbolzen	Wetter: bedeckt,
0,741 +1		1,893	0,322	154,704	W1		zeitweilig
1,358 +1		1,076	×9,666	154,370	W2		leichter Regen
1,145 +1		1,470	×9,889	154,259	W3		
2,471 +1		0,972	0,174	154,433	W4		
1,619 +1		0,588	1,884	156,317	C	Eisenrohr	
1,496 +1		1,832	×9,788	156,105	W5		
0,507		0,782	0,715	156,820	W6		
		1,214	×9,293	156,113	B	Höhenbolzen	
11,552		9,827	1,731	1,731			
	+1,725						
VH = 0,006							

Die *dekadische Ergänzung* zu $-a$ wird wie folgt berechnet und mit einem hochliegenden Kreuz gekennzeichnet:

Dekadische Ergänzung zu $-a = {}^{x}(-a + 10^{n})$
10^{n} ist die zu $|-a|$ nächstgrößere Zehnerpotenz

Beispiel

$-2,87 = -2,87 + 10 = {}^{x}7,13$
${}^{x}8,234 = 8,234 - 10 = -1,766$

Man kann in Spalte 4 $\Delta h = r - v$ in gewohnter Weise halbschriftlich subtrahieren und wenn notwendig den Rückblick um 10 vergrößern.

Beispiel

$$0,742 - 1,076 = 10,742 - 1,076 = {}^{\text{x}}9,666$$

In Spalte 5 können die positiven Höhenunterschiede und die dekadischen Ergänzungen der Spalte 4 ständig zur Höhe des Vorpunktes addiert werden.

Höhenberechnung mit der Höhe der Zielachse, Horizont. Die Höhe der Zielachse, H_{ZZ}, berechnet sich zu:

$$\boxed{H_{ZZ} = H_A + r}$$

H_A Höhe von A
r Rückblick

Die Höhe des Punktes B, H_B, berechnet sich zu:

$$\boxed{H_B = H_{ZZ} - v}$$

v Vorblick

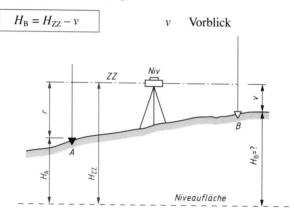

Bild 7.15 Höhenbestimmung mit der Höhe der Zielachse, H_{ZZ}

Beispiel ($\rightarrow$ Tabelle 7.3, Seite 166)

Angewendet auf das gemessene Streckennivellement gilt:

$H_A + r = H_{ZZ}$	$154{,}382 + 2{,}215 = 156{,}597$
$H_{ZZ} - v = H_{W1}$	$156{,}597 - 1{,}893 = 154{,}704$
$H_{W1} + r = H_{ZZ}$	$154{,}704 + 0{,}742 = 155{,}446$
$H_{ZZ} - v = H_{W2}$	$155{,}446 - 1{,}076 = 154{,}370$
$\vdots$	

Die Berechnung kann mit dem Taschenrechner fortlaufend durchgeführt werden.

Tabelle 7.3 *Streckennivellement, gemessen mit einem Nivellier mittlerer Genauigkeit, berechnet mit der Höhe der Zielachse*

Ablesung				Höhe		Punkt		Bemerkungen
r	z	v	H_{ZZ}	H	Nr.	Lagebeschreibung		
1	2	3	4	5		6		7
				Bestimmung des Punktes C				
2, 215			156, 597	154, 382	A	Höhenbolzen		
0, 741 $^{+1}$		1, 893	155, 446	154, 704	W1			
1, 358 $^{+1}$		1, 076	155, 729	154, 370	W2			
1, 145 $^{+1}$		1, 470	155, 405	154, 259	W3			
2, 471 $^{+1}$		0, 972	156, 905	154, 433	W4			
1, 619 $^{+1}$		0, 588	157, 937	156, 317	C	Eisenrohr		
1, 496 $^{+1}$		1, 832	157, 602	156, 105	W5			
0, 507		0, 782	157, 327	156, 820	W6			
		1, 214		156, 113	B	Höhenbolzen		
11,552		9, 827		1, 731				
	+1, 725							
	V_H = 0, 006							

7.4.2 Nivellement mit Zwischenblicken.

Messungsablauf. Wenn bei einem Streckennivellement Höhen für Zwischenpunkte zu bestimmen sind, so erfolgen nach dem Rückblick zum letzten Wechselpunkt die *Zwischenblicke z* zu den Zwischenpunkten. Diese trägt man in Spalte 2 des Beispiel-Formulars (Tabelle 7.4) ein.

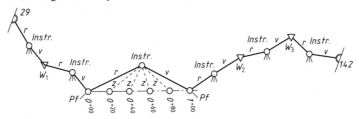

Bild 7.16 Nivellement mit Zwischenblicken, Messungsablauf

Tabelle 7.4 *Nivellement mit Zwischenblicken, gemessen mit einem Nivellier mittlerer Genauigkeit*

Ablesung			Höhen-unter-schied	Höhe	Punkt		Bemerkungen
r	z	v	Δh	H	Nr.	Lage	
1	2	3	4	5	6		7
			Längsprofil				
0,581			−1,423	79,594	HB 29	Niederweg	Wetter:
1,326 +1		2,004	+0,255	78,171	W1		sonnig, klar
1,115		1,072	−1,883	78,426	0+00	Holzpfahl	
	2,998		−0,640	76,543	0+20	Holzpfahl	
	3,638		+0,112	75,903	0+40	Holzpfahl	
	3,526		+0,112	76,015	0+60	Holzpfahl	
	2,469		+1,057	77,072	0+80	Holzpfahl	
1,820 +1		1,778	(+0,691) −0,663	77,763	1+00	Holzpfahl	
1,564		0,594	+1,227	78,990	W2		
2,900 +1		1,205	+0,359	79,349	W3		
		0,668	+2,233	81,582	HB 142	Bergstraße	
9,306		7,321	+1,988	+1,988	−		
+1,985							
$V_H = 0,003$							
					+		

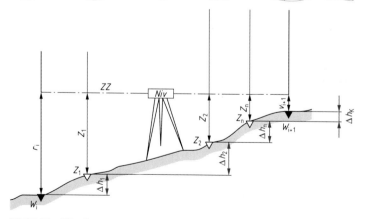

Bild 7.17 Nivellement mit Zwischenblicken, Auswertung

Höhenberechnung mit positiven und negativen Höhenunterschieden. Das Nivellement wird zuerst als Streckennivellement ohne Zwischenblicke berechnet. Als Ergebnis erhält man die Höhen der Wechselpunkte.

Die Zwischenblicke z_1, ..., z_n wurden für die Zwischenpunkte Z_1, ..., Z_n zwischen den Wechselpunkten W_i und W_{i+1} gemessen.
Berechnung der Höhenunterschiede in Spalte 4:

$$\Delta h_1 = r_i - z_1 \qquad r_i \quad \text{Rückblick zum Wechselpunkt } W_i$$
$$\Delta h_2 = z_1 - z_2 \qquad z_1 \quad \text{Zwischenblick für } Z_1$$
$$\vdots \qquad\qquad\qquad z_2 \quad \text{Zwischenblick für } Z_2$$

$$\Delta h_n = z_{n-1} - z_n \qquad z_n \quad \text{letzter Zwischenblick für } Z_n$$
$$(\Delta h_k = z_n - v_{i+1}) \qquad v_{i+1} \quad \text{Vorblick zum Wechselpunkt } W_{i+1}$$

Δh_k dient zur Abschlußkontrolle; die Höhe des Wechselpunktes W_{i+1} wird reproduziert.

Die Δh-Werte können auch als dekadische Ergänzungen geschrieben werden.
Berechnung der Zwischenpunkthöhen in Spalte 5 ($\rightarrow$ Tabelle 7.4):

$$H_{Z1} = H_{W1} + \Delta h_1$$
$$H_{Z2} = H_{Z1} + \Delta h_2$$
$$\vdots$$
$$H_{Zn} = H_{n-1} + \Delta h_n \quad \text{Abschlußkontrolle: } (H_{Wi+1} = H_{Zn} + \Delta h_k)$$

Für Zwischenblicke gibt es keine Kontrolle gegenüber Ablesefehler bei der Messung.

Höhenberechnung mit der Höhe der Zielachse. Das Nivellement wird zuerst als Streckennivellement ohne Zwischenblicke berechnet. Als Ergebnis erhält man die Höhen der Wechselpunkte.

Berechnung der Höhe der Zielachse H_{ZZ}:

$$H_{ZZ} = H_W + r \qquad H_W \quad \text{Höhe des Wechselpunktes } W$$
$$\qquad\qquad\qquad\quad r \quad \text{Rückblick zum Wechselpunkt } W$$

Berechnung der Zwischenpunkthöhen:

$$H_{Z1} = H_{ZZ} - z_1$$
$$H_{Z2} = H_{ZZ} - z_2$$
$$\vdots$$

7.4.3 Genauigkeit der Höhenmessung

Standardabweichungen. Für die Genauigkeitsbewertung unterscheidet man:
- σ_h oder σ_{Niv} ist die Standardabweichung eines mit Hilfe des Doppelnivellements gemessenen Höhenunterschiedes Δh bei einer Länge des Meßweges von 1 km.
- $\sigma_{\Delta h}$ ist die Standardabweichung eines direkt gemessenen Höhenunterschiedes Δh bei der Bestimmung einer Einzelhöhe.

Doppelnivellement. Das Doppelnivellement sind zwei unabhängige Streckennivellements, die einmal von A nach B und von B nach A geführt werden. Der gleiche Nivellementsweg ist zu benutzen.
Ablesefehler werden durch das Doppelnivellement weder vermieden noch lokalisiert.
Sind die Wechselpunkte eindeutig sowie fest und geht man über die gleichen Wechselpunkte zurück, so können Ablesefehler lokalisiert werden.

Parallelnivellement. Zur sofortigen Kontrolle der neu bestimmten Höhenpunkte kann ein Parallelnivellement ausgeführt werden. Parallelnivellements werden durch folgendes Zubehör ermöglicht:
- *Wendelatte*: Sie hat auf beiden Seiten eine Teilung, die gegeneinander versetzt ist. Die Lattenteilung der einen Seite beginnt mit 3,335 m.
- Lattenuntersatz mit zwei ungleich hohen Aufsatzzapfen.

Bild 7.18
Lattenuntersatz
mit doppelten Aufsatzzapfen

Einflüsse auf die Genauigkeit. Die Genauigkeit der Meßergebnisse beim Nivellement ist abhängig von der
- *Genauigkeit der Instrumente*, beispielsweise
  Ausschaltung des Zielachsenfehlers (Hauptforderung);
  Empfindlichkeit des Kompensators beim Kompensatornivellier;
  Empfindlichkeit der Libelle beim Libellennivellier;
  Vergrößerung des Fernrohrs;
  Standfestigkeit des Instrumentenstativs.

- *Genauigkeit der Latte*, beispielsweise
  Genauigkeit und Abnutzung der Lattenteilung;
  Stabilität der Latte (Lattenbau);
  Beschaffenheit der Aufsatzfläche;
  Lage der Dosenlibelle zur Latte, Latte $\parallel LL_D$.
- *Genauigkeit der Messung*, beispielsweise
  Senkrechtstellung der Latte;
  Einhaltung der maximalen Zielweite;
  Einhaltung der Zielweitengleichheit für den Rück- und Vorblick;
  Wahl der Wechselpunkte;
  Standfestigkeit des Lattenuntersatzes;
  Lichtverhältnisse: Flimmern, bodennahe Refraktion, Blendwirkung,
  … Erschütterungen des Instrumenten- und Lattenstandpunktes.

7.5   Trigonometrische Höhenmessung
   (Turmhöhenbestimmung)

Ist die Streckenmessung zum Hochpunkt möglich, so wird die trigonometrische Höhenmessung angewendet ($\rightarrow$ Abschnitt 7.1).

Kann die Schrägstrecke oder die Horizontalstrecke zum Hochpunkt nicht gemessen werden, so kommen nachfolgende Verfahren der Turmhöhenbestimmung zur Anwendung.

Trigonometrische Höhenmessung (Turmhöhenbestimmung) mit vertikalem Hilfsdreieck. Voraussetzung dieses Verfahrens ist, daß der Hochpunkt P und die Instrumentenstandpunkte A und B etwa in einer Vertikalebene liegen.

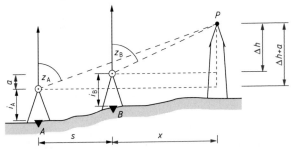

Bild 7.19   Trigonometrische Höhenmessung (Turmhöhenbestimmung) mit vertikalem Hilfsdreieck

Gegebene Größen
H_A und H_B Höhen der Instrumentenstandpunkte A und B

Gemessene Größen
i_A und i_B Instrumentenhöhen
s Horizontalentfernung zwischen beiden Instrumenten-
          standpunkten
z_A und z_B Zenitwinkel gemessen im Standpunkt A und B

Berechnungsablauf
Der Höhenunterschied a der Kippachsen beider Instrumente beträgt:

$$a = (H_B + i_B) - (H_A + i_A)$$

Aus den vertikalen Dreiecken folgt:

$$x = \Delta h \cdot \tan z_B$$
$$x = (\Delta h + a) \cdot \tan z_A - s$$

$\left.\right\}$ Gleichungen gleichsetzen und nach Δh auflösen

$$\Delta h = \frac{a \cdot \tan z_A - s}{\tan z_B - \tan z_A}$$

Die Höhe des Punktes P:

$$H_P = H_B + i_B + \Delta h \quad \text{und} \quad H_P = H_A + i_A + \Delta h + a$$

Beispiel

Gegeben und gemessen:

$H_A = 61{,}38$ m	$H_B = 54{,}02$ m
$i_A = 1{,}50$ m	$i_B = 1{,}42$ m
$z_A = 91{,}028$ gon	$z_B = 89{,}367$ gon

Strecke $\overline{AB} = s = 53{,}06$ m

$$a = (54{,}02 + 1{,}42) - (61{,}38 + 1{,}50) = -7{,}44$$

$$\Delta h = \frac{-7{,}44 \cdot \tan 91{,}028\ gon - 53{,}06}{\tan 89{,}367\ gon - \tan 91{,}028\ gon} = 94{,}44$$

$$H_P = 149{,}88 \text{ m} \qquad\qquad H_P = 149{,}88 \text{ m}$$

Trigonometrische Höhenmessung (Turmhöhenbestimmung) mit horizontalem Hilfsdreieck. Der Hochpunkt P und die Instrumentenstandpunkte A und B sollten im Grundriß etwa ein gleichseitiges Dreieck bilden.

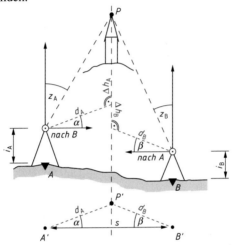

Bild 7.20   Trigonometrische Höhenmessung (Turmhöhenbestimmung) mit horizontalem Hilfsdreieck

Gegebene Größen
H_A und H_B Höhen der Instrumentenstandpunkte A und B

Gemessene Größen
i_A und i_B	Instrumentenhöhen
z_A und z_B	Zenitwinkel gemessen im Standpunkt A und B
α und β	Horizontalwinkel; Winkel PAB und Winkel ABP
s	Horizontalentfernung zwischen beiden Instrumentenstandpunkten

Berechnungsablauf
Im horizontalen Dreieck ABP die Seiten $\overline{AP} = d_A$ und $\overline{BP} = d_B$ mittels Sinussatz berechnen.

$$d_A = \frac{s \cdot \sin \beta}{\sin (\alpha + \beta)} \qquad\qquad d_B = \frac{s \cdot \sin \alpha}{\sin (\alpha + \beta)}$$

$(\sin(\alpha + \beta) = \sin \gamma)$

Die Höhenunterschiede Δh_A und Δh_B aus den beiden vertikalen Dreiecken berechnen.

$$\Delta h_A = d_A \cdot \cot z_A \qquad\qquad \Delta h_B = d_B \cdot \cot z_B$$

Die Höhe H_P wird aus Gründen der Kontrolle zweimal berechnet.

$$H_P = H_A + i_A + \Delta h_A \qquad\qquad H_P = H_B + i_B + \Delta h_B$$

Beispiel

Gegeben und gemessen:

$H_A = 86{,}37$ m	$H_B = 91{,}82$ m
$i_A = 1{,}38$ m	$i_B = 1{,}52$ m
$\alpha = 67{,}326$ gon	$\beta = 82{,}368$ gon
$z_A = 89{,}320$ gon	$z_B = 91{,}604$ gon

Strecke $\overline{AB} = s = 83{,}56$ m

$\alpha + \beta = 149{,}694$ gon

$$d_A = \frac{83{,}56 \cdot \sin 82{,}368 \; gon}{\sin 149{,}694 \; gon} \qquad\qquad d_B = \frac{83{,}56 \cdot \sin 67{,}326 \; gon}{\sin 149{,}694 \; gon}$$
$$= 113{,}13 \qquad\qquad\qquad\qquad\quad = 102{,}45$$

$\Delta h_A = 113{,}13 \cdot \cot 89{,}320 \; gon \qquad \Delta h_B = 102{,}45 \cdot \cot 91{,}604 \; gon$

$\qquad\;\; = 19{,}16 \qquad\qquad\qquad\qquad\qquad\quad = 13{,}59$

$H_P = 106{,}91$ m $\qquad\qquad\qquad\qquad H_P = 106{,}93$ m

Die Höhe des Punktes beträgt $H_P = 106{,}92$ m

Trigonometrisches Nivellement mit Instrument in der Mitte. Auf Grund der hohen Meßgenauigkeit der elektronischen Streckenmessung wird das trigonometrische Nivellement zur Höhenbestimmung von Meßpunkten verwendet. Das Tachymeterinstrument steht zwischen dem Punkt A (Höhe H_A) und dem Punkt B. Zu bestimmen ist der Höhenunterschied Δh.

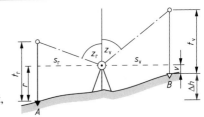

Bild 7.21
Trigonometrisches Nivellement,
Instrument in der Mitte

Gemessene Größen
Zum Punkt A erfolgt die Rückblickmessung und zum Punkt B die Vorblickmessung.

z_r und z_v Zenitwinkel
s_r und s_v Horizontalstrecken
t_r und t_v Zielhöhen, Zieltafelhöhen

Berechnungsablauf
Der Rückblick r und der Vorblick v berechnen sich wie folgt:

$$r = t_r - s_r \cdot \cot z_r \qquad\qquad v = t_v - s_v \cdot \cot z_v$$

Der Höhenunterschied $\Delta h = r - v$ berechnet sich zu:

$$\Delta h = t_r - s_r \cdot \cot z_r - t_v + s_v \cdot \cot z_v$$

$$\boxed{\Delta h = s_v \cdot \cot z_v - s_r \cdot \cot z_r + t_r - t_v}$$

Da die Zielhöhen oft gleich sind, $t_r = t_v$, gilt:

$$\boxed{\Delta h = s_v \cdot \cot z_v - s_r \cdot \cot z_r}$$

Trigonometrisches Nivellement mit Instrument über den Höhenpunkten. Zu bestimmen ist der Höhenunterschied Δh zwischen den Punkten A (Höhe H_A) und B.

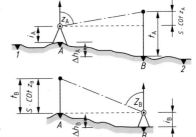

Bild 7.22
Trigonometrisches Nivellement,
Instrument über dem Punkt

- Instrumentenstandpunkt A

Für die Berechnung von Δh_A folgende Werte messen:

i_A Instrumentenhöhe
t_A Zielhöhe, Zieltafelhöhe
z_A Zenitwinkel
s Horizontalentfernung AB

Berechnung des Höhenunterschiedes Δh_A:

$$\Delta h_A = s \cdot \cot z_A + i_A - t_A$$

- Instrumentenstandpunkt B

Für die Berechnung von Δh_B folgende Werte messen:

i_B Instrumentenhöhe
t_B Zielhöhe, Zieltafelhöhe
z_B Zenitwinkel
s Horizontalentfernung BA

Berechnung des Höhenunterschiedes Δh_B:

$$\Delta h_B = s \cdot \cot z_B + i_B - t_B$$

Die Höhenunterschiede Δh_A und Δh_E haben unterschiedliche Vorzeichen.

7.6 Einfluß von Erdkrümmung und Refraktion

Bei großen Zielweiten oder Messungen mit hoher Genauigkeit, z.B. dem trigonometrischem Nivellement, muß bei der Berechnung des Höhenunterschiedes Δh der Einfluß der Erdkrümmung und der atmosphärischen Refraktion berücksichtigt werden.

Einfluß der Erdkrümmung. Mit dem Zenitwinkel z wird nur $\Delta h'$ und nicht Δh berechnet.
Es muß Δh_E berechnet werden und zum berechneten Höhenunterschied $\Delta h'$ *addiert* werden.

$$R^2 + s^2 = (R + \Delta h_E)^2 \qquad \Rightarrow \qquad \Delta h_E = \frac{s^2}{2R + \Delta h_E}$$

Da Δh_E gegenüber $2R$ (Erdradius R etwa 6370 km) sehr klein ist, kann dieser Wert bei der Quotientenbildung vernachlässigt werden.
Wird Δh_E als Korrektur angebracht, so verwendet man die Variable k_E.

$$k_E = \Delta h_E = \frac{1}{2R} \cdot s^2$$

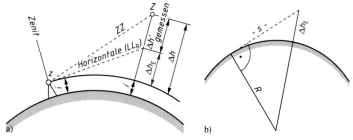

Bild 7.23   Einfluß der Erdkrümmung
a) Auswirkung der Erdkrümmung auf die Bestimmung von Δh;
b) Berechnung von Δh_E

Einfluß der Refraktion. Durch den Einfluß der atmosphärischen Refraktion ($\rightarrow$ Abschnitt 2.4) verläuft der Zielstrahl ZZ höher als der Punkt Z.
Der Wert Δh_R muß vom berechneten Höhenunterschied *subtrahiert* werden.
Δh_R oder der Korrekturwert k_R errechnet sich zu:

$$k_R = \Delta h_R = -k \cdot \frac{s^2}{2R}$$

$k = 0{,}13$ ist die Refraktionskonstante für Mitteleuropa, die von *Gauß* ermittelt wurde.

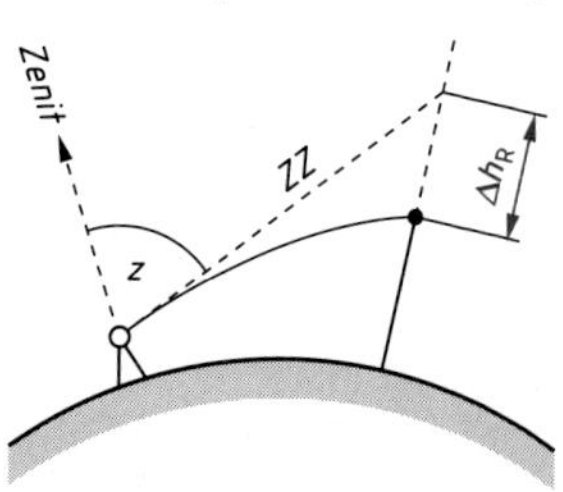

Bild 7.24
Einfluß der Refraktion

8 Richtungs- und Vertikalwinkelmessung

8

8   Richtungs- und Vertikalwinkelmessung

8.1   Begriffsbestimmung

> Ein Winkel ist gleich der Differenz zweier Richtungen in einer Ebene.

Richtungsmessung. Die Zielachse, die im Raum zum Zielpunkt gerichtet ist, wird auf einen in der Horizontalebene liegenden Teilkreis, dem *Horizontalkreis*, projiziert.
Es werden die Horizontalrichtungen, kurz *Richtungen*, gemessen. Die Richtungsdifferenz ist der Winkel in der Horizontalebene.

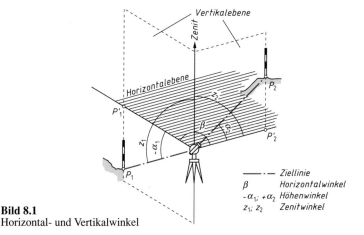

Bild 8.1
Horizontal- und Vertikalwinkel

Vertikalwinkelmessung. Bei der Vertikalwinkelmessung liegt der Teilkreis, der Vertikalkreis, in der Vertikalebene. Eine Richtung ist fest definiert, die Zenitrichtung = 0,000 gon oder die Horizontalrichtung = 0,000 gon. Bei der Ablesung am Vertikalkreis wird deshalb sofort ein Vertikalwinkel gemessen.
Ist die Zenitrichtung = 0,000 gon, so wird der *Zenitwinkel z* gemessen, ist die Horizontalrichtung = 0,000 gon, so wird der *Höhenwinkel α* gemessen. Es gilt:

$$\alpha = 100 \text{ gon} - z$$

8.2 Theodolite

> Der Theodolit ist ein vermessungstechnisches Instrument zur Messung der Horizontalrichtung und des Vertikalwinkels.

Theodolite älterer Bauart hatten einen Horizontal- und Vertikalkreis aus Metall. Die Richtungsablesung erfolgte mit Hilfe eines Nonius. Die heute verwendeten Theodolite haben einen Horizontal- und Vertikalkreis aus Glas. Die Ablesung erfolgt mit optischen Hilfsmitteln. Stationsinstrumente, die im Grundaufbau Theodolite sind, besitzen digitalisierte Teilkreise und werden elektronisch abgelesen.

8.2.1 Aufbau und Funktionsweise

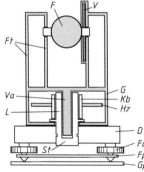

D	Dreifußkörper;	Kb	Kreisbuchse;
Fu	Fußschrauben;	Va	Vertikalachse;
Fp	Federplatte;	G	Gehäuse;
Gp	Grundplatte;	Ft	Fernrohrträger;
St	Steckzapfen;	V	Vertikalkreis;
L	Lager;	F	Fernrohr;
Hz	Horizontalkreis		

Bild 8.2 Aufbau eines Theodolits

Baugruppen. Folgende Baugruppen werden unterschieden:

Der *Dreifuß* verbindet das Instrument und Stativ, da er einerseits die Anzugschraube und anderseits den Steckzapfen des Instruments aufnimmt.

Das *Unterteil* besteht aus Steckzapfen und Lager. Das Lager nimmt das Unterteil und Oberteil auf.

Das *Mittelteil* besteht aus der Kreisbuchse und dem Horizontalkreis (Hz-Kreis). Die Kreisbuchse mit dem Hz-Kreis dreht sich bei Repetierung *um* das Lager.

Das Oberteil besteht aus Gehäuse mit Fernrohrträger, Fernrohr, Vertikalkreis (V-Kreis), Ableseeinrichtungen und Libellen bzw. Neigungskompensatoren.
Das Oberteil ist über Mittel- und Unterteil drehbar, da sich die Vertikalachse *im* Lager dreht.

Ältere Bezeichnungen unterscheiden:
– *Alhidade* für das Oberteil mit der Ableseeinrichtung;
– *Limbus* für den Horizontalkreis.

Höhen- und Seitenklemme. Zum Feststellen des drehbaren Oberteils und des kippbaren Fernrohrs dienen die Höhen- und Seitenklemmen.
Nach dem Klemmen des Oberteils an das Unterteil mit der *Seitenklemme* kann mit Hilfe des *Seitenfeintriebs* das Oberteil feinfühlig gedreht werden.
Nach dem Klemmen des Fernrohrs an den Fernrohrträger mit der *Höhenklemme* kann mit Hilfe des *Höhenfeintriebs* das Fernrohr feinfühlig geneigt werden.

Teilkreisteilung. Die Teilkreise haben heute fast ausschließlich eine Gon-Teilung. Nur Instrumente für astronomische Beobachtungen sind mit einer Grad-Teilung ausgerüstet.
Die Strichdicke auf dem Glasteilkreis beträgt 2 .... 8 μm.

Horizontalkreis und Kreisklemme (Repetitionsklemme). Bei der Drehung des Instruments dreht sich das Oberteil mit der Ableseeinrichtung über den fest in der Horizontalebene liegenden Hz-Kreis.
Der dabei eingeschlossene Winkel ergibt sich aus der Differenz zweier Richtungsablesungen.
Mit Hilfe der Kreisklemme, Repetitionsklemme, ist es möglich, bei der Drehung des Oberteils den Hz-Kreis mitzudrehen.
Die Kreisklemme erlaubt eine zeitweilige feste Verbindung zwischen Oberteil und Mittelteil herzustellen.

Kb Kreisbuchse; Hz Horizontalkreis;
M Membrane; K Klemme; G Gehäuse;
L Lager; Va Vertikalachse

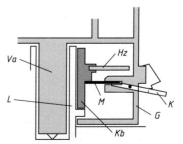

Bild 8.3
Kreisklemme,
Repetitionsklemme

Die Klemme am Gehäuse klemmt die Membranscheibe, die zusammen mit dem Hz-Kreis an der Kreisbuchse befestigt ist.

Mit der Kreisklemme kann zu einer Nullrichtung die gewünschte Richtung, meist 0,000 gon, eingestellt werden.

Einige Instrumente besitzen einen *Repetitionsfeintrieb.* Diese Vorrichtung erlaubt ein feinfühliges Verstellen des Mittelteils gegenüber dem Oberteil.

Vertikalkreis und Höhenindex. Der V-Kreis liegt in einer Vertikalebene und ist mit dem Fernrohr fest verbunden, so daß beim Kippen des Fernrohrs der V-Kreis an einer Ablesemarke, dem *Höhenindex,* vorbeiläuft. Der Höhenindex muß eine fest definierte Lage haben.

> Der Höhenindex liegt unter der Kippachse. Die Gerade durch Höhenindex und Kippachse (Durchstoßpunkt) muß eine Lotrechte sein.

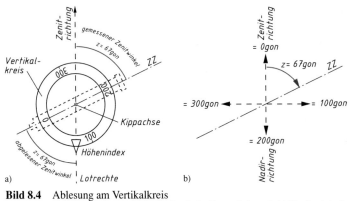

Bild 8.4 Ablesung am Vertikalkreis
a) Höhenindex und Vertikalkreis in Fernrohrlage I; b) Zenitwinkel

Infolge der oben genannten Voraussetzungen wird für die Zenitrichtung am Vertikalkreis der Wert 0,000 gon festgelegt. Deshalb wird nach dem Anzielen eines Punktes der *Zenitwinkel z* am V-Kreis sofort abgelesen.

Die geforderte Lage für den Höhenindex erreicht man durch folgende Bauteile:

- Höhenindexlibelle (Instrumente älterer Bauart)

Durch das Einspielen der Höhenindexlibelle mit Hilfe des Höhenindextriebes wird der Höhenindex in die geforderte Lage gebracht.

▪ Automatischer Höhenindex

Ein pendelndes optisches System stellt sich durch die Schwerkraft in die Lotrechte. Ein Teil des Vertikalkreises wird durch das optische System abgebildet.

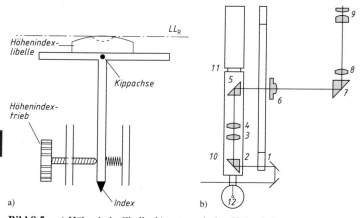

Bild 8.5　a) Höhenindexlibelle; b) automatischer Höhenindex
(Beispiel: *Zeiss* Jena Theo 020)
1 Vertikalkreis; *2, 7* Prisma; *3, 4, 8, 9* Objektive für Zwischenab-
bildungen; *5* Prisma; *6* Strichplatte des Ablesemikroskops; *10* bis *12*
Indexstabilisierung (*10* Pendel; *11* Bandfedergelenk; *12* Dämpfungs-
zylinder)

Ableseeinrichtungen für die Teilkreise. Die Ablesung erfolgt auf optische Art mittels eines Prismensystems und dem Ablesemikroskop, das sich neben dem Fernrohrokular befindet.

Bild 8.6
Strichmikroskop (Beispiel:
Zeiss Jena Theo 080 A)

- Strich- oder Schätzmikroskop

Es ist die einfachste der Ableseeinrichtungen. Als Ablesemarke dient eine einfache Strichplatte mit Vertikalstrich.

Ablesung = Teilkreisteilung + geschätzte Dezimalstelle

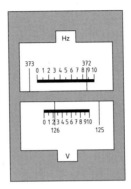

Bild 8.7 Skalenmikroskop

- Skalenmikroskop

Es erhöht die Ablesegenauigkeit gegenüber dem Strichmikroskop. Als Ablesemarke dient eine Skale mit meist 100 Skalenteilen. Diese Skalenteilung unterteilt den Abstand zweier benachbarter Teilstriche des Teilkreises.

Ablesung = Teilkreisteilung + Skalenteilung
+ geschätzte Dezimalstelle

Bei der Auswertung der Messungen erfolgt eine Mittelbildung der Richtungen. Deshalb wird häufig empfohlen, gerade Ablesewerte zu schätzen.

- Optisches Mikrometer

Das optische Mikrometer ist eine Ableseeinrichtung, die den Fehler der *Teilkreisexzentrizität* ausschaltet. Sie findet bei Theodoliten hoher Genauigkeit Anwendung.

Eine Teilkreisexzentrizität liegt dann vor, wenn die Vertikalachse des Instruments nicht durch den Teilkreismittelpunkt verläuft.

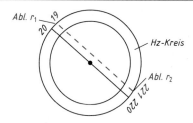

Bild 8.8
Teilkreisexzentrizität und
diametrale Ablesung

Der Fehler der Exzentrizität wird ausgeschaltet, wenn an zwei zueinander gegenüberliegenden, *diametralen*, Teilkreisstellen abgelesen und aus beiden Richtungen der Mittelwert gebildet wird.

$$
\text{Fehlerfreie Richtung} = \frac{r_1 + (r_2 - 200 \text{ gon})}{2} = \frac{19 \text{ gon} - 21 \text{ gon}}{2}
$$
$$
= 20 \text{ gon}
$$

Beim heutigen Instrumentenbau werden die diametralen Teilkreisstellen durch optische Systeme zusammengeführt, und die Mittelbildung der Dezimalstellen erfolgt automatisch.

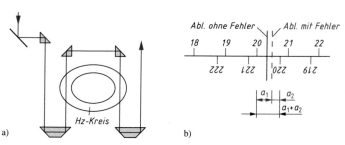

Bild 8.9   Zusammengeführte diametraler Teilkreisstellen
a) Strahlenverlauf; b) diametrale Teilkreisstellen

$$
\text{Fehlerfreie Richtungsablesung} = 20 + \frac{a_1 + a_2}{2}.
$$

Werden die entsprechenden diametralen Teilkreisstellen, 20 und 220 gon, gleichmäßig zueinander bewegt so beträgt die Verschiebung für jede Teilkreisstelle

$$
\frac{a_1 + a_2}{2}.
$$

Diese Verschiebung erfolgt mit optischen Bauteilen, zwei Planplatten oder Schiebekeilen. Die Parallelverschiebung wird an einer Skale abgelesen. Mit Hilfe einer Mikrometerschraube am Instrument (→ Bild 8.10 c) wird die Doppelstrichteilung zur Deckung gebracht.

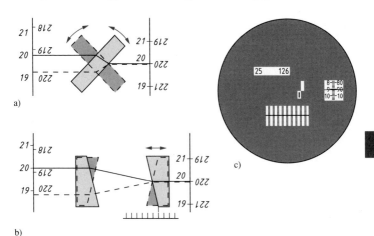

Bild 8.10   Automatische Mittelbildung
a) mit Hilfe zweier Planplatten; b) mit Hilfe von Schiebekeilen;
c) Beispiel: Theo 010 A, Ablesung mit optischen Mikrometer

8.2.2   Justierbedingungen

Achsen am Theodolit. Folgende Achsen werden unterschieden:
– *Stehachse VV*, vertikale Drehachse des Instruments;
– *Kippachse HH* oder *KK*, horizontale Achse, um die sich das Fernrohr neigt;
– *Zielachse ZZ*, verläuft durch die Mittelpunkte von Objektiv und Strichkreuzplatte;
– *Libellenachse* der Röhrenlibelle, der Stehachsenlibelle, LL_R;
– *Libellenachse* der Dosenlibelle LL_D.

Justierbedingungen für die Richtungsmessung. Ein Theodolit muß auf nachfolgende Fehler überprüft werden. Die Justierbedingungen sind einzuhalten damit der entsprechende Fehler keine Auswirkung auf die Messung hat.

- Stehachsenfehler:
  $VV \parallel LL_D$, Stehachse parallel zur Achse der Dosenlibelle;
  $VV \perp LL_R$, Stehachse senkrecht zur Achse der Röhrenlibelle.
- Zielachsenfehler:
  $ZZ \perp HH$; Zielachse senkrecht zur Kippachse.
- Kippachsenfehler:
  $HH \perp VV$; Kippachse senkrecht zur Stehachse.

- Prüfung der Stehachse
- *Fehlerauswirkung*
  Die Stehachse als zentrale Achse verläuft nicht lotrecht, und der
  Horizontalkreis liegt nicht in der Horizontalebene.
- *Überprüfung*: $VV \parallel LL_D$
  Dosenlibelle einspielen und Instrument um 200 gon drehen. Ein
  auftretender Libellenausschlag entspricht dem doppelten Fehler.
  Justierungshinweis:
  Einen halben Libellenausschlag mit den Fußschrauben und den
  anderen halben Ausschlag mittels Fußschrauben beseitigen.
- *Überprüfung*: $VV \perp LL_R$

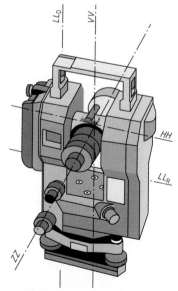

Bild 8.11
Achsen am Theo

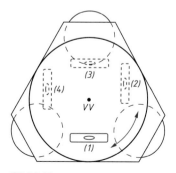

Bild 8.12
Stellung der Libelle
beim Überprüfen: $VV \perp LL_R$

Die Überprüfung, bei allen Verfahren, ist die Drehung einer eingespielten Libelle um 200 gon:

Stellung 1: Libelle einspielen.

Stellung 2: Libelle einspielen.

Stellung 4: Libellenausschlag entspricht dem doppelten Fehler. Einen halben Libellenausschlag mittels der Fußschrauben beseitigen, VV steht senkrecht aber die Libelle ist nicht eingespielt:

a) einen halben Libellenausschlag mit den Justierschrauben beseitigen

oder b) bei kleinem Libellenausschlag auf das Einspielen der Libelle verzichten (*Spielpunktverschiebung*).

Danach muß noch die nicht überprüfte Stellung der Libelle überprüft werden:

Stellung 2: Die Libelle einspielen.

Stellung 4: Der Libellenausschlag entspricht dem doppelten Fehler, Restfehler. Dieser Restfehler wird nach der oben beschriebenen Methode beseitigt.

Jede Instrumentenhorizontierung bedeutet, die oben genannten Arbeitsschritte auszuführen. Der Einfluß des Stehachsenfehlers kann durch eine Messungsanordnung *nicht* aufgehoben werden.

- Prüfung der Zielachse ($VV \perp HH$)
- *Fehlerauswirkung*
  Beim Kippen des Fernrohrs beschreibt der Zielstrahl keine Ebene, sondern bei endlicher Zielstrahllänge einen Kegelmantel.

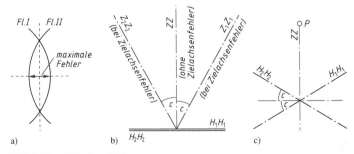

Bild 8.13 Zielachsenfehler
a) Projektion eines endlichen Zielstrahls; b) Zielachsenfehler bei festgehaltener Kippachse; c) Zielachsenfehler bei festgehaltener Zielachse

– *Zielpunkt*
  Ein Punkt in etwa 100 m Entfernung in Höhe der Kippachse des
  Instruments.
– *Messung*
  – Zielpunkt in Fernrohrlage I anzielen und Richtung r_I am Hz-
    Kreis ablesen.
  – Zielpunkt in Fernrohrlage II (Fernrohr durchschlagen und
    drehen) anzielen und Richtung r_{II} am Hz-Kreis ablesen.
– *Auswertung*
  Beide Richtungen müssen sich um 200 gon unterscheiden. Eine
  Abweichung von 200 gon entspricht dem doppelten Zielachsen-
  fehler.

$$r_{II} - r_I = 200 \text{ gon} \pm \Delta$$

$$\Delta = 2 \cdot \text{Zielachsenfehler}$$

Justierungshinweis
Durch Drehen des Oberteils ist die verbesserte Richtung am Hz-Kreis
einzustellen. Dabei wandert der Zielpunkt aus der Strichkreuzmitte.
Mit Hilfe der Justierschrauben der Strichkreuzplatte wird das Strichkreuz auf das Ziel eingerichtet.

■ Prüfung der Kippachse ($HH \perp VV$)
Ein Zielachsenfehler muß bereits beseitigt sein.
– *Fehlerauswirkung*
  Beim Kippen des Fernrohrs beschreibt der Zielstrahl eine Ebene,
  die aber keine Vertikalebene ist. Besonders deutlich ist das beim
  Herabloten eines Punktes zu erkennen.

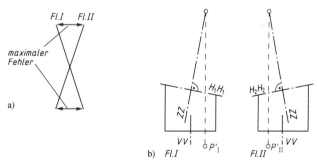

Bild 8.14 Kippachsenfehler
a) Projektion eines endlichen Zielstrahls; b) Herabloten eines
Punktes in zwei Fernrohrlagen

– *Zielpunkt*
Hoch bzw. tief gelegener Punkt, etwa 100 m vom Instrumenten-
standpunkt.
– *Messung*
Richtungmessung r_I und r_{II} in Fernrohrlage I und II durch Ablesun-
gen am Hz-Kreis.
– *Auswertung*
Beide Richtungen müssen sich um 200 gon unterscheiden. Eine
Abweichung von 200 gon entspricht dem doppelten Kippachsen-
fehler.

$$r_{II} - r_I = 200 \text{ gon} \pm \Delta$$ $$\Delta = 2 \cdot \text{Kippachsenfehler}$$

Justierungshinweis
Durch die Präzisionsarbeit im heutigen Instrumentenbau liegt ein
Kippachsenfehler unterhalb der Meßgenauigkeit bei sorgsamer Be-
handlung des Instruments.

> Durch die Messung in zwei Fernrohrlagen und der Mittelbildung
> der Richtungen wird der Einfluß des Ziel- und Kippachsenfehlers
> ausgeschaltet.

Justierbedingungen für die Vertikalwinkelmessung. Folgende
Bedingungen müssen überprüft werden:
– *Höhenindexfehler*
Die Verbindungsgerade zwischen Höhenindex und Kippachse
(Durchstoßpunkt) muß eine Lotrechte sein.
– *Höhenindexstabilisierung*
Für alle Instrumente mit automatischem Höhenindex wird die freie
Schwingbarkeit des Pendels überprüft.

■ Prüfung des Höhenindexfehlers
– *Fehlerauswirkung*
Alle gemessenen Zenitwinkel in einer Fernrohrlage weisen durch
die fehlerhafte Lage des Höhenindexes einen systematischen Feh-
ler auf.
– *Zielpunkt*
Ein Punkt in Höhe der Kippachse des Instruments.
– *Messung*
Zielpunkt in Fernrohrlage I und II anzielen und am V-Kreis a_1 und
a_2 ablesen.

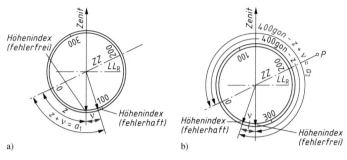

Bild 8.15   Prüfung des Höhenindexfehlers
a) Fernrohrlage I; b) Fernrohrlage II

– *Auswertung*
Die Ablesungen in Fernrohrlage I und II sind jeweils um den Winkel v fehlerhaft.

$$a_1 = z + v \quad \text{und} \quad a_2 = 400 \text{ gon} - z + v$$

Die Summe aller fehlerfreien Ablesungen müßte 400 gon ergeben.

$$a_1 + a_2 = (z + v) + (400 \text{ gon} - z + v = 400 \text{ gon} + 2v$$

Allgemein gilt: $\boxed{a_1 + a_2 = 400 \text{ gon} \pm 2v}$

▪ Prüfung der Höhenindexstabilisierung
Bei erschütterungfreier Neigung des Instruments soll überprüft werden, ob das Höhenindexpendel sich immer lotrecht stellt.

– *Zielpunkt*
Zielpunkt so auswählen, daß das Fernrohr über eine der drei Fußschrauben zeigt.

Bild 8.16   Prüfung der Höhenindexstabilisierung

– *Messung*
Zielpunkt anzielen und Zenitwinkel am V-Kreis ablesen.
Das Instrument wird in Zielrichtung mit der Fußschraube leicht nach oben und unten geneigt. Der Blasenweg der Dosenlibelle beträgt dabei etwa 1 mm. Nach jeder Neigung wird der Punkt neu angezielt und der Zenitwinkel gemessen.

– *Auswertung*

Hat das Instrument eine fehlerfreie Höhenindexstabilisierung, so muß immer der gleiche Zenitwinkel abgelesen werden.

Beim Transport muß das Höhenindexpendel ein tickendes Geräusch verursachen.

8.2.3 Zusatzeinrichtungen und Zwangszentrierung

Körperliche Ziele. Für die häufigsten Zielweiten bei guten Sichtverhältnissen werden folgende körperliche Ziele unterschieden:

Fluchtstab: Dieser ist möglichst tief anzuzielen.

Zieltafel: Da der Zielpunkt genau zentrisch liegt, braucht die Zieltafel nicht streng auf das Instrument ausgerichtet zu sein.

Zielstab: Auf Grund seiner Form kann er von allen Seiten angezielt werden. Es gibt Stäbe mit Innenbeleuchtung.

Visierzylinder trigonometrischer Signale

Spitzen von ausgesuchten Bauwerken: Zielpunktbeschreibungen liegen für solche Ziele vor.

 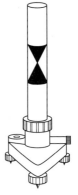

Bild 8.17 Körperliche Ziele
a) Zieltafel; b) Zielstab

Lichtsignale. Bei großen Zielweiten oder schlechten Sichtverhältnissen werden Lichtsignale verwendet, z.B. *Signalscheinwerfer.* Er kann selbst Zielpunkt sein oder vom Instrumentenstandpunkt aus ein *Tripelprisma*, das im Zielpunkt steht, anstrahlen.

Steilsichtprisma, gebrochenes Okular. Sie werden für steile Zielungen verwendet.

Steilsichtprisma: Für Zielungen bis zu einem Zenitwinkel $z = 30$ gon. Es wird auf das Okular des Fernrohrs und des Ablesemikroskops gesteckt.

Gebrochenes Okular: Es erlaubt Beobachtungen bis zu einem Zenitwinkel $z = 0$ gon (Zenitrichtung). Das Okular des Fernrohrs muß gegen das gebrochene Okular ausgetauscht werden.

Beobachtungen gegen die Sonne dürfen nur mit Sonnenfilter vorgenommen werden.

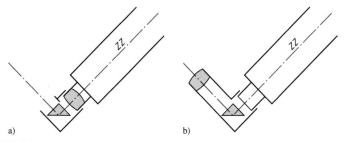

a)   b)

Bild 8.18   a) Steilsichtprisma; b) gebrochenes Okular

Zwangszentrierung. Die Zwangszentrierung dient zur weitgehenden Ausschaltung von Zentrierungsfehlern, wenn über einem Punkt eine Mehrfachaufstellung von Instrumenten und Geräten gefordert ist.

Das zentrierte Stativ mit Dreifußkörper bleibt über dem Meßpunkt stehen. Instrument, Zieltafel, Prisma usw. mit einheitlicher Abmessung des Steckzapfens können gegeneinander ausgetauscht werden.

Eine häufige Anwendung der Zwangszentrierung findet man bei der Messung eines Polygonzuges.

8.3 Richtungsmessung

Aus Gründen der Fehlereinschränkung und der Kontrollmöglichkeit wird die Richtungsmessung in Fl. I und Fl. II ausgeführt. Die Messung erfolgt in Sätzen.

8.3.1 Messung in Vollsätzen

Ein Vollsatz ist die Messung der Richtungen in beiden Fernrohrlagen ohne Verstellung des Teilkreises.

Messung. Zielpunkte sind die Punkte *1*, *2*, ... , *s*.
- In Fernrohrlage I Punkt *1* anzielen, Richtung ablesen und nach rechtsläufiger Drehung die Richtungen für die Punkte *2*, ... , *s* messen.
- Fernrohr durchschlagen (Fernrohrlage II), Punkt *s* anzielen, Richtung ablesen und durch linksläufige Drehung die Richtungen für die Punkte *s*, *s* – 1, ..., *2*, *1* messen.
- Teilkreis verstellen und entsprechend den notwendigen Satzzahlen *n* Vollsatzmessung wiederholen.

Die Teilkreisverstellung beträgt zwischen den Sätzen $\dfrac{200 \text{ gon}}{n}$.

Die Anzahl *n* der zu messenden Sätze ist abhängig von der geforderten Genauigkeit, $n \geq 2$.

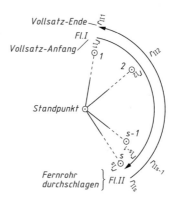

Bild 8.19
Messung eines Vollsatzes

Protokollieren. Nach dem Ausfüllen des Tabellenkopfes wird wie folgt, die Messung protokolliert:

Spalte 1:
Eintragen der Standpunktnummer, die unterstrichen wird. Unter die Standpunktnummer die Zielpunkte eintragen.
Spalten 2 und 3:
Richtungswerte in der Reihenfolge der Beobachtung protokollieren.
In Spalte 2 für die Fernrohrlage I von oben nach unten,
in Spalte 3 für die Fernrohrlage II von unten nach oben.

Im Interesse der Mittelbildung werden oft nur gerade Endwerte geschätzt.

Tabelle 8.1   Messung in Vollsätzen, gemessen mit einem Theodoliten hoher Genauigkeit

Standpunkt Zielpunkt	Ablesung F I	Ablesung F II	Mittel aus F I und F II red. Ablesung F I	Reduziertes Mittel oder red. Ablesung F II	Mittel aus allen Messungen	Bemerkungen
1	2	3	4	5	6	7
_3120_			r_{OM}			
3122 Zt	6 22 48	206 22 36	6 22 42	0 00 00	0 00 00	
3125 Fst	79 18 04	279 17 84	79 17 94	72 95 52	72 95 55	
3124 Zt	281 86 18	81 86 00	281 86 09	275 63 67	275 63 66	
3122 Zt	102 94 04	302 93 78	102 93 91	0 00 00		
3125 Fst	175 89 54	375 89 44	175 89 49	72 95 58		
3124 Zt	378 57 54	178 57 58	378 57 56	275 63 65		
	1024 67 82	1424 67 00	1024 67 41	697 18 42	348 59 21	
			(−400)			
			−327 48 99			
			697 18 42			
_3122_			r_{OM}			
3120 Zt	14 16 06	214 16 00	14 16 03	0 00 00	0 00 00	
3123 Zt	215 02 46	15 02 28	215 02 37	200 86 34	200 86 39	
			r_{OM}			
3120 Zt	116 48 78	316 48 54	116 48 66	0 00 00	0 00 00	
3123 Zt	317 35 18	117 35 02	317 35 10	200 86 44		
	663 02 48	663 01 84	663 02 16	401 72 78	200 86 39	
$[r_I]$		$[r_{II}]$	−261 29 38	$[r_M]$	$[r_{red}]$	$[r_{Mred}]$
			401 72 78	$[s \cdot r_{OM}]$		
			$[r_{red}]$			

Auswertung. Die Auswertung der Messung kann ebenfalls in Tabellenform erfolgen:

Spalte 4:
Mittelbildung der Richtungen aus Spalte 2 und 3 für den jeweiligen Zielpunkt.
Es werden nur die Dezimalstellen nach dem Komma gemittelt und nach der Kontrolle des 200-gon-Unterschiedes beider Ablesungen die Gon-Zahl der Fernrohrlage I (Spalte 2) übernommen.
Spalte 5:
Berechnung der reduzierten Mittel.

Gemessene Richtung – Anfangsrichtung r_{0M} = reduzierte Richtung

Beispiel

79,1794	–	6,2242	=	72,9552
281,8609	–	6,2242	=	275,6367

Die reduzierten Richtungen entsprechen den Richtungen, wenn die Anfangsrichtung = 0,0000 gon ist.

Spalte 6:
Mittelbildung der Richtungen aus Spalte 5.

Kontrolle der Auswertung. Es ist die Summe aller Spalten zu bilden:

Spalte 2: Summe der Richtungen in Fernrohrlage I $[\, r_I \,]$
Spalte 3: Summe der Richtungen in Fernrohrlage II $[\, r_{II} \,]$
Spalte 4: Summe der Mittel $[\, r_M \,]$
Spalte 5: Summe der reduzierten Mittel $[\, r_{red} \,]$
Spalte 6: Summe der Mittel der reduzierten Mittel $[\, r_{Mred} \,]$

Folgende Kontrollen werden gerechnet:

$$\frac{[r_I] - [r_{II}]}{2} = [r_M]$$

$$[r_M] - [s \cdot r_{0M}] = [r_{red}] \qquad \text{(s Anzahl der gemessenen Richtungen)}$$

$$[r_{red}] : n = [r_{Mred}] \qquad \text{(n Anzahl der Sätze)}$$

8.3.2 Messung in zwei Halbsätzen

Ein Halbsatz ist die Messung sämtlicher Richtungen in einer Fernrohrlage. Zur Kontrolle und zur Ausschaltung der Instrumentenfehler werden aber immer *zwei* Halbsätze gemessen, eine Messung in Fernrohrlage I und eine in Fernrohrlage II.

Messung. Zielpunkte sind die Punkte *1, 2, ... , s*.
– In Fernrohrlage I Punkt *1* anzielen, Richtung ablesen und nach rechtsläufiger Drehung die Richtungen für die Punkte 2, ... , *s* messen.

– Fernrohr durchschlagen (Fernrohr II), Teilkreis um einige Gon verstellen, Punkt s anzielen, Richtung ablesen und durch linksläufige Drehung die Richtungen für die Punkte $s-1, s-2, ..., 2, 1$ messen.

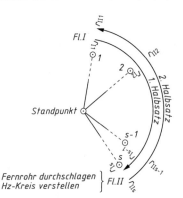

Bild 8.20
Messung in Halbsätzen

Protokollieren. Das Protokollieren erfolgt in gleicher Weise wie bei der Messung in Vollsätzen.

Auswertung. Die Auswertung erfolgt hier ebenfalls in Tabellenform ($\rightarrow$ Tabelle 8.2):

Spalten 4 und 5:
Berechnung der reduzierten Ablesungen für die Richtungen der Fernrohrlage (Fl.) I und II aus Spalte 2 und 3.

Richtung der Fl. I – Anfangsrichtung r_{0I} = reduzierte Richtung r_{redI}

Richtung der Fl. II – Anfangsrichtung r_{0II} = reduzierte Richtung r_{redII}

Spalte 6:
Mittelbildung der Werte aus Spalte 4 und 5 (r_{Mred}).

Kontrolle der Auswertung. Es ist die Summe aller Spalten zu bilden:

Spalte 2: Summe der Richtungen in Fernrohrlage I (Fl. I) $[r_I]$
Spalte 3: Summe der Richtungen in Fernrohrlage II (Fl. II) $[r_{II}]$
Spalte 4: Summe der reduzierten Richtungen der Fl. I $[r_{redI}]$
Spalte 5: Summe der reduzierten Richtungen der Fl. II $[r_{redII}]$
Spalte 6: Summe der Mittel der reduzierten Richtungen $[r_{Mred}]$

Tabelle 8.2 Messung in Halbsätzen, gemessen mit einem Theodoliten mittlerer Genauigkeit

Standpunkt Zielpunkt	Ablesung F I	Ablesung F II	Mittel aus F I und F II red. Ablesung F I	Reduziertes Mittel oder red. Ablesung F II	Mittel aus allen Messungen	Bemer-kungen
1	2	3	4	5	6	7
_TP 12_	r_{0I}	r_{0II}		$r_{red I}$	$r_{red II}$	$r_{M red}$
TP 14	3 14 6	205 02 4	0 00 0	0 00 0	0 00 0	
TP 21	84 25 8	286 13 0	81 11 2	81 10 6	81 10 9	
PP 49	213 18 8	15 06 2	210 04 2	210 03 8	210 04 0	
_PP 49_	r_{0I}	r_{0II}				
TP 12	2 10 0	209 81 4	0 00 0	0 00 0	0 00 0	
PP 50	200 35 6	8 06 2	198 25 6	198 24 8	198 25 2	
_PP 50_	r_{0I}	r_{0II}				
PP 49	15 99 0	217 75 8	0 00 0	0 00 0	0 00 0	
PP 51	181 74 6	383 50 8	165 75 6	165 75 0	165 75 3	
		(+400)				
$[r_i]$	700 78 4	1325 35 8	655 16 6	655 14 2	655 15 4	
	−45 61 8	−1470 21 6				
$[-s \cdot r_{0I}]$	655 16 6	655 14 2	$[r_i]$	$[r_{red,i}]$		
			$[s \cdot r_{0I}]$			$[r_{M red}]$
	$[r_{red,i}]$	$[r_{red,II}]$		$[r_{red,i}]$		

Folgende Kontrollen werden gerechnet:

$$[r_I] - [s \cdot r_{0I}] = [r_{redI}] \quad (s \text{ Anzahl der gemessenen Richtungen})$$

$$[r_{II}] - [s \cdot r_{0II}] = [r_{redII}]$$

$$\frac{[r_{redI}] - [r_{redII}]}{2} = [r_{Mred}]$$

8.3.3 Repetitionsweise Winkelmessung

Mit Hilfe der repetitionsweisen Winkelmessung kann die Meßgenauigkeit eines Instruments erhöht werden.
Mit Hilfe der Repetitionsklemme, Kreisklemme ($\rightarrow$ Abschn. 8.2) wird der zu messende Winkel n-fach mechanisch addiert. Die Winkelsumme dividiert man durch die Anzahl n der Repetitionen.
Dieses Ergebnis ist genauer als jede Einzelmessung, da Ablesefehler ausgeschaltet werden.

- Arbeitsschritte
- Zu messen ist ein Winkel zwischen den Zielpunkten *1* und *2*.
- Punkt *1* anzielen und Richtungsablesung eintragen
- durch rechtsläufiges Drehen Punkt *2* anzielen und Richtungsablesung als Größenkontrolle eintragen.
- Klemme klemmen $\Rightarrow$ Punkt *1* anzielen $\Rightarrow$ Klemme lösen (nicht ablesen) $\Rightarrow$ Punkt *2* anzielen $\Rightarrow$ Klemme klemmen $\Rightarrow$ Punkt *1* anzielen $\Rightarrow$ Klemme lösen $\Rightarrow$ usw. ... $\Rightarrow$ Punkt *2* anzielen, Richtung ablesen und eintragen.
- Richtungsdifferenz zwischen der ersten und letzten Ablesung bilden und durch die Anzahl n der Repetitionen dividieren.
  Kontrollablesung beachten, denn der Vollkreis kann durch die mechanische Addition überschritten werden.
- Zur Kontrolle wird, von Punkt *2* beginnend und durch linksläufige Drehung, die Messung wiederholt.

8.3.4 Vertikalwinkelmessung

Das Instrument muß auf einen möglichen Höhenindixfehler überprüft sein. Der Höhenindexfehler wird durch die Messung in zwei Fernrohrlagen ausgeschaltet.

Protokollieren. Die Hinweise für das Protokollieren im Abschn. 8.3.1 bleiben im wesentlichen erhalten. Weiterhin ist zu beachten:

- Die *Instrumentenhöhe i* und die *Zielhöhe t* sind für eine anschließende Höhenberechnung zu protokollieren.
- Die genaue Lage des Zielpunktes ist zu beschreiben, z. B. Tafelunterkante, Zieltafel usw.

Tabelle 8.3 Vertikalwinkelmessung

Standpunkt Zielpunkt	Ablesung F I	Ablesung F II	Mittel aus F I und F II red. Ablesung F I	Reduziertes Mittel oder red. Ablesung F II	Mittel aus allen Messungen	Bemer- kungen
1	2	3	4	5	6	7
_T 21_			$(2k_z = 3\,2)$		$i = 1{,}46$	
H 306 FL	111 30 4	288 66 4	399 96 8	111 32 0	$t = 1{,}50$	
	55 65 2	144 33 2		111 32 0		
_TP 46_			$(2k_z = 2\,2)$		$i = 1{,}38$	
H 308 FL	86 04 0	313 93 8	399 97 8	86 05 1	$t = 1{,}60$	
	43 02 0	156 96 9		86 05 1		
_TP 46_			$(2k_z = 2\,6)$		$i = 1{,}57$	
H 309 TU	73 75 2	326 22 2	399 97 4	73 76 5	$t = 3{,}16$	
	36 87 6	163 11 1		73 76 5		
	271 09 6	928 82 4	1199 92 0	271 13 6		

Auswertung. Für die Auswertung gelten nachfolgende Bezeichnungen:

a_1 Ablesung am V-Kreis in Fl. I, Zenitwinkel mit Höhenindexfehler v
a_2 Ablesung am V-Kreis in Fl. II, Zenitwinkel mit Höhenindexfehler v
k_z Indexverbesserung, $k_z = -v$

Aus der Überprüfung des Höhenindexfehlers ergeben sich die Gleichungen:

$$z = a_1 + k_z; \qquad z = 400 \text{ gon} - a_2 - k_z$$

Durch Subtraktion beider Gleichungen erhält man:

$$2k_z = 400 \text{ gon} - (a_1 + a_2)$$

Durch Addition beider Gleichungen erhält man:

$$z = 200 \text{ gon} + \frac{a_1}{2} - \frac{a_2}{2} \qquad \text{(Gleichung für Kontrolle)}$$

Spalte 4: Summe von a_1 und a_2 bilden, $2k_z$ bestimmen

Spalte 5: a_1 mittels k_z verbessern; dieser Winkel ist der Zenitwinkel z

Spalten 2 und 3 (neue Zeile): $\dfrac{a_1}{2}$ und $\dfrac{a_2}{2}$ bilden und mittels der Kontrollgleichung den berechneten Zenitwinkel kontrollieren.

Da das Instrument einen kleinen Höhenindexfehler als Restfehler besitzt, muß bei der Messung mit demselben Instrument die Summe der Ablesungen a_1 und a_2 etwa den gleichen Wert annehmen.

Kontrolle der Auswertung. Es sind die Summen aller Spalten zu bilden:

Spalte 2: Summe der Ablesungen in Fernrohrlage I $[a_1]$
Spalte 3: Summe der Ablesungen in Fernrohrlage II $[a_2]$
Spalte 4: Summe der Summenbildungen von a_1 und a_2 $[a_1 + a_2]$
Spalte 5: Summe der Zenitwinkel $[z]$

Folgende Kontrollen werden gerechnet:

$$[a_1] + [a_2] = [a_1 + a_2]$$

$$[a_1] - \frac{1}{2}\,([a_1 + a_2] - s \cdot 400 \text{ gon}) = [z]$$

9 Tachymetrie

9

9   Tachymetrie

Unter Tachymetrie (griech.: Schnellmessung) versteht man ein Meßverfahren, bei dem durch die Beobachtung durch ein Tachymeterinstrument die Lage- und Höhenaufnahme eines angemessenen
Punktes möglich ist.
Ein Tachymeterinstrument muß die gleichzeitige Messung der Richtung und Strecke (Polarkoordinaten) sowie des Höhenunterschiedes
zulassen.

9.1   Tachymeterinstrumente

Die Realisierung der optischen Streckenmessung im Instrumentenbau
war die Voraussetzung für die Tachymetrie. Unterschieden werden:

– Nichtreduzierende Tachymeter
   Sie messen bei geneigter Zielung die Schrägstrecke und reduzieren
   die gemessene Schrägentfernung nicht automatisch auf die Hori-
   zontale.
   Hierzu gehören alle Instrumente, die mit Distanzstrichen die
   Strecke optisch messen, z. B.: Tachymetertheodolit oder Nivellier-
   tachymeter (Nivellierinstrument mit Hz-Kreis).
– Reduktionstachymeter
   Trotz geneigter Zielung wird die Strecke automatisch auf die Hori-
   zontale reduziert.

Einteilung der Tachymeter:

Optische Tachymeter. Die Funktionsweise wird am Beispiel des *Dia-
grammtachymeters* (→ Abschn. 6.2.3.2) erläutert.
▪ Richtungsmessung
Optische Ablesung an einem Hz-Kreis, bei dem die Teilkreisteilung
auf einen Glaskreis aufgetragen ist.
▪ Streckenmessung
Die Horizontalstrecke ergibt sich aus der Lattenablesung zwischen
einer Grundkurve und Entfernungskurve, multipliziert mit einer Kon-
stanten (meist 100). Der Abstand zwischen Grundkurve und Entfer-
nungskurve verändert sich in Abhängigkeit der Fernrohrneigung.
▪ Höhenmessung
Der Höhenunterschied ergibt sich aus der Lattenablesung zwischen
der Grundkurve und einer Höhenkurve, die sich in Abhängigkeit der
Fernrohrneigung verändert, multipliziert mit einer Konstanten.

Optisch-elektronische Tachymeter. Diese Tachymeter bestehen aus einem optischen Theodolit und einem integrierten oder aufgesetzten elektrooptischen Entfernungsmesser.

- Richtungsmessung
Optische Ablesung an einem Hz-Kreis, bei dem die Teilkreisteilung auf einem Glaskreis aufgetragen ist. Es gibt auch solche Instrumente, bei denen die Teilkreisteilung digitalisiert aufgetragen ist.

- Streckenmessung
Elektrooptische Entfernungsmessung mit der Leistungsfähigkeit, wie sie teilweise bei den elektronischen Tachymetern angeführt werden.

- Höhenmessung
Meist trigonometrische Höhenmessung; der Höhenunterschied errechnet aus den Meßdaten Zenitwinkel z und Schrägstrecke s' bzw. Horizontalstrecke s.

Diese Tachymeter weisen schon einen hohen Leistungsumfang der Mikroelektronik auf. Die Meßdatenanzeige, Meßdatenverarbeitung, Führung durch Meßprogramme und Speicherung ist sehr umfangreich möglich.

9

Elektronische Tachymeter, Stationsinstrumente. Sie bilden eine Einheit zwischen Meßinstrument und Computer. Funktionsweise:

- Richtungsmessung
- Kodierter Teilkreis mit elektronischer Ablesung;
    Grobwert: Diametrale, elektronische Abtastung des Teilkreises;
    Feinwert: Intervallausmessung gegenüber einem Festindex.
- Vollelektronischer Teilkreis mit absoluter, sofortiger Richtungsmessung; er besitzt keine Teilkreisteilung mehr und seine Teilkreisexzentrizität ist kleiner als die Meßgenauigkeit.

Die Richtung wird ohne Einfluß des Zielachsen- und Stehachsenfehlers angegeben (automatische Korrektur).
Wählbar sind die Maßeinheiten Gon und Grad.
Die Messung ist im Uhrzeigersinn oder entgegen dem Uhrzeigersinn vorzunehmen.
Für eine beliebige Richtung kann die Anzeige auf 0,0000 gon gesetzt oder ein beliebiger Richtungswert vorgegeben werden.
Am Vertikalkreis kann der Zenitwinkel oder Höhenwinkel gemessen werden.

- Streckenmessung
Mit einem elektrooptischen Entfernungsmesser wird die Distanz D unter Berücksichtigung der atmosphärischen Korrektur gemessen.

Das Instrument berücksichtigt die Lufttemperatur und den Luftdruck. Diese Größen wirken sich auf die Ausbreitungsgeschwindigkeit und damit auf die Wellenlängen der Meßwellen aus (→ Abschn. 6.3.3). Aus der Verarbeitung der Meßdaten Zenitwinkel z und Distanz D kann die Horizontalstrecke bestimmt werden.

■ Höhenmessung
Der Höhenunterschied wird aus den Meßdaten Distanz D und dem Zenitwinkel z bestimmt.
Der Zenitwinkelmessung erfolgt unter Berücksichtigung des Höhenindexfehlers.
Der Zenitwinkel wird ohne Einfluß des Höhenindexfehlers angegeben (automatische Korrektur).
Der Höhenunterschied wird unter Berücksichtigung der Erdkrümmung und Refraktion bestimmt.

■ Datenanzeige (Display) und Tastatur
Das Display besteht aus einer mehrzeiligen LCD-Anzeige mit 16 bis 20 Zeichen pro Zeile.
Eine Tastatur zur Bedienung und ein Display befinden sich häufig auf beiden Seiten des Instruments, so daß in Fernrohrlage I und II ungestört gearbeitet werden kann. Es werden unterschieden:
– *Numerische* Eingabe und Anzeige (Ziffern und Sonderzeichen);
– *Alphanumerische* Eingabe und Anzeige (Buchstaben, Ziffern und Sonderzeichen).

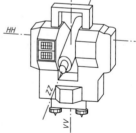

Bild 9.1
Elektronisches Tachymeter

Leistungsfähigkeit elektronischer Tachymeter. Elektronische Tachymeter weisen alle Bedienelemente eines Theodoliten auf.

■ Vermessungsaufgaben
Elektronische Tachymeter werden eingesetzt für:
Netzverdichtung, Polygonierung, trigonometrische Höhenmessung, Ingenieurvermessung, Deformationsmessungen, Kontrollmessungen, topographische Aufnahme, freie Stationierung nach Lage und Höhe, Absteckung nach Koordinaten.

- Meßsoftware und Mikroprossor
Im Wechselspiel zwischen Tastendruck und Anzeige führt das Tachymeter den Benutzer in logischen Schritten durch das Meßprogramm. Die Programme sind logisch angeordnet und praxisgerecht.
Die Mikroprozessoren steuern sehr schnell alle Bereiche der Dateneingabe, Meßdatenerfassung, Meßdatenverarbeitung, Datenanzeige und Datenspeicherung.
Es existieren Schnittstellen zu Rechnern bzw. zu internen einsetzbaren Datenspeichern und externen Datenspeichern. Die Eingabe und Speicherung zusätzlicher Informationen ist möglich.

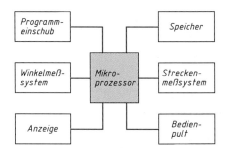

Bild 9.2
Mikroprozessor im
Tachymeterinstrument

- Fehlerkompensierung
Mikroprozessoren kompensieren Fehler automatisch und bieten damit die Voraussetzungen für genaue Meßergebnisse.
Kompensiert werden: Teilkreisexzentrizität, Zielachsenfehler, Kippachsenfehler, Höhenindexfehler, Restabweichung des Stehachsenfehlers.
Die Meßwerte am Horizontalkreis und Vertikalkreis erhalten entsprechende Korrekturen.

Datenerfassungsgeräte. Es werden nachfolgende Datenerfassungsgeräte in ihrer Leistung und Entwicklung unterschieden:
- Datenspeicher mit wachsender Speicherkapazität aber fehlender Verarbeitungsintelligenz;
- Datenspeicher mit zusätzlicher Rechnerintelligenz; z.B. das intelligente elektronische Feldbuch REC 500 besitzt in großen Teilen die Leistungsfähigkeit von einem PC;
- Graphisches Feldbuch; das Schreiben und Zeichnen auf dem Bildschirm wird zusätzlich möglich, das graphische Feldbuch übernimmt im Außendienst bereits CAD-Funktionen.

Datenfluß. Der Datenfluß beinhaltet die Automatisierung der Datenerfassung, der Datenverarbeitung und Datenausgabe. Mit dem CAD-
System (rechnergestützter Entwurf) werden die vermessungstechnischen Daten in digitaler Form verwaltet, bearbeitet, ausgetauscht,
ergänzt und in analoger oder digitaler Form ausgegeben.

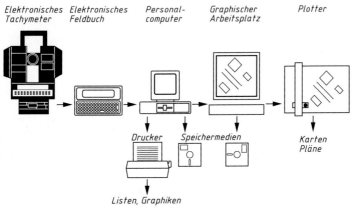

Bild 9.3 Ein möglicher Datenfluß

Man unterscheidet folgende Schritte des Datenflusses:
Datenerfassung der Meßdaten durch das Tachymeterinstrument
⇓
Datenregistrierung im internen oder externen Speicher
⇓
Aufbereitung der Rohdaten, erste Datenkontrolle, Korrektur von
Daten
⇓
Berechnung, z.B. Koordinatenberechnung aus den Meßdaten und
Anschlußkoordinaten
⇓
Ausgabe der Berechnungsergebnisse, z.B. Koordinatenlisten, Protokolle
⇓
Arbeit am interaktiven-graphischen Arbeitsplatz
⇓
Digitale Datenausgabe in die Speichermedien oder analoge Datenaus-
gabe in Form von Karten und Plänen
⇓
Sicherung von Dateien und der Verwaltung (Datenbanken)

9.2 Aufmessen mit dem Tachymeter

Beziehen des Standpunkts. Das Tachymeterinstrument muß vor seinem Einsatz geprüft sein, da die tachymetrische Punktaufnahme keine fehlerausgleichenden Meßverfahren zuläßt. Das Beziehen des Standpunktes ist das meßgerechte Aufstellen des Tachymeters über einen nach Lage und Höhe bekannten Punkt.

Arbeitsschritte:
– Instrument über den Bodenpunkt zentrieren und dann horizontieren;
– Orientierung des Horizontalkreises durch Anzielen eines benachbarten bekannten Punktes mit der Richtung 0,000 gon (Nullrichtung);
– Bestimmung der Instrumentenhöhe i, der Zielmarkenhöhe t und Berechnung der Rechenhöhe H' mittels der Standpunkthöhe H_{St}

$$H' = H_{St} + i - t$$

Für den Geländepunkt P ist die Höhe H_P dann

$$H_P = H' + \Delta h$$

Nach dem Beziehen des Standpunktes ist mindestens eine Reproduktionsmessung zu einem bekannten Punkt vorzunehmen. Dieser Punkt wird nach Lage und Höhe vom Standpunkt aus bestimmt.

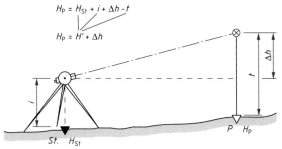

Bild 9.4 Beziehen des Standpunkts

Zahlentachymetrie. Sie ist die Form der Tachymeteraufnahme, die in ihren Teilen immer mehr automatisiert wird.

▪ Außendienstarbeiten

Die Zahlentachymetrie ist die Tachymeteraufnahme, bei der die Meßdaten dokumentiert oder abgespeichert werden. Gleichzeitig ist ein *Vermessungsriß* als Grundlage für die spätere Kartierung anzufertigen. Elemente des Vermessungsrisses sind:

– Grundrißpunkte und Geländepunkte mit Punktnummern;
– Grundrißelemente;
– Elemente der Relieferfassung;
– Signaturen;
– qualitative und quantitative Angaben;
– aufgemessene Kontrollpunkte.

▪ Innendienstarbeiten

Meßdaten und Vermessungsriß erlauben die Herstellung eines *Herstellungsoriginals.*

Wurden die Meßdaten früher mit einem Polarkartiergerät aufgetragen und die Kartierung mit Hilfe des Vermessungsrisses ausgearbeitet, so findet heute ein durchgehender Datenfluß Anwendung.

▪ Vorteile der Zahlentachymetrie

Es stehen Meßdaten für nachfolgende Arbeiten, z. B. Flächenberechnungen, zur Verfügung.

Die Auswertung der Meßdaten kann im beliebigen Maßstab erfolgen. Die Herstellung der Karte ist witterungsunabhängig.

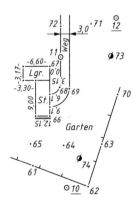

Bild 9.5
Vermessungsriß
zur Zahlentachymetrie

10 Koordinatenbestimmung der Lagepunkte

10

10   Koordinatenbestimmung der Lagepunkte

10.1   Kleinpunktberechnung

Voraussetzungen. Das Ziel der Kleinpunktberechnung ist die Koordinatenberechnung von Punkten, wenn folgende Voraussetzungen erfüllt sind:
– Die Koordinaten des Anfangs- und Endpunktes der Messungslinie müssen bekannt sein.
– Die Punkte wurden orthogonal auf die Messungslinie oder deren Verlängerung aufgemessen; ein Punkt auf der Messungslinie hätte die Ordinate = 0.

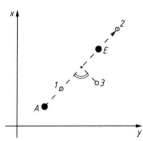

Bild 10.1
Arten der Kleinpunkte

Arten der Kleinpunkte. Kleinpunkte werden nach ihrer Aufmessung unterschieden:

Punkt *1*   Kleinpunkt auf der Messungslinie;
Punkt *2*   Kleinpunkt auf der Verlängerung der Messungslinie;
Punkt *3*   seitwärts gelegener Kleinpunkt.

Anwendung. Kleinpunkte können das Netz der Messungslinien verdichten. Die Koordinatenberechnung der Kleinpunkte ist z.B. notwendig für Kartierungsarbeiten im Quadratnetz oder als Voraussetzung für die Flächenberechnung.

10.1.1   Kleinpunkte auf der Messungslinie

Zu berechnen sind die Koordinaten der Kleinpunkte P_1 und P_2.

Gegeben: Punkte A und E mit ihren Koordinaten:
$$A\,(y_A;\,x_A) \quad \text{und} \quad E\,(y_E;\,x_E).$$

Gemessen: $x_A^* = 0{,}00$; x_1^*; x_2^* und x_E^*.

Aus den Abszissenmaßen ergeben sich die Teilstrecken: s_1, s_2 und s_E.

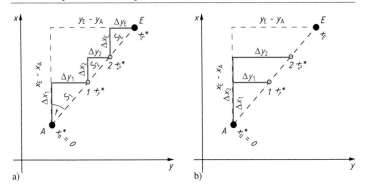

Bild 10.2 Kleinpunkte auf der Messungslinie
a) Berechnung mit Teilstrecken; b) Berechnung mit Abszissenmaßen

10

Kontrolle der gegeben Größen. Wurden die Teilstrecken berechnet, so gilt für die Summe aller Teilstrecken:

$$[s] = AE = x_E^*$$

Aus den Koordinatendifferenzen berechnet man die Gesamtstrecke S und vergleicht diese mit der gemessenen Strecke.

$$S = \sqrt{(y_E - y_A)^2 + (x_E - x_A)^2} \qquad d = S - x_E^*$$

Der Widerspruch d darf die vorgegebenen Größen nicht überschreiten. Es erfolgt keine Verbesserung der Teilstrecken bzw. der Abszissenmaße.

Mathematische Grundlage. Zu berechnen sind die Koordinatenunterschiede Δy und Δx.

Das Dreieck mit den Seiten $(x_E - x_A)$, $(y_E - y_A)$ und $AE = x_E^*$ ist ähnlich zu den Dreiecken mit den Seiten Δx, Δy und s bzw. x^*.

Es gilt für die Δy:

$$\frac{y_E - y_A}{x_E^*} = \frac{\Delta y}{s} = \frac{\Delta y}{x^*} \qquad \Rightarrow \qquad \Delta y = \frac{y_E - y_A}{x_E^*} \cdot s = \frac{y_E - y_A}{x_E^*} \cdot x^*$$

$$\Delta y = \quad \boldsymbol{o} \cdot s \quad = \quad \boldsymbol{o} \cdot x^*$$

Es gilt für die Δx:

$$\frac{x_E - x_A}{x_E^*} = \frac{\Delta x}{s} = \frac{\Delta x}{x^*} \qquad \Rightarrow \qquad \Delta x = \frac{x_E - x_A}{x_E^*} \cdot s = \frac{x_E - x_A}{x_E^*} \cdot x^*$$

$$\Delta x = \quad \boldsymbol{a} \cdot s \quad = \quad \boldsymbol{a} \cdot x^*$$

Die Quotienten a und o sind die Faktoren, mit denen die Koordinatenunterschiede berechnet werden.

Berechnung und Kontrolle der Faktoren a und o.

Es gilt:

$$\boxed{o = \frac{y_E - y_A}{x_E^*} \qquad a = \frac{x_E - x_A}{x_E^*}}$$

o und a müssen auf fünf Stellen nach dem Komma berechnet, besser in einen Speicher eingegeben werden.
Bei gegebenen Richtungswinkel t gilt:

$$o = \sin t \quad \text{und} \quad a = \cos t$$

Eine erste Kontrolle von a und o ist nach dem trigonometrischem *Pythagoras*:

$$\boxed{o^2 + a^2 \approx 1}$$

Es werden bei dieser Kontrolle nicht die Vorzeichen von a und o kontrolliert. Deswegen verwendet man diese Größen um die bekannten Endpunktkoordinaten zu berechnen.

$$\boxed{y_E = y_A + o \cdot x_E^* \qquad x_E = x_A + a \cdot x_E^*}$$

Koordinatenberechnung mit Hilfe der Teilstrecken s. Die Berechnung erfolgt in mehreren Schritten:

■ Berechnung der Koordinatenunterschiede:

$\Delta y_1 = o \cdot s_1$	$\Delta x_1 = a \cdot s_1$
$\Delta y_2 = o \cdot s_2$	$\Delta x_2 = a \cdot s_2$
$\Delta y_E = o \cdot s_E$	$\Delta x_E = a \cdot s_E$

Kontrolle:

Soll:	$y_E - y_A$	$x_E - x_A$
Ist :	$[\Delta y]$	$[\Delta x]$
Soll-Ist:	$[v_{\Delta y}]$	$[v_{\Delta x}]$

Notwendige Verbesserungen gehen nicht über 0,02 m hinaus, da diese ihre Ursache in Rundungsfehlern haben.
Die größten Absolutbeträge der Koordinatenunterschiede erhalten die Verbesserungen.

■ Berechnung der Koordinaten:

$y_1 = y_A + \Delta y_1$	$x_1 = x_A + \Delta x_1$
$y_2 = y_1 + \Delta y_2$	$x_2 = x_1 + \Delta x_2$
$y_E = y_2 + \Delta y_E$	$x_E = x_2 + \Delta x_E$

Kontrolle:
Die Endpunktkoordinaten y_E und x_E müssen reproduziert werden.

Koordinatenberechnung mit Hilfe der Abszissenmaße. Die Koordinaten der Kleinpunkte werden direkt mit den gemessenen Abszissenmaßen berechnet.

$$y_1 = y_A + o \cdot x_1^* \qquad x_1 = x_A + a \cdot x_1^*$$
$$y_2 = y_A + o \cdot x_2^* \qquad x_2 = x_A + a \cdot x_2^*$$
Für n-te Punkte: $\quad y_n = y_A + o \cdot x_n^* \qquad x_n = x_A + a \cdot x_n^*$

Kontrolle: Die Summe der Gleichungen ergibt:

$[y] = n \cdot y_A + o \cdot [x^*]$	$[x] = n \cdot x_A + a \cdot [x^*]$

$[y]$ und $[x]$ Summe der Koordinaten
n Anzahl der berechneten Kleinpunkte
$[x^*]$ Summe der Abszissenmaße

Beispiel

Zu berechnen sind die Abszissen- und Ordinatenmaße der Punkte *15* und *16* zur Hauptmessungslinie.

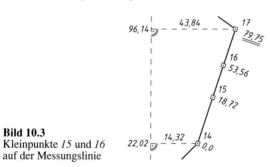

Bild 10.3
Kleinpunkte *15* und *16*
auf der Messungslinie

Es ist die Berechnung in einem lokalen Koordinatensystem.

Anfangspunkt ist Punkt *14* $y_A = 14{,}32;$ $x_A = 22{,}02$
Endpunkt ist Punkt *17* $y_E = 43{,}84;$ $x_E = 96{,}14$

Kontrolle der gegebenen Größen:

$$y_E - y_A = 29{,}52 \qquad S = \sqrt{29{,}52^2 + 74{,}12^2} = 79{,}78$$

$$x_E - x_A = 74{,}12 \qquad d = \;\; 0{,}03$$

■ Berechnung von o und a:

$$o = \frac{29{,}52}{79{,}75} = 0{,}370\,16 \qquad\qquad a = \frac{74{,}12}{79{,}75} = 0{,}929\,40$$

Kontrolle:

$$0{,}370\,16^2 + 0{,}929\,40^2 \sim 1$$

$$y_E = 14{,}32 + o \cdot 79{,}75 = 43{,}84$$
$$x_E = 22{,}02 + a \cdot 79{,}75 = 96{,}14$$

- Koordinatenberechnung mit Teilstrecken:

$$
\begin{array}{lcccccc}
Rechenweg: & 14 & \Rightarrow & 15 & \Rightarrow & 16 & \Rightarrow & 17 \\
s = & & 18{,}72 & & 34{,}84 & & 26{,}19 & [s] = & 79{,}75 \\
\Delta y = o \cdot s = & & + 6{,}93 & & +12{,}90 & & + 9{,}69 & [\Delta y] = & 29{,}52 \\
\Delta x = a \cdot s = & & + 17{,}40 & & +32{,}38 & & +24{,}34 & [\Delta x] = & 74{,}12 \\
\end{array}
$$

$y_{15} = 14{,}32 + 6{,}93 = 21{,}25$ $x_{15} = 22{,}02 + 17{,}40 = 39{,}42$
$y_{16} = 21{,}25 + 12{,}90 = 34{,}15$ $x_{16} = 39{,}42 + 32{,}38 = 71{,}80$
$y_{17} = 34{,}15 + 9{,}69 = 43{,}84$ $x_{17} = 71{,}80 + 24{,}34 = 96{,}14$

Tabellenform:

Pkt.	s	y	x	
		$\Delta y = o \cdot s$	$\Delta x = a \cdot s$	
14		**14,32**	**22,02**	
	18,72	*6,93*	*17,40*	
15		**21,25**	**39,42**	
	34,84	*12,90*	*32,38*	
16		**34,15**	**71,80**	
	26,19	*9,69*	*24,34*	
17		**43,84**	**96,14**	
[s] =	79,75	29,52	74,12	*Soll*
S =	79,78	29,52	74,12	*Ist*
d =	0,03	0,00	0,00	[v]
o =	0,37016			
a =	0,92940			

- Koordinatenberechnung mit Abszissenmaßen:
Die Abszissenmaße können direkt aus dem Messungsriß entnommen werden. *Rechenweg:*

$y_P = y_A + o \cdot x^*$ $x_P = x_A + a \cdot x^*$
$y_{15} = 14{,}32 + o \cdot 18{,}72 = 21{,}25$ $x_{15} = 22{,}02 + a \cdot 18{,}72 = 39{,}42$
$y_{16} = 14{,}32 + o \cdot 53{,}56 = 34{,}15$ $x_{16} = 22{,}02 + a \cdot 53{,}56 = 71{,}80$

Tabellenform:

Pkt.	x^*	$y_P = y_A + o \cdot x^*$	$x_P = x_A + a \cdot x^*$
15	*18,72*	**21,25**	**39,42**
16	*53,65*	**34,15**	**71,80**
	72,28	55,40	111,22
	[x^*]	[y]	[x]

Kontrolle: $[y] = 2 \cdot 14,32 + o \cdot 72,28 = \ 55,40$
$[x] = 2 \cdot 22,02 + a \cdot 72,28 = 111,22$

Berechnung im Formular. In älteren Unterlagen findet man die Berechnung der Kleinpunktkoordinaten in Form eines Vermessungsformulars. Darin wurden häufig zuerst die x- und dann die y-Koordinaten berechnet.

- Algorithmen für die Arbeit im Vermessungsformular:

Spalte 5: Nummern der Punkte A, 1, ... , E eintragen.

Spalten 3 und 4: Koordinaten der Punkte A und E eintragen.

Spalte 1: Teilstrecken s_1, ... , s_E eintragen, darunter $[s]$ bilden.

Spalten 3 und 4: $x_E - x_A$ und $y_E - y_A$ bilden und unter die Koordinaten des Punktes E eintragen.

Spalte 1: d berechnen und mit d_{zul} über s_1 eintragen.

Spalten 3 und 4: a und o auf fünf Stellen nach dem Komma berechnen, kontrollieren und über x_A und y_A eintragen.

Spalten 3 und 4: Δx und Δy berechnen; sie stehen auf der Zeile der Teilstrecke.

Spalten 3 und 4: unter $x_E - x_A$ und $y_E - y_A$ die Summen $[\Delta x]$ und $[\Delta y]$ bilden, vergleichen und wenn notwendig Verbesserungen anbringen.

Spalten 3 und 4: Koordinaten durch fortlaufende Addition berechnen; die Koordinaten des Endpunkts müssen reproduziert werden.

Tabelle 10.1   Kleinpunktberechnung im Vermessungsformular
Beispiel 1: Kleinpunkte auf der Messungslinie;
Beispiel 2: Kleinpunkte auf der Verlängerung der Messungslinie;
Beispiel 3: Seitwärts gelegene Kleinpunkte.

Datum: Rechner: Prüfer:

$$d \approx \frac{1}{2}\left(\frac{(x_E - x_A)^2 + (y_E - y_A)^2}{[s]} - [s]\right) \qquad a = \frac{x_E - x_A}{[s]} \qquad o = \frac{y_E - y_A}{[s]}$$

Für seitwärts gelegene Punkte hat s_h $\frac{positives}{negatives}$ Vorzeichen,

wenn, von A nach E gesehen, s_h nach $\frac{rechts}{links}$ gerichtet ist.

Linke Formularhälfte

d / s	s_h	a : x / Δx = a·s − o·s_h	o : y / Δy = o·s − a·s_h	Punkt
1	2	3	4	5
Beispiel 1				
d = 0,03		+ 0 929 40	+ 0 370 16	
zul ±0,15		22 02	14 32	14
18 72		+ 17 40	+ 6 93	
		39 42	21 25	15
34 84		+ 32 38	+ 12 90	
		71 80	34 15	16
26 19		+ 24 34	+ 9 69	
		96 14	43 84	17
79 75		+ 74 12	+ 29 52	
	Ist	74 12	29 52	
	[y]	0 00	0 00	
		·	·	···
Beispiel 2				
d − 0,01		+ 0 817 73	− 0 575 14	
zul ±0,12		14 36	51 64	
21 02		+ 17 19	− 12 09	A
		31 55	39 55	P_1
38 80		+ 31 73	− 22 32 [1]	
		63 28	17 24	P_2
− 13 57		− 11 10	+ 7 80	
		52 18	25 04	E
46 25		+ 37 82	− 26 60	
	Ist	37 82	26 60	
	[v]	0 00	0 01	

Rechte Formularhälfte

w / s	s_h	a : x / Δx = a·s − o·s_h	o : y / Δy = o·s + a·s_h	Punkt
1	2	3	4	5
Beispiel 3				
d = 0,07		+ 0 924 53	− 0 379 64	
		45 598 72	17 513 04	111
53 41		+ 49 38	− 20 28	
		45 648 10	17 492 76	33'
	+ 34 44	+ 13 07	+ 31 84	
		45 661 17	17 524 60	33
30 66		+ 28 35	− 11 64	
		45 689 52	17 512 96	34'
	− 34 44	− 13 07	− 31 84	
		45 676 45	17 481 12	34
16 79		+ 15 52	− 6 37	
		45 691 97	17 474 75	35'
	− 46 08	− 17 49	− 42 60	
		45 674 48	17 432 15	35
22 10		+ 20 43	− 8 39	
	− 46 08			112'
		45 694 91	17 423 76	
		+ 17 49	+ 42 60	
		45 712 40	17 466 36	112
122 96		113 68	− 46 68	
		113 68	− 46 68	
		0 00	0 00	

10.1.2   Kleinpunkte auf der Verlängerung der Messungslinie

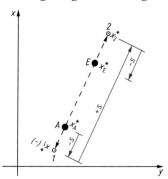

Bild 10.4
Kleinpunkte auf der
Verlängerung der Messungslinie

Die Berechnung der Kleinpunkte auf der Verlängerung erfolgt in gleicher Weise wie die Berechnung der Kleinpunkte auf der Messungslinie unter Beachtung nachfolgender Regelungen:

■ Koordinatenberechnung mit Teilstrecken:
Teilstrecken *s entgegen* der Messungsrichtung sind *negativ*.
Die Teilstrecken sind so zu wählen, daß die Berechnung am Anfangspunkt begonnen und am Endpunkt abgeschlossen wird.

■ Koordinatenberechnung mit Abszissenmaßen:
Abszissenmaße *entgegen* der Messungsrichtung sind *negativ*.

Beispiel

Es sind die Kleinpunkte P_1 und P_2 zu berechnen.

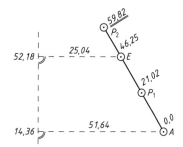

Bild 10.5
Kleinpunkte P_1 und P_2

Diese Berechnung erfolgt in Tabellenform ($\rightarrow$ Tabelle 10.1).

10.1.3 Seitwärts gelegene Kleinpunkte

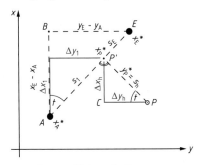

Bild 10.6 Seitwärts gelegener Kleinpunkt P

Gegeben: Punkte A und E mit A $(y_A; x_A)$ und E $(y_E; x_E)$

Gemessen: Abszissenmaße: $x_A^* = 0,00$; x_P^* und x_E^*
Ordinatenmaß: y_P^*

Aus den Maßen ergeben sich die Teilstrecken: s_1; s_E und s_h

Berechnungsablauf. Die „Kontrolle der gegebenen Größen" sowie die „Berechnung und Kontrolle der Faktoren a und o" sind so zu handhaben wie bei der Berechnung der Kleinpunkte auf der Messungslinie.

Rechenweg: $A \quad \Rightarrow \quad P' \quad \Rightarrow \quad P$
Die Teilstrecken sind: $\qquad s_1 \qquad\quad s_h$
$\qquad\qquad\qquad$ oder $\quad x_P^* \qquad\quad y_P^*$

Für die Berechnung $\quad A \quad \Rightarrow \quad P'$ gilt:
$\Delta y_1 = \quad o \cdot s_1$
$\Delta x_1 = \quad a \cdot s_1$

Für die Berechnung $\quad P' \quad \Rightarrow \quad P$ gilt:

Das Dreieck $PP'C$ ist ebenfalls ähnlich dem Dreieck AEB aber um den Punkt P' gedreht. Deswegen muß die Größe Δx_h mit dem Faktor o und die Größe Δy_h mit der Größe a berechnet werden. Außerdem muß die Größe Δx_h negativ werden.

$$\Delta y_h = a \cdot s_h$$
$$\Delta x_h = -o \cdot s_h$$

Für die Berechnung der Koordinaten des Punktes *P* gilt allgemein:

$$y_P = y_A + o \cdot s + a \cdot s_h \qquad x_P = x_A + a \cdot s - o \cdot s_h$$

oder

$$y_P = y_A + o \cdot x^* + a \cdot y^* \qquad x_P = x_A + a \cdot x^* - o \cdot y^*$$

Liegt der Punkt *links* von der Messungslinie, so muß Δy_h negativ und Δx_h positiv werden. Diese Umkehrung der Vorzeichen erreicht man dadurch, daß die Strecke s_h *negativ* wird.

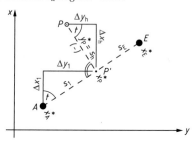

Bild 10.7　Seitwärts gelegener Kleinpunkt links von der Messungslinie

Rechenweg für die Berechnung mit Teilstrecken s und s_h. Für den Rechenweg gilt allgemein:

– Die Teilstrecke s_h ist *positiv*, wenn s_h *rechts* zur Messungsrichtung liegt.
– Die Teilstrecke s_h ist *negativ*, wenn s_h *links* zur Messungsrichtung liegt.
– Für die Teilstrecken s_h gilt: $[s_h] = 0,00$

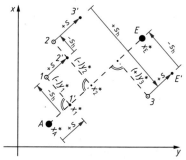

Bild 10.8　Rechenweg für die Berechnung mit Teilstrecken

Rechenweg für die Berechnung mit Abszissenmaße x* und Ordinatenmaße y*. Für den Rechenweg gilt allgemein:
- Die Ordinate y* ist *positiv*, wenn y* *rechts* von der Messungslinie liegt.
- Die Ordinate y* ist *negativ*, wenn y* *links* von der Messungslinie liegt.

Beispiel

Die Koordinaten der Kleinpunkte *33, 34* und *35* sind zu berechnen.

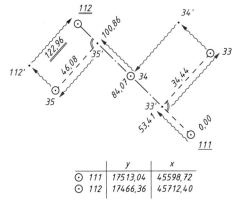

	y	x
⊙ 111	17513,04	45598,72
⊙ 112	17466,36	45712,40

Bild 10.9   Seitwärts gelegener Kleinpunkt

Kontrolle der gegebenen Größen:

$$y_E - y_A = -46,68 \qquad S = \sqrt{(-46,68)^2 + 113,68^2} = 122,89$$
$$x_E - x_A = 113,68 \qquad d = -0,07$$

- Berechnung von o und a:

$$o = \frac{-46,68}{122,96} = -0,37964 \qquad a = \frac{113,68}{122,96} = 0,92453$$

Kontrolle:

$$(-0,37964)^2 + 0,92453^2 \approx 1$$

$$y_E = 17\,513,04 + o \cdot 122,96 = 17\,466,36$$
$$x_E = 45\,598,72 + a \cdot 122,96 = 45\,712,40$$

- Koordinatenberechnung mit Abszissen- und Ordinatenmaßen:

Pkt.	x^*	y^*	$y_P = y_A + o \cdot x^* + a \cdot y^*$	$x_P = x_A + a \cdot x^* - o \cdot y^*$
33	53,41	+34,44	**17 524,60**	**45 661,17**
34	84,07	0,00	**17 481,12**	**45 676,45**
35	100,86	−46,08	**17 432,15**	**45 674,47**
	238,34	−11,64	52 437,87	137 012,09
	$[x^*]$	$[y^*]$	$[y]$	$[x]$

Kontrolle:

$$[y] = 3 \cdot 17\,513{,}04 + o \cdot 238{,}34 + a \cdot -11{,}64 = 52\,437{,}88$$
$$[x] = 3 \cdot 45\,598{,}72 + a \cdot 238{,}34 - o \cdot -11{,}64 = 137\,012{,}09$$

- Koordinatenberechnung mit Teilstrecken:

Rechenweg:

$$111 \Rightarrow 33' \Rightarrow 33 \Rightarrow 34' \Rightarrow 34 \Rightarrow 35' \Rightarrow 35 \Rightarrow 112' \Rightarrow 112$$

Pkt.	s	s_h	y	x
			$\Delta y = o \cdot s + a \cdot s_h$	$\Delta x = a \cdot s - o \cdot s_h$
111			**17 513,04**	**45 598,72**
	53,41	34,44	11,56	62,45
33			**17 524,60**	**54 661,17**
	30,66	−34,44	− 43,48 (+1)	15,27
34			**17 481,12**	**45 676,44**
	16,79	−46,08	− 48,98	−1,97
35			**17 432,15**	**45 674,47**
	22,10	46,08	34,12	37,93
112			**17 466,36**	**45 712,40**
	122,96	0,00	$(y_E - y_A)$ −46,68	$(x_E - x_A)$ 113,68
	$[s]$	$[s_h]$	$[y]$ −46,69	$[x]$ 113,68
			$v_{\Delta y}$ + 0,01	$v_{\Delta x}$ 0,00

- Berechnung im Vermessungsformular mit Teilstrecken:

Früher wurde, wegen des Einsatzes von Handrechenmaschinen bzw. Taschenrechnern ohne Konstantenspeicher, der Berechnungsweg mit den Teilgrößen s und s_h in einem Vermessungsformular auseinandergezogen ($\rightarrow$ Tabelle 10.1).

Ergänzungen zum Algorithmus gegenüber der Kleinpunktberechnung auf der Messungslinie sind:

Spalte 5: Punkte entsprechend dem Rechenweg eintragen.

Spalte 2: seitwärts liegende Abstände s_h mit entsprechenden Vorzeichen eintragen;

Kontrolle: $[s_h] = 0$.

Spalte 3: $\Delta x = a \cdot s$ und $\Delta x = -o \cdot s_h$.

Spalte 4: $\Delta y = o \cdot s$ und $\Delta y = a \cdot s_h$.

10.2 Polygonzüge

Ein Polygonzug ist ein Linienzug, dessen Strecken s und Brechungswinkel β gemessen werden, um die Berechnung der Koordinaten der Polygonpunkte, ausgehend von koordinatenmäßig bekannten Anschlußpunkten, zu ermöglichen.

10

Das Anlegen und Messen eines Polygonzuges bezeichnet man als *Polygonieren*. Die Polygonierung wird z. B. für nachfolgende vermessungstechnische Aufgaben verwendet:

- Anlagen und Verdichten von Lagefestpunktnetzen;
- Bestimmen von Aufnahmestandpunkten im Rahmen der Tachymetrie;
- Lagebestimmungen von Trassenpunkten;
- Anlegen und Verdichten von Baulagenetzen.

10.2.1 Polygonzugarten

Offener Zug mit beiderseitigen Koordinaten und Richtungsanschluß. Er ist die bevorzugte Polygonzugart.

Gegebene Größen:

- Anfangspunkt A und Endpunkt E mit entsprechenden Koordinaten für einen Koordinatenanschluß: $A\,(y_A; x_A)$ und $E\,(y_E; x_E)$;
- Fernpunkte F_1 und F_2 für den Richtungsanschluß.

Die Richtungswinkel $t_{F1,A}$ und $t_{E,F2}$ sind entweder bekannt oder werden aus den Koordinaten der Anschlußpunkte A und E sowie aus den Koordinaten der Fernpunkte F_1 und F_2 berechnet.

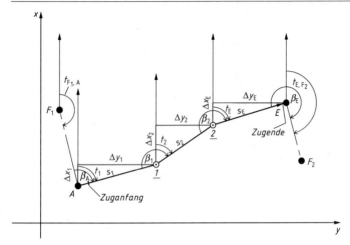

Bild 10.10 Offener Polygonzug mit beiderseitigen Koordinaten und Richtungsanschluß

Gemessene Größen:
– in Zugrichtung rechtsläufig gemessene Brechungswinkel β_A, β_1, ... , β_E;
– Streckenlängen der Polygonseiten s_1, ... , s_E.

Berechnungsablauf:
– Mit Hilfe der Anschlußrichtungen wird die Messung der Brechungswinkel kontrolliert und die Richtungswinkel berechnet.
– Mit den Richtungswinkeln und den Strecken berechnet man die Koordinatenunterschiede Δy und Δx.
– Diese Berechnung ist durch folgende Beziehung kontrollierbar:
$y_E - y_A = [\Delta y]$; $x_E - x_A = [\Delta x]$.
Mit den Koordinatenunterschieden werden nacheinander die Koordinaten der Polygonpunkte berechnet.
Die Koordinaten des Endpunktes ermöglichen eine Abschlußkontrolle.

Geschlossener Zug mit Koordinaten- und Richtungsanschluß.
Dieser Zug ist dem offenen Zug mit Koordinaten- und Richtungsanschluß ebenbürtig. Da der Anfangspunkt gleich dem Endpunkt ist, gilt:

$$[\Delta y] = 0; \qquad [\Delta x] = 0.$$

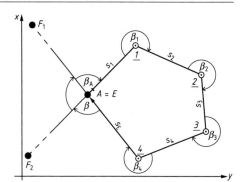

Bild 10.11
Geschlossener Zug mit
Koordinaten-
und Richtungsanschluß

Offener Zug ohne Koordinaten- und Richtungsanschluß. Neben dem fehlenden Koordinaten- und Richtungsanschluß erlaubt diese Zugart auch *keine Kontrolle* gegenüber der Messung der Brechungswinkel und Strecken sowie der Berechnung der Koordinaten.

Diese Zugart findet sehr selten Anwendung. Für die Berechnung der Koordinaten der Polygonpunkte schafft man ein lokales Koordinatensystem. Die berechneten Koordinaten sind besser aufzutragen als ein Winkel-Streckenzug.

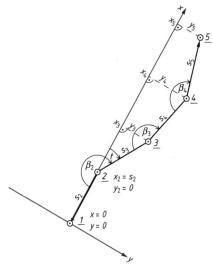

Bild 10.12
Offener Zug ohne
Koordinaten-
und Richtungsanschluß

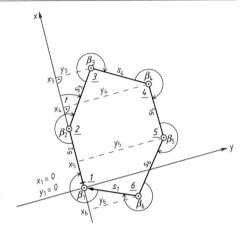

Bild 10.13
Geschlossener Zug ohne
Koordinaten-
und Richtungsanschluß

Geschlossener Zug ohne Koordinaten- und Richtungsanschluß.
Dieser Zug weist folgende Kontrollmöglichkeiten auf:
– Kontrolle der gemessenen n Brechungswinkel je nach Zugrichtung:
  [Innenwinkel] $= (n - 2) \cdot 200$ gon,
  [Außenwinkel] $= (n + 2) \cdot 200$ gon;
– Kontrolle der berechneten Koordinatenunterschiede:
  $[\Delta y] = 0$ und $[\Delta x] = 0$.

Die Streckenmessung wird nicht kontrolliert. Zur Berechnung der
Koordinaten wird ein lokales Koordinatensystem gelegt.

Offener Zug mit beiderseitigem Koordinatenanschluß. Dieser Zug
hat eingeschränkte Kontrollmöglichkeiten:
– keine Kontrolle der gemessenen Brechungswinkel;
– keine Kontrolle der gemessenen Strecken;
– Kontrolle der berechneten Koordinatenunterschiede.
Wenn der Zug nicht zu vermeiden ist, wird der Zug zweimal gemessen.

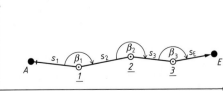

Bild 10.14
Offener Zug mit
beiderseitigem
Koordinatenanschluß

Offener Zug mit einseitigem Koordinaten- und Richtungsanschluß. Dieser Zug erlaubt keine Kontrolle der Winkel- und Streckenmessung.

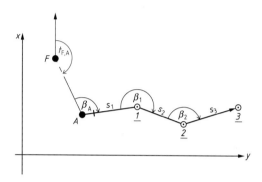

Bild 10.15 Offener Zug mit einseitigem Koordinaten- und Richtungsanschluß

10.2.2 Messen eines Polygonzuges mit beiderseitigem Koordinaten- und Richtungsanschluß

Arbeitsvorbereitung. Folgende Vorarbeiten sind zu leisten:

■ Bereitstellen von Unterlagen
Für das vorhandene und zu verdichtende Festpunktnetz werden nachfolgende Unterlagen bereitgestellt:
– Festpunktbilder oder Netzbild bzw. Netzplan;
– Festpunktbeschreibungen oder Festlegungsrisse;
– Koordinatenverzeichnis mit den Koordinaten der Anschlußpunkte für den Koordinaten- bzw. Richtungsanschluß.

■ Netzentwurf
Zu erarbeiten ist ein Netzentwurf auf der Grundlage von Übersichtskarten oder topographischen Karten in den Maßstäben 1:5 000 bis 1:25 000.
Darzustellen sind:
– Anschlußpunkte, z.B. Polygonpunkte und trigonometrische Punkte;
– projektierte Polygonzüge für die Netzverdichtung.

■ Bereitstellen von Vermarkungsmitteln

- Bereitstellen der Arbeitsmittel
- überprüfte und justierte Instrumente mit entsprechender Konfiguration,
- Speicher;
- Vermessungsformulare;
- Fluchtstäbe, Meßband, Prisma, Lot, Feldbuchrahmen, Gliedermaßstab, ..., Geräte für die Vermarkungsarbeiten.

- Bereitstellen der Mittel für die Arbeitssicherheit und den Gesundheitsschutz
- Warn- und Schutzkleidung, Warnausrüstungen, Verbandszeug;
- Belehrung der Beschäftigten vor Aufnahme der Tätigkeiten.

Erkundung. Die Lage der Polygonpunkte ist so zu planen und in der Örtlichkeit auszuwählen, daß die nachfolgenden vermessungstechnischen Arbeiten mit der geforderten Genauigkeit und dem wirtschaftlichsten Verfahren ausgeführt werden können.

Zuerst werden die Anschlußpunkte aufgesucht und durch Kontrollmessungen die Lagerichtigkeit überprüft.

- Kriterien für den Zugverlauf:
- die Polygonzüge sollten gestreckt verlaufen;
- die Abstände der Punkte untereinander sollten möglichst groß sein;
- die Polygonseitenlängen sollten nicht springen, d. h. eine kurze Seite soll nicht auf eine lange und umgekehrt folgen;
- Polygonzüge dürfen sich nicht kreuzen;
- zwei benachbarte Polygonzüge sollten nicht zu dicht nebeneinander liegen.

- Kriterien für die Punktauswahl:
- Gegenseitige Sicht der Punkte untereinander muß unabhängig von der jahreszeitlichen Vegetation gesichert sein!
- Der Polygonpunkt muß einen sicheren Instrumentenstandpunkt gewähren!
- Die Vermarkung muß eindeutig und sicher möglich sein!
- An Straßenkreuzungen wird nur ein Polygonpunkt festgelegt!
- Die Polygonseiten sollen an Straßen- und Wegrändern liegen!

Vermarkung. Die Art der Vermarkung und die Vermarkungsmittel sind abhängig von der geforderten Markierungsgenauigkeit und den örtlichen Bedingungen (→ gültige Richtlinien der Länder).

Sicherung. Um das Wiederauffinden und Wiederherstellen von Polygonpunkten zu ermöglichen, werden diese auf feste und eindeutig identifizierte Punkte eingemessen.

Innerhalb von Siedlungsgebieten kann das Einmessen auf Gebäude, Grenzpunkte und andere topographische Gegenstände erfolgen. In land- und forstwirtschaftlich genutzten Gebieten ist die Einmessung lediglich auf topographische Gegenstände möglich.

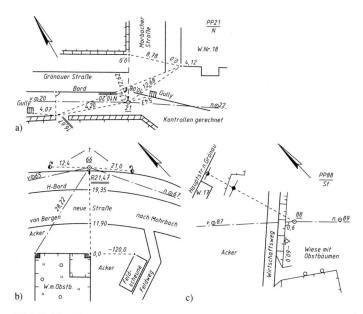

Bild 10.16 Einmessen der Polygonpunkte

Messung. Erst wenn die vorher genannten Arbeiten abgeschlossen sind, werden die Brechungswinkel und Strecken gemessen.

Bevorzugt zum Einsatz kommen elektronische Tachymeter, die meist die geforderte Genauigkeit der Strecken- und Richtungsmessung erfüllen.

Die Strecken werden doppelt gemessen, Hin- und Rückmessung von einem Instrumentenstandpunkt aus.

Die Zwangszentrierung ist ebenfalls anzuwenden (→ Abschn. 8.2.3).

10.2.3 Richtungswinkel und Strecke

Die Richtungswinkelberechnung ist eine Voraussetzung für die weitere Berechnung der Polygonpunkte (Richtungswinkel: → Abschn. 1.5.5).

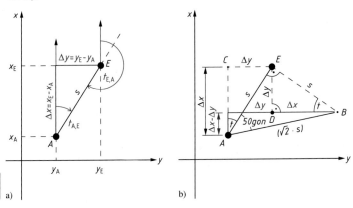

Bild 10.17 Richtungswinkel
a) Berechnung des Richtungswinkels; b) Kontrolle des Richtungswinkels

Berechnung des Richtungswinkels. Berechnung und Kontrolle des Richtungswinkels werden wie folgt vorgenommen:

Gegeben: Koordinaten der Punkte A und E

$$t_{A,E} = t_{E,A} \pm 200 \text{ gon}$$

$$\tan t_{A,E} = \frac{y_E - y_A}{x_E - x_A} = \frac{\Delta y}{\Delta x}$$

Die Vorzeichenverteilung von Δy und Δx bestimmt den Quadranten für den Richtungswinkel t.

Kontrolle: Berechnen des Richtungswinkels $t + 50$ gon

$$\tan (t + 50 \text{ gon}) = \frac{\Delta x + \Delta y}{\Delta x - \Delta y}$$

Berechnung der Strecke s. Die Strecke $AE = s$ errechnet sich wie folgt:

$$s = \sqrt{\Delta y^2 + \Delta x^2}$$

Kontrolle:

$$s = \frac{\Delta x}{\cos t} = \frac{\Delta y}{\sin t}$$

Für die Kontrolle wird der Quotient mit dem größeren absoluten Koordinatenunterschied gewählt.

Berechnung mit Taschenrechner. Die Berechnung des Richtungswinkels und der Strecke mittels der Koordinatenunterschiede → Abschnitt 1.5.5.

10

Beispiel

Gegeben: Koordinaten

Punkte	y	x
TP 23/1734	91 679,86	86 709,28
TP 22/1734	92 999,98	87 909,48
TP 74/413	9 252,90	9 468,53
TP 73/413	9 484,30	9 462,46

Gesucht: Richtungswinkel $t_{23,22}$ und $t_{74,73}$

- Richtungswinkel $t_{23,22}$

$$y_E - y_A = \Delta y = 1320,12 \qquad \Delta x + \Delta y = 2520,32$$

$$x_E - x_A = \Delta x = 1200,20 \qquad \Delta x - \Delta y = -119,92$$

$$\tan t_{23,22} = \frac{\Delta y}{\Delta x} \qquad\qquad \tan (t_{23,22} + 50 \text{ gon}) = \frac{\Delta x + \Delta y}{\Delta x - \Delta y}$$

$$t_{23,22} = 53,0268 \text{ gon} \qquad\qquad t_{23,22} + 50 \text{ gon} = 103,0268 \text{ gon}$$

- Strecke $\overline{22,23}$

$$s = \sqrt{\Delta x^2 + \Delta y^2} = 1784{,}15 \text{ m} \qquad s = \frac{\Delta y}{\sin t_{23,22}} = 1784{,}15$$

- Richtungswinkel $t_{74,73}$

$$y_E - y_A = \Delta y = 231{,}40 \qquad\qquad \Delta x + \Delta y = 225{,}33$$

$$x_E - x_A = \Delta x = -6{,}07 \qquad\qquad \Delta x - \Delta y = -237{,}47$$

$$\tan t_{74,73} = \frac{\Delta y}{\Delta x} \qquad\qquad \tan (t_{74,73} + 50 \text{ gon}) = \frac{\Delta x + \Delta y}{\Delta x - \Delta y}$$

$$t_{74,73} = 101{,}6696 \text{ gon} \qquad\qquad t_{74,73} + 50 \text{ gon} = 151{,}6696$$

- Strecke $\overline{74,73}$

$$s = \sqrt{\Delta y^2 + \Delta x^2} = 231{,}48 \text{ m} \qquad s = \frac{\Delta y}{\sin t_{74,73}} = 231{,}48 \text{ m}$$

- Berechnung im Vermessungsformular:
Diese Art der Berechnung findet man häufig in älteren Vermessungsunterlagen.

Tabelle 10.2   Berechnung von Richtungswinkel und Strecke im Vermessungsformular

Datum:			Rechner:			Prüfer:	
$\Delta x \Delta y$ $\Delta x \Delta y$ $\overset{+}{\underset{-}{300^g}} \overset{+}{\underset{200^g}{\leftrightarrow}} \overset{+}{\underset{-}{100^g}}$	E' A	x_E x_A	y_E y_A	$x_E + y_E$ $x_A + y_A$	$\tan (t + 50g) = \frac{\Delta x + \Delta y}{\Delta x - \Delta y}$ $\tan t = \frac{\Delta y}{\Delta x}$	$t + 50^g$ t
Ber. Nr.	E entn. A entn.	$\Delta x = x_E - x_A$ $\Delta x - \Delta y$	$\Delta y = y_E - y_A$ $\Delta x - \Delta y$	$\frac{\text{Probe } (\Delta x - \Delta y)^2 + (\Delta x + \Delta y)^2}{2s} = \frac{}{s}$ $(x_E + y_E) - (x_A + y_A)$ $= \Delta x + \Delta y$	$\cos t$ bzw. $\sin t$ $s = \frac{\Delta x}{\cos t} = \frac{\Delta x}{\sin t}$	$S = \sqrt{\Delta x^2 + \Delta y^2}$
1		2	3	4	5	6
△ 22/1734		87 ¦ 909 ¦ 48	92 ¦ 999 ¦ 98	+180 ¦ 909 ¦ 46	− 21 ¦ 016 ¦ 677	103 ¦ 02 ¦ 68
△ 23/1734		86 ¦ 709 ¦ 28	91 ¦ 679 ¦ 86	+178 ¦ 389 ¦ 14	+ 1 ¦ 099 ¦ 917	53 ¦ 02 ¦ 68
1	F.K.	+ 1 ¦ 200 ¦ 20	+ 1 ¦ 320 ¦ 12		+ 0 ¦ 739 ¦ 908	
	F.K.	− ¦ 119 ¦ 92	+ 2 ¦ 520 ¦ 32	+ 2 ¦ 520 ¦ 32	1 ¦ 784 ¦ 17	1 ¦ 784 ¦ 15
△ 73/413		9 ¦ 462 ¦ 46	9 ¦ 484 ¦ 30	18 ¦ 946 ¦ 76	− 0 ¦ 948 ¦ 878	151 ¦ 66 ¦ 96
△ 74/413		9 ¦ 468 ¦ 53	9 ¦ 252 ¦ 90	18 ¦ 721 ¦ 43	−38 ¦ 121 ¦ 911	101 ¦ 66 ¦ 96
2	F.K.	− ¦ 6 ¦ 07	+ ¦ 231 ¦ 40		+ 0 ¦ 999 ¦ 656	
	F.K.	− ¦ 237 ¦ 47	+ ¦ 225 ¦ 33	+ ¦ 225 ¦ 33	¦ 231 ¦ 48	¦ 231 ¦ 48

Spalte 1:
Nummer der Berechnung, Herkunft der Koordinaten und Punktnummern eintragen; Reihenfolge von *A* und *E* beachten.

Spalten 2 und 3:
Koordinaten von *A* und *E* eintragen Koordinatenunterschiede Δx und Δy berechnen; Größen $\Delta x + \Delta y$ und $\Delta x - \Delta y$ berechnen.

Spalte 4:
Kontrolle der berechneten Koordinatenunterschiede:
$x_E + y_E$ und $x_A + y_A$ berechnen;
$(x_E + y_E) - (x_A - y_A) = \Delta x + \Delta y$.

Spalten 5 und 6:
Funktionswerte und Winkel der Winkel $t + 50$ gon und t berechnen; Vorzeichen und Quadrant beachten.

Spalten 6 und 5:
Strecke *s* nach dem Satz des *Pythagoras* berechnen; Kontrolle der Strecke *s* berechnen.

10.2.4 Polares Anhängen

Das polare Anhängen ist die Vorstufe der Polygonpunktberechnung. Es ermöglicht die Koordinatenberechnung eines Einzelpunktes, z. B. Aufnahmestandpunkt *N*, der polar aufgemessen wurde.

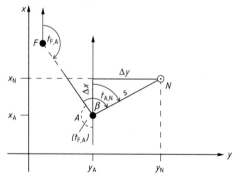

Bild 10.18
Bestimmen des
Aufnahmestandpunktes

Gegebene Größen
Anfangspunkt, Standpunkt *A* mit den Koordinaten y_A und x_A.
Fernpunkt *F* mit den Koordinaten y_F und x_F.
Gemessene Größen
Brechungswinkel β gemessen auf dem Standpunkt *A*.
Strecke $AN = s$.

Berechnungsablauf

■ Berechnung des Anschlußrichtungswinkels $t_{F,A}$ aus den Koordinaten der Punkte F und A.

■ Berechnung des Richtungswinkels $t_{A,N}$:

$$t_{A,N} = t_{F,A} + \beta \pm 200 \text{ gon}$$

■ Berechnung der Koordinatenunterschiede Δy und Δx:

$$\Delta y = s \cdot \sin t_{A,N} \qquad \Delta x = s \cdot \cos t_{A,N}$$

■ Kontrolle der berechneten Koordinatenunterschiede ($\rightarrow$ Bild 10.17b):

$$\Delta y + \Delta x = \sqrt{2} \cdot s \cdot \sin(t + 50 \text{ gon})$$

■ Berechnung der Koordinaten x_N und y_N:

$$y_N = y_A + \Delta y \qquad x_N = x_A + \Delta x$$

Messungsfehler können nicht kontrolliert werden.

Beispiel

Es ist der polar angehängte Punkt *16a* zu berechnen. *Gegeben:*

Punkte	y	x
PP *15*	12 096,68	71 133,75
PP *16*	11 977,62	71 214,92

Anschlußrichtungswinkel: $t_{15,16} = 338{,}0939$ gon

Gemessen:
Brechungswinkel $\beta = 208{,}1445$ gon
Strecke $s = 67{,}35$ m

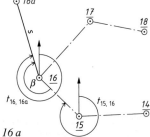

Bild 10.19　Polares Anhängen des Punktes *16 a*

- Berechnung des Richtungswinkels zum Neupunkt:

  $$t_{16,16a} = 338{,}0939 \text{ gon} + 208{,}1445 \text{ gon} \pm 200 \text{ gon} = 346{,}2384 \text{ gon}$$

- Berechnung der Koordinatenunterschiede:

  $$\Delta y = 67{,}35 \text{ m} \cdot \sin 346{,}2384 \text{ gon} = -50{,}35 \text{ m}$$

  $$\Delta x = 67{,}35 \text{ m} \cdot \cos 346{,}2384 \text{ gon} = +44{,}73 \text{ m}$$

- Kontrolle der berechneten Koordinatenunterschiede:

  $$\Delta y + \Delta x = \sqrt{2} \cdot 67{,}35 \text{ m} \cdot \sin (346{,}2384 + 50) = -5{,}62$$

- Berechnung der Koordinaten für den Punkt *16a*:

  $$y_{16a} = 11\,977{,}62 - 50{,}35 = 11\,927{,}27$$
  $$x_{16a} = 71\,214{,}92 + 44{,}73 = 71\,259{,}65$$

10.2.5 Berechnung der Plygonpunkte eines offenen, beiderseitig angeschlossenen Polygonzuges

10

Die Polygonpunktberechnung ist im Prinzip ein fortgesetztes polares Anhängen.

Durch die Koordinaten des Anfangs- und Endpunktes sowie durch die Anschlußrichtung und Abschlußrichtung ergeben sich umfassende Kontrollen.

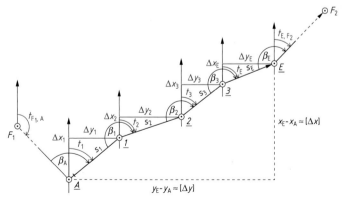

Bild 10.20 Berechnungselemente des offenen, beiderseitig angeschlossenen Polygonzuges

Berechnung des Anschluß- und Abschlußrichtungswinkels. Für die laufende Berechnung der Richtungswinkel benötigt man den Anfangsrichtungswinkel $t_{F1,A}$ und Abschlußrichtungswinkels $t_{E,F2}$.

Die Winkel $t_{F1,A}$ und $t_{E,F2}$ berechnet man aus den Koordinaten der Punkte. Bei Anschluß an TP's entnimmt man die Richtungswinkel aus der Festpunktkartei.

Berechnung der Richtungswinkel. Die Richtungswinkel der einzelnen Plygonseiten errechnen sich zu:

$$
\begin{aligned}
t_1 &= t_{F1,A} + \beta_A && \pm 200 \text{ gon} \\
t_2 &= t_1 \quad\; + \beta_1 && \pm 200 \text{ gon} \\
&\;\vdots \\
t_{E',F2} &= t_E \quad\; + \beta_E && \pm 200 \text{ gon}
\end{aligned}
$$

$$
\overline{t_{E',F2} = t_{F1,A} + [\beta] \pm n \cdot 200 \text{ gon}} \quad \text{(entsteht durch fortlaufendes Einsetzen)}
$$

$t_{E',F2}$ ist der *Ist-Wert*; er errechnet sich mit fehlerhaften Brechungswinkeln.

Der Richtungswinkel $t_{E,F2}$, der aus den Koordinaten berechnet wurde, ist der *Soll-Wert*.

Die Gesamtverbesserung für die Brechungswinkel $[v_\beta]$ errechnet sich aus *Soll – Ist*. Die Gesamtverbesserung darf vorgeschriebene Fehlergrenzen nicht überschreiten.

Die Verbesserungen werden gleichmäßig auf alle Brechungswinkel verteilt. Mit den verbesserten Brechungswinkeln berechnet man nach dem oben angeführten Gleichungssystem die Richtungswinkel. Der Abschlußrichtungswinkel $t_{E,F2}$ wird am Ende der Berechnung reproduziert.

Berechnung der Koordinatenunterschiede. Sie werden berechnet und kontrolliert wie beim polaren Anhängen.

■ Berechnung

$$
\begin{array}{ll}
\Delta y_1 = s_1 \cdot \sin t_l & \Delta x_1 = s_1 \cdot \cos t_1 \\[2mm]
\Delta y_2 = s_2 \cdot \sin t_2 & \Delta x_2 = s_2 \cdot \cos t_2 \\[2mm]
\quad\vdots & \quad\vdots \\[2mm]
\Delta y_E = s_E \cdot \sin t_E & \Delta x_E = s_E \cdot \cos t_E
\end{array}
$$

- Kontrolle der berechneten Koordinatenunterschiede für einen Polygonpunkt:

$$\Delta y + \Delta x = \sqrt{2} \cdot s \cdot \sin(t + 50 \text{ gon})$$

Berechnung der Koordinaten
- Kontrolle aller berechneten Koordinatenunterschiede

Da unvermeidbare Fehler bei der Richtungsmesssung und Streckenmessung auftreten, gilt:

Soll:	$y_E - y_A$	$x_E - x_A$
Ist:	$[\Delta y]$	$[\Delta x]$
Soll – Ist:	$[v_{\Delta y}]$	$[v_{\Delta x}]$

- Verbesserung der Koordinatenunterschiede

Bei *mechanischer* oder *optischer* Streckenmessung:
Verbesserung der Koordinatenunterschiede proportional zur Streckenlänge s.

$$v_{\Delta y} = \frac{[v_{\Delta y}]}{[s]} \cdot s \qquad v_{\Delta x} = \frac{[v_{\Delta x}]}{[s]} \cdot s$$

$[s]$ Summe der Polygonseiten

Bei *elektrooptischer* Streckenmessung:
Verbesserung der Koordinatenunterschiede indirekt proportional zur Anzahl der Strecken.

$$v_{\Delta y} = \frac{[v_{\Delta y}]}{n} \qquad v_{\Delta x} = \frac{[v_{\Delta x}]}{n}$$

n Anzahl der berechneten Koordinatenunterschiede

- Berechnung der Koordinaten

Mit den verbesserten Koordinatenunterschieden berechnen sich die Koordinaten:

$$y_1 = y_A + \Delta y_1 \qquad x_1 = x_A + \Delta x_1$$
$$y_2 = y_1 + \Delta y_2 \qquad x_2 = x_1 + \Delta x_2$$
$$y_3 = y_2 + \Delta y_3 \qquad x_3 = x_2 + \Delta x_3$$
$$y_E = y_3 + \Delta y_E \qquad x_E = x_3 + \Delta x_E$$

■ Abschlußkontrolle
Die Koordinaten des Endpunktes müssen durch die Koordinatenberechnung reproduziert werden.

Beispiel

Zu berechnen sind die Koordinaten der Polygonpunkte *16* bis *20*.

Bild 10.21
Offener, beiderseitig
angeschlossener Polygonzug

Gegebene Größen

Punkte	y	x
TP *137*	8 988,99	9 497,12
PP *4*	9 484,30	9 462,46
PP *15*	9 252,90	9 468,53
PP *21*	8 931,00	9 516,19

Gemessene Größen

Strecken:		Brechungswinkel:
PP *15* – PP *16* =	86,20 m	$\beta_{15} = 170,9175$ gon
PP *16* – PP *17* =	99,01 m	$\beta_{16} = 178,9130$ gon
PP *17* – PP *18* =	129,39 m	$\beta_{17} = 252,8680$ gon
PP *18* – PP *19* =	64,17 m	$\beta_{18} = 244,5965$ gon
PP *19* – PP *20* =	47,50 m	$\beta_{19} = 226,3750$ gon
PP *20* – PP *21* =	58,52 m	$\beta_{20} = 248,2053$ gon
		$\beta_{21} = 296,6605$ gon

■ Berechnung des Anfangsrichtungswinkels $t_{4,15}$

$$y_E - y_A = \Delta y = -231,40 \qquad \Delta x + \Delta y = -225,33$$

$$x_E - x_A = \Delta x = 6,07 \qquad \Delta x - \Delta y = 237,47$$

$$\tan t_{4,15} = \frac{\Delta y}{\Delta x} \qquad \tan (t_{4,15} + 50 \text{ gon}) = \frac{\Delta x + \Delta y}{\Delta x - \Delta y}$$

$$t_{4,15} = 301,6697 \text{ gon} \qquad t_{4,15} + 50 \text{ gon} = 351,6696$$

- Berechnung des Abschlußrichtungswinkels $t_{21,137}$

$$y_E - y_A = \Delta y = 57{,}99 \qquad \Delta x + \Delta y = 38{,}92$$

$$x_E - x_A = \Delta x = -19{,}07 \qquad \Delta x - \Delta y = -77{,}06$$

$$\tan t_{21,137} = \frac{\Delta y}{\Delta x} \qquad\qquad \tan(t_{21,137} + 50 \text{ gon}) = \frac{\Delta x + \Delta y}{\Delta x - \Delta y}$$

$$t_{21,137} = 120{,}2260 \text{ gon} \qquad t_{21,137} + 50 \text{ gon} = 170{,}2261 \text{ gon}$$

- Koordinatenberechnung in Tabellenform

Punkt	t β	s	y $\Delta y = s \cdot \sin t$	x $\Delta x = s \cdot \cos t$	Punkt
1	2	3	4	5	6
4	301,6697				
15	170,9175		9 252,90	9 468,53	15
	+31 272,5903	86,20	− 78,33 +1	− 35,98 −2	
16	178,9130		9 174,58	9 432,53	16
	+32 251,5065	99,01	− 71,65	− 68,33 −2	
17	252,8680		9 102,93	9 364,18	17
	+32 304,3777	129,39	− 129,08 +1	+ 8,89 −1	
18	244,5965		8 973,86	9 373,06	18
	+32 348,9774	64,17	− 46,10	+ 44,64 −2	
19	226,3750		8 927,76	9 417,68	19
	+32 375,3556	47,50	− 17,93	+ 43,99 −2	
20	248,2035		8 909,83	9 461,65	20
	+32 23,5623	58,52	+ 21,17	+ 54,56 −2	
21	296,6605		8 931,00	9 516,19	21
	+32 120,2260		− 321,90	+ 47,66	Soll
TP 137 Soll Ist $[v_\beta]$	120,2037 + 0,0223	484,79 $[s]$	− 321,92 +0,02	+ 47,77 −0,11	Ist $[v]$

Die Berechnung ähnelt sehr der nachfolgenden Berechnung im Vermessungsformular.
Die Strecken für diese Berechnung wurden elektronisch gemessen, d.h. die Verbesserung der Koordinatenunterschiede erfolgt proportional zu der Anzahl der berechneten Werte.

■ Berechnung im Vermessungsformular
Die Berechnung im Vermessungsformular findet man in alten Vermessungsunterlagen. Der Aufbau des Vermessungsformulars widerspiegelt den Gebrauch der Rechenhilfsmittel, die vor der Einführung des Taschenrechners zur Verfügung standen. Die Strecken wurden mechanisch oder optisch gemessen, d.h. die Verbesserungen der Koordinatenunterschiede erfolgt proportional zur Streckenlänge.
Es wurden oft zuerst die x-Koordinaten und dann die y-Koordinaten berechnet.

Berechnungsablauf (→Tabelle 10.3):

Spalte 1:	Punktnummern vom Fernpunkt F_1 = PP*4* bis zum Fernpunkt F_2 = TP*137* eintragen.
Spalte 9:	Punktnummern vom Anfangspunkt A = PP*15* bis zum Endpunkt E = PP*21* eintragen.
Spalte 7 und 8:	Koordinaten vom Anfangs- und Endpunkt eintragen.
Spalte 4:	Polygonseitenlängen eintragen und [s] bilden. (Die Seitenlängen liegen zwischen den Punkten, zwischen denen sie gemessen wurden.)
Spalte 3:	Anschlußrichtungswinkel, die Brechungswinkel und Abschlußrichtungswinkel eintragen. (Die Brechungswinkel liegen auf der Zeile des PP, auf der der Winkel gemessen wurde.) Winkelabschluß ($t_{F1,A}$ + [β] ± 200 gon) berechnen, Verbesserungen berechnen und mit den verbesserten Brechungswinkel die Richtungswinkel berechnen.
Spalte 7 und 8:	Koordinatenunterschiede Δx und Δy berechnen.
Spalte 5:	Koordinatenunterschiede kontrollieren!
Spalte 7 und 8:	$x_E - x_A$ und $y_E - y_A$ als Soll-Wert berechnen, [Δx] und [Δy] als Ist-Wert berechnen, [$v_{\Delta x}$] und [$v_{\Delta y}$] berechnen, Koordinatenunterschiede verbessern, durch fortlaufende Addition Koordinaten berechnen, die Endpunktkoordinaten müssen reproduziert werden.

Tabelle 10.3 Polygonpunktberechnung

Datum:					Rechner:		Prüfer:	
Punkt	x, y t, β, s entn.	Richtungswinkel t Brechungswinkel β	Strecke s	cos t sin t	① = 1,41421 s ② = sin (t + 50ᵍ) ① · ② ‖ Δx + Δy	x Δx = s · cos t	y Δy = s · sin t	Punkt
1	2	3	4	5	6	7	8	9
	C2, 4			0				
4	A1, 1	301 66 97			0			
⊙15	B1, 1	170 91 75		0		9 468 53	9 252 90	⊙15
		+31		− 0 417 375	121 90 −	35 98 −	78 33	
		272 59 03	86 20		− 0 937 701	−2		
⊙16		178 91 30		− 0 908 734	−114 31 ‖31	9 432 53	9 174 57	⊙16
		+32		− 0 690 183	140 02	68 34 −	71 65	
		251 50 65	99 01		− 0 999 720	−2	+1	
⊙17		252 86 80		− 0 723 635	−139 98 ‖99	9 364 17	9 102 93	⊙17
		+32		+ 0 068 715	182 98 +	8 89 −	129 08	
		304 37 77	129 39		− 0 656 846	−3	+1	
⊙18		244 59 65		− 0 997 636	−120 19 ‖19	9 373 03	8 973 86	⊙18
		+32		+ 0 695 653	90 75 +	44 64 −	46 10	
		348 97 74	64 17		− 0 016 069	−1		
⊙19		226 37 50		− 0 718 378	−1 46 46	9 417 66	8 927 76	⊙19
		+32		+ 0 926 005	67 17 +	43 99 −	17 93	
		375 35 56	47 50		+ 0 387 844	−1		
⊙20		248 20 35		− 0 377 511	+26 05 06	9 461 64	8 909 83	⊙20
		+32		+ 0 932 287	82 76 +	54 56 +	21 17	
		23 56 23	58 52		+ 0 915 001	−1		
⊙21		296 66 05		+ 0 361 719	+75 73 ‖73	9 516 19	8 931 00	⊙21
		+32		0		+ 47 66 −	321 90	Soll
	Soll	120 22 60	484 79		0			
△137	Ist	120 20 37		0		+ 47 76 −	321 92	Ist
				0		[vΔx] −0 10 [vΔy]	+0 02	
	[vβ]	+ 2 23			0			
	[vβ,zul]	± 5 30		0				

$[v_{\Delta x}]^2 + [v_{\Delta y}]^2 = v_L^2 + v_Q^2$ ③ $[v_{\Delta y}] [\Delta y] + [v_{\Delta x}] [\Delta x] = -11{,}21$ $v_L = \dfrac{③}{S} = \pm 0{,}034$ ($\overset{zulässig}{}$)

$S^2 = [\Delta x]^2 + [\Delta y]^2$ $S = 325{,}4$

$0{,}010 = 0{,}010$ ④ $[v_{\Delta y}] [\Delta x] - [v_{\Delta x}] [\Delta y] = -31{,}24$ $v_Q = \dfrac{④}{S} = \pm 0{,}096$ ( )

Längs- und Querabweichung. Nach der Berechnung des Polygonzuges kann eine Genauigkeitseinschätzung des Zuges erfolgen.

Als Kriterien für die Genauigkeit eines Polygonzuges werden die Längsabweichung v_L und die Querabweichung v_Q verwendet.

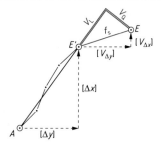

Bild 10.22
Elemente zur Bestimmung
der Längs- und Querabweichung

Vom beliebigen Punkt A werden $[\Delta y]$ und $[\Delta x]$ abtragen. Diese Koordinatenunterschiede enthalten die Fehler der Strecken und Richtungsmessung, so daß der Punkt E' entsteht.

Vom Punkt E' werden $[v_{\Delta y}]$ und $[v_{\Delta x}]$ abtragen. Man erhält den Endpunkt E.
Die Strecke E', E ist der *lineare Fehler* f_s.

Vom Punkt E das Lot auf die Gerade, die durch A und E' geht, fällen.
Der Abstand E' – Lotfußpunkt ist die *Längsabweichung* v_L.
Die Lotlänge ist die *Querabweichung* v_Q.

■ Graphische Bestimmung:
$[\Delta y]$ und $[\Delta x]$ mit kleinem Maßstab, z. B. 1:10 000, abtragen.
$[v_{\Delta y}]$ und $[v_{\Delta x}]$ mit großem Maßstab, z. B. 1:1 bis 1:10, abtragen.
Lot von E auf die Gerade durch A und E' fällen.
v_L und v_Q abgreifen und mit dem großen Maßstab umrechnen.

■ Rechnerische Bestimmung:

$$v_L = \frac{[v_{\Delta y}]\,[\Delta y] + [v_{\Delta x}]\,[\Delta x]}{S}\;; \qquad v_Q = \frac{[v_{\Delta y}]\,[\Delta x] - [v_{\Delta x}]\,[\Delta y]}{S}$$

$$s = \sqrt{[\Delta y]^2 + [\Delta x]^2}$$

v_L und v_Q werden im allgemeinen auf Millimeter genau bestimmt.

Die Berechnung von v_L und v_Q kann nach folgender Beziehung kontrolliert werden:

$$f_s^2 = [v_{\Delta y}]^2 + [v_{\Delta x}]^2 = v_L^2 + v_Q^2$$

Am Fuß des Vermessungsformular ist die Berechnung entsprechend vorbereitet.

10.2.5 Berechnung der Polygonpunkte eines geschlossenen, nicht angeschlossenen Polygonzuges

Als Grundlage für die Aufnahme komplexer Objekte sind geschlossene Polygonzüge, auch *Ringpolygone* genannt, vorteilhaft.
Ist der Anschluß an das Festpunktfeld nicht gefordert, so wird allgemein wie folgt vorgegangen:

Beispiel

($\rightarrow$ Bilder 10.13 und 10.23)

10

- Ein lokales Koordinatensystem festgelegen. Der Koordinatenursprung ist ein Polygonpunkt, die x-Achse ist durch eine Polygonseite festgelegt.
- Der Koordinatenursprung hat die Koordinaten $x = 0$ und $y = 0$; oder die Ursprungkoordinaten erhalten einen runden Wert, um negative Koordinaten zu vermeiden.
- Der Richtungswinkel $t_{A,1}$ hat den Wert 0,000 gon.
- Die Kontrolle der Brechungswinkel errechnet sich zu:
  [Innenwinkel] $= (n - 2) \cdot 200$ gon,
  [Außenwinkel] $= (n + 2) \cdot 200$ gon.
  Die Brechungswinkel sind zu verbessern und die Richtungswinkel zu berechnen.
- Systematische Fehler der Streckenmessung führen zu einer sogenannten Maßstabsänderung und bleiben bei der Berechnung unerkannt.

Die weitere Berechnung erfolgt wie beim offenen, angeschlossenen Zug.

Eine Längs- und Querabweichung können bei geschlossenen Polygonzügen nicht bestimmt werden. Die Genauigkeit wird über den linearen Abschlußfehler f_s bestimmt.

Beispiel

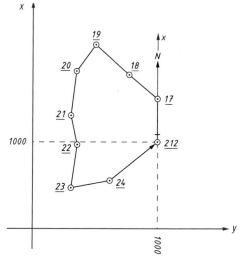

Bild 10.23   Geschlossener, nicht angeschlossener Polygonzug

Die nachfolgenden Werte ergeben sich aus dem Berechnungsbeispiel
in Tabelle 10.4:

$\beta_{212} = 142{,}267$ gon	Strecke $212 - 17 = 146{,}90$ m
$\beta_{17} = 144{,}132$ gon	$17 - 18 = 129{,}25$ m
$\beta_{18} = 201{,}740$ gon	$18 - 19 = 153{,}78$ m
$\beta_{19} = 93{,}381$ gon	$19 - 20 = 113{,}24$ m
$\beta_{20} = 169{,}217$ gon	$20 - 21 = 150{,}21$ m
$\beta_{21} = 177{,}545$ gon	$21 - 22 = 100{,}95$ m
$\beta_{22} = 221{,}914$ gon	$22 - 23 = 147{,}15$ m
$\beta_{23} = 79{,}557$ gon	$23 - 24 = 135{,}24$ m
$\beta_{24} = 170{,}220$ gon	$24 - 212 = 208{,}37$ m

Die Polygonseite von *212* nach *17* wird als Richtung der *x*-Achse festgelegt ($t_{212,17} = 0{,}000$ gon).

Um negative Koordinaten zu vermeiden, hat der Koordinatenursprung
die Koordinaten *x* = 1000,00 und *y* = 1000,00.

Tabelle 10.4 Berechnung eines geschlossenen, nicht angeschlossenen Polygonzuges

Datum:		Rechner:			Prüfer:			
Punkt	x, y t, β, s entn	Richtungswinkel t Brechungswinkel β	Strecke s	cos t sin t	① = 1,41432 s ② = sin (t + 45g) ① · ② || Δx + Δy	x Δx = s · cos t	y Δy = s · sin t	Punkt
1	2	3	4	5	6	7	8	9
				0				
				0	0			
⊙212				1 000 000		+ 1 000 00	1 000 00	⊙212
		0 00 00	146 90	0 000 000	+ 0 707 107	+ 146 90	± 0 00	
⊙17		144 13 20	129 25	+ 0 639 056		1 146 90	1 000 00	⊙17
		+ 30		− 0 769 160	− 0 091 997	+ 82 60	− 99 41	
⊙18		344 13 50	153 78	+ 0 659 873		1 229 50	900 59	⊙18
		201 74 00		− 0 751 377	− 0 064 703	101 48	− 115 55	
⊙19		+ 30		− 0 815 776		+ 01	785 04	⊙19
		345 87 80	113 24	− 0 578 367	− 0 985 809	1 303 99	− 65 49	
⊙20		93 38 10		− 0 991 137		− 92 38	719 55	⊙20
		+ 30		− 0 132 841	− 0 794 773	1 238 61	− 19 95	
⊙21		239 26 20	150 21	− 0 976 019		− 148 88	699 60	⊙21
		169 21 70		+ 0 217 683	− 0 536 225	+ 01	+ 21 98	
⊙22		+ 30		− 0 992 219		1 089 74	721 58	⊙22
		208 48 20	100 95	− 0 124 507	− 0 789 644	− 98 53	− 18 32	
⊙23		177 54 50		+ 0 194 982		991 21	703 26	⊙23
		+ 30	147 15	+ 0 980 807	+ 0 831 409	− 146 00	+ 132 64	
⊙24		186 03 00		+ 0 616 253		845 21	835 90	⊙24
		221 91 40	135 24	+ 0 787 548	+ 0 992 637	+ 26 37	+ 164 10	
⊙212		207 94 70	208 37			871 58	1 000 00	⊙212
		79 55 70				+ 128 41		
		+ 30				+ 01		
		87 50 70				1 000 00		
		170 22 00						
		+ 30						
		57 73 00						
		142 26 70−30						
	Soll	1400 00 00	1285 09	0		[Δₓ] − 0 03	[Δᵧ] + 0 00	Ist
	Ist	1399 97 30			0	[vΔₓ] + 0 03	[vΔᵧ] ± 0 00	
	[v_β]	+ 2 70		0				
	[v_βzul]							

$$[v_{\Delta x}]^2 + [v_{\Delta y}]^2 = v_L^2 + v_Q^2 \qquad ③\,[v_{\Delta y}]\,[\Delta y] + [v_{\Delta x}]\,[\Delta x] = \qquad v_L = \frac{③}{S} = \pm 0, \qquad (\text{zulässig})$$

$$S^2 = [\Delta x]^2 + [\Delta y]^2 \qquad S =$$

$$0, \quad = 0, \qquad ④\,[v_{\Delta y}]\,[\Delta x] - [v_{\Delta x}]\,[\Delta y] = \qquad v_Q = \frac{④}{S} = \pm 0, \qquad (\quad)$$

10

10.3 Zentrierung, exzentrische Richtungsmessung

Bei der Polygonierung, bei der Richtungsmessung zum Fernpunkt, ist manchmal die direkte Richtungsmessung nicht möglich. Es werden unterschieden:
– Der Instrumentenstandpunkt wird so verändert, daß der Zielpunkt angemessen werden kann. Man spricht von einer *Standpunktzentrierung*, von einem *Exzentrum im Standpunkt*.
– Das Signal für den Zielpunkt wird so verändert, daß vom Instrumentenstandpunkt der neue Zielpunkt angemessen werden kann. Man spricht von einer *Zielpunktzentrierung*, einem *Exzentrum im Zielpunkt*.

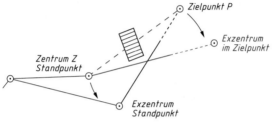

Bild 10.24   Exzentrische Richtungsmessung

Exzentrum im Standpunkt. Zu bestimmen ist der Brechungswinkel β_Z, der Winkel *AZP*, wobei *Z* und *P* Koordinatenpunkte sind.

Den neuen Standpunkt *Exz.* so wählen, daß *e* möglichst klein wird.

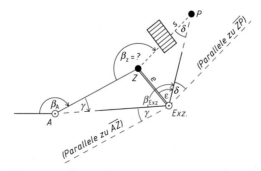

Bild 10.25   Exzentrum im Standpunkt, Standpunktzentrierung

Gemessene Größen:
Im Standpunkt *A* wird zusätzlich zum Brechungswinkel β_A der Winkel
γ gemessen.
Im Standpunkt *Exz.* wird der Winkel ε und β_{Exz} gemessen.
Der Abstand *e* die Strecke *Exz., Zentrum Z* wird auf Millimeter
bestimmt.

Berechnung:
Durch die Parallelen zu *AZ* und *ZP* erkennt man:

$$\beta_Z = \beta_{Exz} + \gamma + \delta$$

Aus den Koordinaten der Punkte *Z* und *P* errechnet man die Strecke
ZP = s. Mit Hilfe des Sinussatzes berechnet man den Winkel δ.

$$\sin \delta = \frac{e}{s} \cdot \sin \varepsilon$$

Exzentrum im Zielpunkt. Zu bestimmen ist der Brechungswinkel β_Z,
der Winkel *PZB*, wobei *Z* und *P* Koordinatenpunkte sind.

10

Gemessene Größen:
Im Standpunkt *Z* wird der Winkel β' gemessen.
Im Standpunkt *Exz.* wird der Winkel ε gemessen.
Die Strecke *e* wird auf Millimeter bestimmt.

Berechnung:

$$\beta_Z = \beta' + \delta$$

Aus den Koordinaten der Punkte *Z* und *P* errechnet man die Strecke
ZP = s. Mit Hilfe des Sinussatzes berechnet man den Winkel δ.

$$\sin \delta = \frac{e}{s} \cdot \sin \varepsilon$$

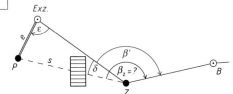

Bild 10.26
Exzentrum im Zielpunkt,
Zielpunktzentrierung

10.4   Vorwärtsschnitt

Der Vorwärtsschnitt ermöglicht die Bestimmung der Koordinaten eines Neupunktes N nur durch die Richtungsmessungen von zwei koordinatenmäßig bekannten Punkten P_1 und P_2.

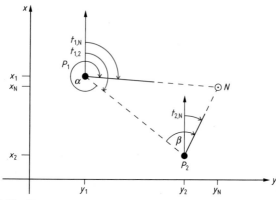

Bild 10.27   Vorwärtsschnitt

Gegebene Größen:
Punkt P_1 mit den Koordinaten y_1 und x_1,
Punkt P_2 mit den Koordinaten y_2 und x_2.

Gemessene Größen:
Winkel $P_2 P_1 N = \alpha$ (Zuerst den bekannten Punkt
                                                  und dann den Neupunkt
Winkel $P_1 P_2 N = \beta$ anzielen.)

Berechnung der Kordinaten y_N und x_N:

$$\tan t_{1,2} = \frac{y_2 - y_1}{x_2 - x_1}$$

$$t_{1,N} = t_{1,2} + \alpha \qquad t_{2,N} = t_{1,2} + \beta \pm 200 \text{ gon}$$

$$x_N = x_2 + \frac{(y_2 - y_1) - (x_2 - x_1) \cdot \tan t_{1,N}}{\tan t_{1,N} - \tan t_{2,N}}$$

Zur Kontrolle wird y_N zweimal berechnet, da die berechnete Größe x_N verwendet wird.

$$y_N = y_1 + (x_N - x_1) \cdot \tan t_{1,N}$$
$$y_N = y_2 + (x_N - x_2) \cdot \tan t_{2,N}$$

Beispiel

Gegebenen Größen:

Punkte	y	x
11	13 237,05	44 473,03
12	13 207,13	44 523,64

Gemessene Größen:
Winkel $12,11,12a = \alpha = 348{,}690$ gon
Winkel $11,12,12a = \beta = 51{,}682$ gon

Zu berechnen sind die Koordinaten des Neupunktes *12a*.

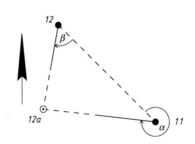

Bild 10.28
Vorwärtsschnitt
zum Punkt *12a*

$y_{12} - y_{11} = -29{,}92$
$x_{12} - x_{11} = +50{,}61$

$$\tan t_{11,12} = \frac{-29{,}92}{+50{,}61} \quad \Rightarrow \quad t_{11,12} = 366{,}010 \text{ gon}$$

$t_{11,12a} = 366{,}010 + 348{,}690 = 314{,}700$ gon
$t_{12,12a} = 366{,}010 + 51{,}682 \pm 200 = 217{,}692$ gon

$$x_N = 44\,523,64 + \frac{-29,92 - 50,61 \cdot \tan 314,700}{\tan 314,700 - \tan 217.692} = 44\,482,80$$

$$y_N = 13\,237,05 + 9,77 \cdot \tan 314,700 = 13\,195,49$$

$$y_N = 13\,207,13 - 40,84 \cdot \tan 217,692 = 13\,195,48$$

10.5   Rückwärtsschnitt mit Lösung nach *Cassini*

Der Rückwärtsschnitt ermöglicht die Bestimmung der Koordinaten eines Standpunktes *N*, wenn vom Standpunkt Richtungsmessungen zu drei koordinatenmäßig bekannten Punkten *A*, *M* und *B* möglich sind.

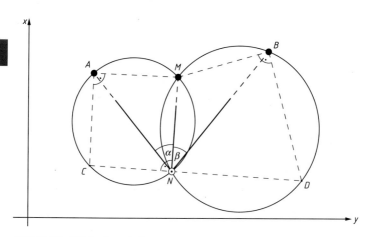

Bild 10.29   Rückwärtsschnitt

Gegebene Größen:
Punkt *A* mit den Koordinaten y_A und x_A.
Punkt *M* mit den Koordinaten y_M und x_M.
Punkt *B* mit den Koordinaten y_B und x_B.

Gemessene Größen:
Winkel *ANM* = α.
Winkel *MNB* = β.

Berechnung der Koordinaten y_N und x_N

Durch drei Punkte ist die Lage eines Kreises eindeutig bestimmt. Es wird je ein Kreis durch die Punkte A, M, N und die Punkte B, M, N gelegt.

Auf den beiden Kreisen liegen die Hilfspunkte C und D.

$$y_C = y_A - (x_A - x_M) \cdot \cot \alpha \qquad y_D = y_B + (x_B - x_M) \cdot \cot \beta$$

$$x_C = x_A + (y_A - y_M) \cdot \cot \alpha \qquad x_D = x_B - (y_B - y_M) \cdot \cot \beta$$

$$\tan t_{D,C} = \frac{y_C - y_D}{x_C - x_D} \qquad \tan t_{M,N} = \frac{-(x_C - x_D)}{y_C - y_D}$$

$$t_{A,N} = t_{M,N} - a \qquad t_{B,N} = t_{M,N} + b$$

$$x_N = x_D + \frac{(y_M - y_D) - (x_M - x_D) \cdot \tan t_{M,N}}{\tan t_{D,C} - \tan t_{M,N}}$$

$$x_N = x_A + \frac{(y_B - y_A) - (x_B - x_A) \cdot \tan t_{B,N}}{\tan t_{A,N} - \tan t_{B,N}}$$

$$y_N = y_D + (x_N - x_D) \cdot \tan t_{D,C}$$

$$y_N = y_A + (x_N - x_A) \cdot \tan t_{A,N}$$

10

- Gefährlicher Kreis

Liegen die vier Punkte A, M, B und N auf einen Kreis, den gefährlichen Kreis, so ist die Lösung unbestimmt!

Die beiden Kreise fallen dann zusammen; es existiert kein Schnittpunkt der Kreise.

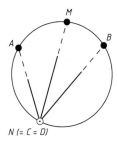

Bild 10.30 Gefährlicher Kreis

10.6   Einfacher Bogenschnitt

Der einfache Bogenschnitt ermöglicht die Berechnung der Koordinaten eines Neupunktes N, wenn von zwei koordinatenmäßig bekannten Punkten P_1 und P_2 die Strecken zum Neupunkt gemessen werden.

Gegebene Größen:
Punkt P_1 mit den Koordinaten y_1 und x_1.
Punkt P_2 mit den Koordinaten y_2 und x_2.

Gemessene Größen:
Strecke $P_1N = s_1$ Strecke $P_2N = s_2$
Strecke $P_1P_2 = s$ messen oder aus den Koordinaten berechnen.

Analytische Lösung

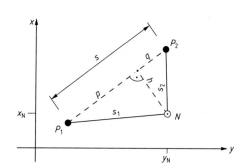

Bild 10.31
Einfacher Bogenschnitt;
analytische Lösung

■ Unter Anwendung der Gleichungen für die Berechnung von „Höhe und Höhenfußpunkt" gilt:

$$p = \frac{s_1^2 + s^2 - s_1^2}{2s} \qquad\qquad q = \frac{s_2^2 + s^2 - s_1^2}{2s}$$

$$h = \sqrt{s_1^2 - p^2} \qquad\qquad\qquad h = \sqrt{s_2^2 - q^2}$$

■ Der Neupunkt N berechnet sich als seitwärts gelegener Kleinpunkt:

$$a = \frac{x_2 - x_1}{s} \qquad o = \frac{y_2 - y_1}{s}$$

$$\boxed{\begin{array}{l} y_N = y_1 + o \cdot p + a \cdot h \\ x_N = x_1 + a \cdot p - o \cdot h \end{array}}$$

Kontrolle:
$x_2 = x_1 + a \cdot s$
$y_2 = y_1 + o \cdot s$

$+ h$ wenn h *rechts* von P_1P_2
$- h$ wenn h *links* von P_1P_2

Trigonometrische Lösung

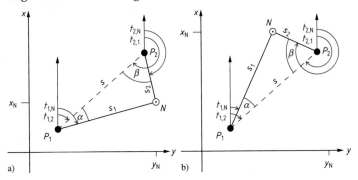

Bild 10.32 Einfacher Bogenschnitt; trigonometrische Lösung
a) Neupunkt rechts von P_1P_2; b) Neupunkt links von P_1P_2

- Berechnung des Richtungswinkels $t_{1,2}$: $\tan t_{1,2} = \dfrac{y_2 - y_1}{x_2 - x_1}$

- Innenwinkel α und β mit dem Kosinussatz berechnen:

$$\cos \alpha = \frac{s^2 + s_1^2 - s_2^2}{2s \cdot s_1} \qquad\qquad \cos \beta = \frac{s^2 + s_2^2 - s_1^2}{2s \cdot s_2}$$

- Richtungswinkel zu dem Neupunkt berechnen:

(N liegt *rechts* von P_1P_2) (N liegt *links* von P_1P_2)

$t_{1,N} = t_{1,2} + \alpha$ $\qquad\qquad$ $t_{1,N} = t_{1,2} - \alpha$

$t_{2,N} = t_{2,1} - \beta$ $\qquad\qquad$ $t_{2,N} = t_{2,1} + \beta$

- Neupunktkoordinaten durch polares Anhängen berechnen:

$y_N = y_1 + s_1 \cdot \sin t_{1,N}$	$x_N = x_1 + s_1 \cdot \cos t_{1,N}$
$y_N = y_2 + s_2 \cdot \sin t_{2,N}$	$x_N = x_2 + s_2 \cdot \cos t_{2,N}$

10.7 Geradenschnitt

Schnittpunktkoordinaten zweier Geraden. Sind zwei Geraden g_1 und g_2 eindeutig bestimmt und schneiden sich beide Geraden im Punkt S, so lassen sich deren Koordinaten x_S und y_S berechnen.

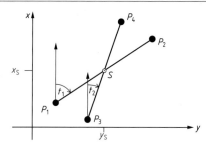

Bild 10.33
Schnitt zweier Geraden

Gegebene Größen

Für die Gerade g_1: P_1 mit den Koordinaten y_1 und x_1,
                     P_2 mit den Koordinaten y_2 und x_2

oder P_1 (y_1, x_1) und der Richtungswinkel t_1.

Für die Gerade g_2: P_3 mit den Koordinaten y_3 und x_3,
                     P_4 mit den Koordinaten y_4 und x_4

oder P_3 (y_3, x_3) und der Richtungswinkel t_2.

Berechnung der Schnittpunktkoordinaten

Sind die Richtungswinkel nicht gegeben, so werden diese berechnet.

$$\tan t_1 = \frac{y_2 - y_1}{x_2 - x_1} \qquad\qquad \tan t_2 = \frac{y_4 - y_3}{x_4 - x_3}$$

Nach der Punktrichtungsform der Geradengleichung ergibt sich dann:

$$y_S = y_1 + (x_S - x_1) \cdot \tan t_1 \qquad y_S = y_3 + (x_S - x_3) \cdot \tan t_2$$

Durch Gleichsetzen beider Gleichungen und Umformung erhält man:

$$\boxed{x_S = x_1 + \frac{(y_3 - y_1) - (x_3 - x_1) \cdot \tan t_2}{\tan t_1 - \tan t_2}} \qquad \text{oder}$$

$$\boxed{x_S = x_3 + \frac{(y_3 - y_1) - (x_3 - x_1) \cdot \tan t_1}{\tan t_1 - \tan t_2}}$$

$$\boxed{y_S = y_1 + (x_S - x_1) \cdot \tan t_1 \quad \text{und} \quad y_S = y_3 + (x_S - x_3) \cdot \tan t_2}$$

Kontrolle:

$$\tan t_1 = \frac{y_2 - y_S}{x_2 - x_S}$$ und $$\tan t_2 = \frac{y_4 - y_S}{x_4 - x_S}$$

Schnitt mit Gitterlinien parallel zur *y*-Achse

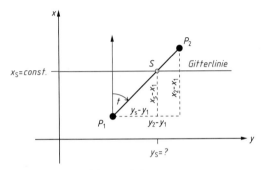

Bild 10.34 Gitterlinie parallel zur *y*-Achse

Gegebene Größen
Für die Gerade *g*: P_1 mit den Koordinaten y_1 und x_1,
P_2 mit den Koordinaten y_2 und x_2

oder $P_1 (y_1, x_1)$ und der Richtungswinkel *t*

Gitterlinie : $x = x_S = const.$

Berechnung der Schnittpunktkoordinaten:

Ist der Richtungswinkel nicht gegeben, so wird dieser berechnet:

$$\tan t = \frac{y_2 - y_1}{x_2 - x_1}$$

Nach der Punktrichtungsform der Geradengleichung ergibt sich dann:

$$y_S = y_1 + (x_S - x_1) \cdot \tan t$$

x_S ist der *x*-Wert für die Parallele zur *y*-Achse.

Schnitt mit der Gitterlinie parallel zur *x*-Achse

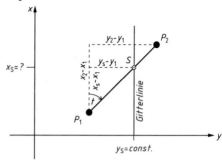

Bild 10.35
Schnitt mit der Gitterlinie
parallel zur *x*-Achse

Gegebene Größen:
Für die Gerade *g*: P_1 mit den Koordinaten y_1 und x_1,
                P_2 mit den Koordinaten y_2 und x_2

oder $P_1 (y_1, x_1)$ und der Richtungswinkel *t*

Gitterlinie: $y = y_s = const.$

Berechnung der Schnittpunktkoordinaten:

Schreibt man die Punktrichtungsgleichung $\dfrac{y_S - y_1}{x_S - x_1} = \tan t$ in die Form:

$\dfrac{x_S - x_1}{y_S - y_1} = \cot t$ und löst diese nach x_S auf, so erhält man:

$$x_S = x_1 + (y_S - y_1) \cdot \cot t \qquad \text{mit} \qquad \cot t = \frac{x_2 - x_1}{y_2 - y_1}$$

y_S ist der *y*-Wert für die Parallele zur *x*-Achse!

Beispiel

Aufgabenstellung:

Zu berechnen sind die Koordinaten für
a) den Schnittpunkt der Messungslinien *33, 34* und *110, 111*;
b) den Schnittpunkt der Messungslinie *33, 34* mit der Gitterlinie
   $x = 54\,050$;
c) den Schnittpunkt der Messungslinie *33, 34* mit der Gitterlinie
   $y = 41\,050$.

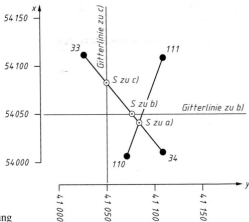

Bild 10.36
Schnittpunktberechnung

10

Gegebene Größen

Punkt	y	x
33	41 023,16	54 104,25
34	41 108,33	54 011,84
110	41 070,26	54 009,81
111	41 107,48	54 107,17

Lösung zu a)

$P_1 \Rightarrow 110$	$y_2 - y_1 = 37,22$	$x_2 - x_1 = 97,36$
$P_2 \Rightarrow 111$	$y_4 - y_3 = -85,17$	$x_4 - x_3 = 92,41$
$P_3 \Rightarrow 34$	$y_3 - y_1 = 38,07$	$x_3 - x_1 = 2,03$
$P_4 \Rightarrow 33$		

$$\tan t_1 = \tan t_{110,111} = \frac{37,22}{97,36} = 0,38\ 229$$

$$\tan t_2 = \tan t_{34,33} = \frac{-85,17}{92,41} = -0,92\ 165$$

$$x_S = 54\ 009,81 + \frac{38,07 - 2,03 \cdot (-0,92\ 165)}{0,38\ 229 + 0,92\ 165} = 54\ 040,44$$

$$y_S = 41\ 070,26 + 30,63 \cdot 0,38\ 229 \qquad = 41\ 081,97$$

$$y_S = 41\ 108,33 + 28,60 \cdot (-0,92\ 165) \qquad = 41\ 081,97$$

Lösung zu b)

$P_1 \Rightarrow 34$ $y_2 - y_1 = -85,17$
$P_2 \Rightarrow 33$ $x_2 - x_1 =\ \ \ 92,41$
$x_S = 54\,050$ $x_S - x_1 =\ \ \ 38,16$

$$\tan t = \tan t_{34,33} = \frac{-85,17}{92,41} = -0,92\,165$$

$$y_S = 41\,108,33 + 38,16 \cdot (-0,92\,165) = 41\,073,16$$

Lösung zu c)

$P_1 \Rightarrow 34$ $y_2 - y_1 = -85,17$
$P_2 \Rightarrow 33$ $x_2 - x_1 =\ \ \ 92,41$
$y_S = 41\,050$ $y_S - y_1 = -58,33$

$$\cot t = \cot t_{34,33} = \frac{92,41}{-85,17} = -1,08\,501$$

$$x_S = 54\,011,81 + (-58,33) \cdot (-1,08\,501) = 54\,075,13$$

10.8   Koordinatentransformation

10.8.1   Übersicht der Transformationen

Nachfolgende Transformationsarten werden unterschieden:

Koordinaten eines lokalen Systems, die sich zum z. B. aus der orthogonalen Aufmessung ergeben	$\Rightarrow$	Koordinaten eines übergeordneten Systems; z. B. Gauß-Krüger Koordinaten

(Diese Transformationsform ist Inhalt der Kleinpunktberechnung!)

Koordinaten eines übergeordneten Systems; z. B. Gauß-Krüger Koordinaten	$\Rightarrow$	Koordinaten eines lokalen Systems z. B. orthogonale Absteckmaße für koordinatenmäßig bekannte Punkte

(Diese Transformation wird im Abschn. 10.8.2 behandelt)

Koordinaten eines übergeordneten Systems	$\Rightarrow$	Koordinaten eines übergeordneten Systems

(z. B. Koordinatenangaben für Lagefestpunkte in Überlappungszonen zweier Koordinatensysteme)

10.8.2 Transformation über zwei identische Punkte auf der Messungslinie

Gegebene und gesuchte Größen. Voraussetzung dieser Transformation sind zwei Punkte A und E, die im übergeordneten (alten) und im lokalen (neuen) System nach ihren Koordinaten bekannt sind.

Punkt	altes Koordinatensystem		neues Koordinatensystem	
	y^*	x^*	y	x
A	y_A^*	x_A^*	y_A	x_A
E	y_E^*	x_E^*	y_E	x_E
P	y_P^*	x_P^*	y_P?	x_P?

Zu berechnen die Koordinaten x_P und y_P im neuen Koordinatensystem!

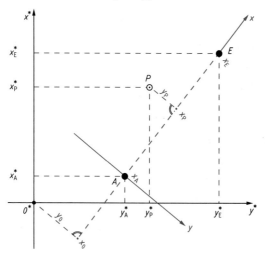

Bild 10.37 Transformation des Punktes P

Berechnungsablauf

Zuerst werden die Koordinaten y_0 und x_0 für den Koordinatenursprung 0^* des alten Systems berechnet.

Die Koordinaten x_P^* und y_P^* betrachtet man als Abszissen- und Ordinatenmaße des Punktes P. Die Berechnung der Koordinaten x_P und y_P ist dann eine Kleinpunktberechnung.

- Rechengrößen:

Gemessene Strecke: $\quad s = x_E - x_A$

Berechnete Strecke: $\quad s^* = \sqrt{(y_E^* - y_A^*)^2 + (x_E^* - x_A^*)^2}$

Maßstabsfaktor: $\quad m = \dfrac{s}{s^*}$

Der Maßstabsfaktor resultiert aus dem Widerspruch zwischen der gemessenen und berechneten Strecke. Der Maßstabsfaktor hat den Wert 1, wenn $s = s^*$ ist oder das Maß s nicht gemessen wurde.

$$o = -\frac{(y_E^* - y_A^*)}{s^*} \cdot m = -\frac{(y_E^* - y_A^*) \cdot s}{s^{*2}}$$

$$a = \frac{(x_E^* - x_A^*)}{s^*} \cdot m \quad = \frac{(x_E^* - x_A^*) \cdot s}{s^{*2}}$$

- Berechnung der Koordinaten y_0 und x_0:

$$y_0 = y_A - o \cdot x_A^* - o \cdot y_A^*$$

$$x_0 = x_A - a \cdot x_A^* + o \cdot y_A^*$$

- Berechnung der Koordinaten y_P und x_P:

$$y_P = y_0 + o \cdot x_P^* + a \cdot y_P^*$$

$$x_P = x_0 + a \cdot x_P^* - o \cdot y_P^*$$

- Kontrolle:

Werden n Punkte P transformiert und die Transformationsgleichungen addiert, so erhält man die Kontrollgleichung:

$$[y] = n \cdot y_0 + o \cdot [x^*] + a \cdot [y^*]$$

$$[x] = n \cdot x_0 + a \cdot [x^*] - o \cdot [y^*]$$

[y]	Summe der berechneten neuen Koordinaten y
[x]	Summe der berechneten neuen Koordinaten x
[x*]	Summe der alten Koordinaten x^* für die n Punkte P
[y*]	Summe der alten Koordinaten y^* für die n Punkte P

Beispiel

Gegeben sind die Koordinaten der Polygonpunkte *11* und *12* sowie die der Trassenpunkte *A* und *B*.
Zu berechnen sind die orthogonalen Absteckmaße der Punkte *A* und *B* von der Messungslinie PP *11*, PP *12* aus.

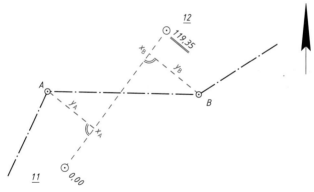

Bild 10.38   Koordinatentransformation für die Punkte *A* und *B*

■ Gegebene Koordinaten

Punkte	y^*	x^*	y	x
PP *11*	31 475,05	56 211,54	0,00	0,00
PP *12*	31 559,40	56 296,01	0,00	119,35
A	31 500,00	56 260,50	y_A	x_A
B	31 555,50	56 260,50	y_B	x_B

- Berechnung von o und a

$$y_E^* - y_A^* = 84{,}35$$
$$x_E^* - x_A^* = 84{,}47$$

$$s = 119{,}35 \qquad s^* = \sqrt{84{,}35^2 + 84{,}47^2} = 119{,}37$$

$$o = -\frac{84{,}35 \cdot 119{,}35}{119{,}37^2} = -0{,}70\,651 \qquad a = \frac{84{,}47 \cdot 119{,}35}{119{,}37^2} = 0{,}70\,751$$

- Berechnung der Koordinaten y_0 und x_0

$$y_0 = 0{,}00 + 0{,}70\,651 \cdot 56\,211{,}54 - 0{,}70\,751 \cdot 31\,475{,}05 = \quad 17\,445{,}10$$
$$x_0 = 0{,}00 - 0{,}70\,751 \cdot 56\,211{,}54 - 0{,}70\,651 \cdot 31\,475{,}05 = -62\,007{,}66$$

- Berechnung der neuen Koordinaten

$$y_A = \quad 17\,445{,}10 - 0{,}70\,651 \cdot 56\,260{,}50 + 0{,}70\,751 \cdot 31\,500{,}00$$
$$y_A = -16{,}94$$

$$x_A = -62\,007{,}66 + 0{,}70\,751 \cdot 56\,260{,}50 + 0{,}70\,651 \cdot 31\,500{,}00$$
$$x_A = \quad 52{,}27$$

$$y_B = 17\,445{,}10 - 0{,}70\,651 \cdot 56\,260{,}50 + 0{,}70\,751 \cdot 31\,555{,}50$$
$$y_B = 22{,}33$$

$$x_B = -62\,007{,}66 + 0{,}70\,751 \cdot 56\,260{,}50 + 0{,}70\,651 \cdot 31\,555{,}50$$
$$x_B = \quad 91{,}48$$

Diese Rechenarbeit wird wesentlich erleichtert, wenn die führenden Ziffern der Koordinaten, die sich nicht ändern, vorübergehend vernachlässigt werden.

Das würde im Beispiel bedeuten, daß die y-Achse um 56 000 m und die x-Achse um 31 000 m verschoben werden.

11 Satellitenvermessung

11   Satellitenvermessung

Seit 1960 existieren Satellitensysteme für Positionsbestimmungen auf
der Erde. Zwischen den Satelliten und dem Standpunkt, der Station auf
der Erde, werden Distanzen und Änderungen der Distanzen gemessen.
Aus diesen Messungen und den Positionen der Satelliten können die
dreidimensionalen Koordinaten x, y, und z des Standpunktes berechnet
werden. Standpunkte auf der Erde sind Festpunkte und Meßpunkte.
Das Satellitensystem GPS (**G**lobal **P**ositioning **S**ystem) hat in der
Geodäsie die breiteste Anwendung gefunden.

Meßprinzip. Das Meßprinzip ist der Phasenentfernungsmessung ($\rightarrow$
Abschn. 6.3.1) ähnlich. Gegenüber der elektrooptischen Entfernungsmessung befinden sich Sender und Empfänger nicht in einem Instrument.

Sender: Satellit
Empfänger: Bodenstation mit Antenne und Empfänger

Sender und Empfänger erzeugen Signale mit aufmoduliertem Binär-
code. Beide Systeme verfügen über genaueste Uhren, so daß beide
Systemzeiten und die binären Signalmuster synchron verlaufen.

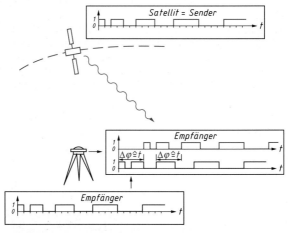

Bild 11.1   Signalmuster von Satellit und Empfänger
(Systemskizze stark vereinfacht)

Werden die Signale des Satelliten von der Bodenstation aufgenommen, so hat sich das Signalmuster des Satelliten gegenüber dem Signalmuster des Empfängers um $\Delta\varphi$ verschoben, denn das Satellitensignal benötigt die Laufzeit t bis zum Empfänger.

Für die Größen

λ	Wellenlänge
c	Ausbreitungsgeschwindigkeit
s	Distanz zwischen Satellit und Empfänger
$\Delta\varphi$	Phasendifferenz
t	Laufzeit
2π	Bogenmaß für 360°

gelten folgende Zusammenhänge und die Distanz s wird berechnet:

$$c = \frac{s}{t} \quad \Rightarrow \quad \boxed{s = c \cdot t}$$

$$\frac{2\pi}{\lambda} = \frac{\Delta\varphi}{s} \quad \Rightarrow \quad \boxed{s = \frac{\Delta\varphi \cdot \lambda}{2\pi}}$$

Satelliten für das GPS. Für das Satellitensystem GPS stehen 24 Satelliten zur Verfügung, 21 Satelliten und 3 Reservesatelliten. Diese 24 Satelliten bilden 6 Bahnebenen mit je 4 Satelliten auf einer Bahn.
Diese Bahnen sind etwa kreisförmig mit den Höhen von rund 20 000 km. Es sind keine geostationären Bahnen, sondern die Bahn wird von den Satelliten in 12 Stunden einmal durchlaufen.
Die Anordnung der Satelliten auf den Bahnen ermöglicht die Beobachtung von mindestens 4 Satelliten von jedem Standpunkt auf der Erde.

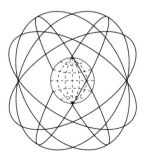

Bild 11.2
Bahnebenen der Satelliten

Signale. Das GPS-System besitzt eine eigene GPS-System-Zeit.
Jeder Satellit sendet ständig zwei Signale L_1 und L_2 mit spezieller
Signalstruktur aus. Auf die Signale L_1 und L_2 werden Binärcodes auf-
moduliert. Diese Binärcodes sind Rechtecksignale mit den Werten
0 und 1. Außerdem wird noch ein Datensignal aufgeprägt.

Die Binärcodes haben folgende Funktionen:

– *Identifikation der Satelliten:* Jeder Satellit unterscheidet sich im
Codemuster.
Der Empfänger erzeugt ebenfalls das Codemuster und kann dieses
dann mit dem vom Satellit empfangenen Codemuster vergleichen und
so den Satelliten identifizieren.

– *Messung der Laufzeit:* Gemessen wird die Zeit für den Signallauf
vom Satelliten bis zur Station auf der Erde.
Von der Gesamtheit des Codes erhält jeder Satellit nur ein Teilstück.
So unterscheidet sich jeder Satellit von dem anderen. Alle 7 Tage wird
für den Satelliten das Teilstück des Codes gewechselt.

– *Datensignal:* Das Datensignal enthält Zusatzdaten für die Ortung
und Navigation. Es besteht aus Blöcken, die wiederum fünf Teilblöcke
unterscheiden. Die Teilblöcke enthalten folgende Informationen:
1. Daten für die Uhrenkorrektur
   Daten für die Laufzeitverzögerung der Signale in der Atmosphäre
2. und 3. Parameter der *Ephemeriden:*
   Das sind Daten über die Bahn der Satelliten. Sie ermöglichen die
   Berechnung der Satellitenposition und der Koordinaten.
4. Informationen für spezielle Nachrichten
5. Die *Almanach-Daten:*
   Sie enthalten für alle Satelliten die Informationen der Teilblöcke 1
   bis 3 mit geringerer Genauigkeit. Außerdem enthalten sie Informationen über den Zustand des Satelliten. Die Almanach-Daten ermöglichen eine schnelle Auswahl von Satelliten.

Positionsbestimmung der Satelliten. Voraussetzung für die Positionsbestimmung der Station sind die bekannten Positionen der angemessenen Satelliten.
Es existieren fünf Kontrollstationen, die auf der Erde verteilt liegen.
Diese Kontrollstationen führen Distanzmessungen zu den Satelliten
aus. Die Hauptstation in Colorado Springs berechnet daraus alle
8 Stunden die Uhrenparameter und zukünftige Bahnparameter. Sie
werden zu den Satelliten gesendet.
Die Satelliten senden diese Daten (Datensignal) an den Empfänger.

Satellitenempfangsanlage. Sie besteht aus:

– *Antenne:* Die Antenne empfängt die Signale von den Satelliten, die im Empfangsbereich liegen.
Dieser Empfangsbereich kann z. B. durch Bäume und Bauten jeglicher Art stark eingeschränkt werden.
– *Empfänger:* Der Empfänger identifiziert die einzelnen Satelliten und führt die Distanzmessung zwischen Satellit und Bodenstation aus.

Punktbestimmung. Beim Bogenschnitt ($\rightarrow$ Abschn. 10.6) in der Ebene können die Koordinaten eines Neupunktes auf der Grundlage der Koordinaten zweier Festpunkte und der Streckenmessungen zwischen den Festpunkten und dem Neupunkt berechnet werden. Die gemessenen Strecken definieren jeweils zwei Kreise in dessen Schnittpunkt der Neupunkt liegt.

Für die Satellitenvermessung gilt:

Gegebene Satellitenkoordinaten der Satelliten:

Satellit S_1	Koordinaten:	x_1	y_1	z_1
Satellit S_2	Koordinaten:	x_2	y_2	z_2
Satellit S_3	Koordinaten:	x_3	y_3	z_3

Gemessene Strecken: s_1; s_2; s_3

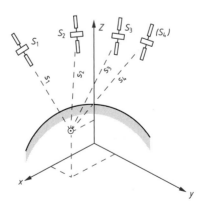

Bild 11.3

Mit jeder gemessenen Strecke s kann eine Kugel um einen Satelliten beschrieben werden. Zwei Kugeln bilden miteinander eine Schnittlinie. Die dritte Kugel schneidet die Schnittlinie in einem Punkt, dem Standpunkt N.

Durch die Messung zu einem vierten Satelliten kann ein Laufzeitfehler im Empfänger ausgeglichen werden. Die Uhr im Empfänger kann daher etwas weniger aufwendig ausfallen.

11

12 Kreisbogen

12

12 Kreisbogen

Bögen, wie sie z. B. für Fahrwege benutzt werden, sind vielfach Teil eines Kreises, ein Kreisbogen. Kreisbogenpunkte werden aufgemessen oder abgesteckt.

12.1 Kreisgrößen und Grundgleichungen

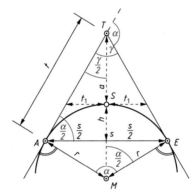

Bild 12.1 Punkte und Größen am Kreisbogen

Punkte:

A Bogenanfang (*BA*)
S Bogenmittelpunkt, Scheitelpunkt (*BM*)   ⎱ Hauptpunkte
E Bogenende (*BE*)   ⎰
M Mittelpunkt des Kreises
T Tangentenschnittpunkt (*TS*)

Bestimmungsgrößen:

a	Scheitelabstand	t_1	Scheiteltangente
h	Pfeilhöhe	b	Länge des Kreisbogens
s	Sehnenlänge	γ	Tangentenschnittwinkel
t	Tangentenlänge	α	Zentriwinkel

Grundgleichungen. Sind der Radius r, der Zentriwinkel α oder der Tangentenschnittwinkel γ gegeben, so gelten folgende Gleichungen:

■ Für den Zentriwinkel α gilt:
Da die Radien senkrecht zu den Tangenten stehen, folgt aus dem Viereck *ATEM*:

$$\alpha = 200 \text{ gon} - \gamma$$ oder $$\frac{\alpha}{2} = 100 \text{ gon} - \frac{\gamma}{2}$$

■ Für die Bogenlänge b gilt:

$$b = \frac{r \cdot \alpha}{rad}$$

Kontrolle:

$b = \text{arc } \alpha \cdot r$

■ Für die Tangentenlänge t gilt:

$$t = r \cdot \tan \frac{\alpha}{2}$$

Kontrolle:

$t = (a + r) \cdot \sin \frac{\alpha}{2}$

■ Für die Pfeilhöhe h gilt:

$$h = r - r \cdot \cos \frac{\alpha}{2} = r \left(1 - \cos \frac{\alpha}{2} \right)$$

Kontrolle:

$h = \frac{s}{2} \cdot \tan \frac{\alpha}{2}$

12

■ Für den Scheitelabstand a gilt:

$$a = \frac{r}{\cos \frac{\alpha}{2}} - r = r \cdot \left(\frac{1}{\cos \frac{\alpha}{2}} - 1 \right)$$

Kontrolle:

$a = r \cdot \tan \frac{\alpha}{2} \cdot \tan \frac{\alpha}{4}$

■ Für die Sehnenlänge s gilt:

$$s = 2r \cdot \sin \frac{\alpha}{2}$$

Kontrolle:

$\frac{s}{2} = t \cdot \cos \frac{\alpha}{2}$

Grundgleichungen und Kontrollgleichungen unterscheiden sich in den einzelnen Formelsammlungen.

■ Als Grundgleichung gilt auch die Gleichung für die Berechnung des Radius r:

$$r = \frac{s^2}{8h} + \frac{h}{2}$$

12.2   Bestimmung des Tangentenschnittwinkels

Für die meisten Berechnungsarbeiten und Absteckungen gilt:

Die Tangentenrichtungen des Kreisbogens sind gegeben.
Zu bestimmen ist der Tangentenschnittwinkel γ.
Ist der Tangentenschnittpunkt zugänglich, so kann γ gemessen oder
aus Messungen berechnet werden.
Ist der Tangentenschnittpunkt nicht zugänglich, so müssen Messungen
die indirekte Bestimmung von γ ermöglichen.

Tangentenschnittpunkt zugänglich, Messung ohne Theodolit. Die
Tangentenrichtungen sind durch P_A und A sowie durch P_E und E
bestimmt.

Gemessen werden die Seiten a, b, c des rechtwinkligen Hilfsdreiecks.

▪ Der Tangentenschnittwinkel γ berechnet sich zu :

$$\sin \gamma = \frac{b}{c} \qquad \text{oder} \qquad \tan \gamma = \frac{b}{a}$$

▪ Der Zentriwinkel α ergibt sich zu: $\alpha = 200 \text{ gon} - \gamma$

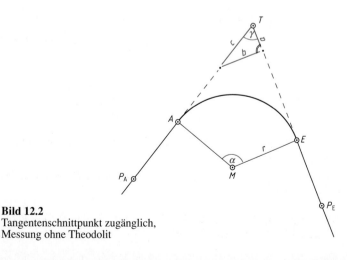

Bild 12.2
Tangentenschnittpunkt zugänglich,
Messung ohne Theodolit

Tangentenschnittpunkt nicht zugänglich, Messung mit Theodolit.
Die Tangentenrichtungen sind gegeben durch A und P_A sowie E und P_E.

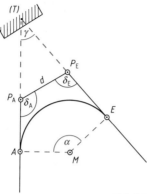

Bild 12.3 Tangentenschnittpunkt nicht zugänglich, Messung mit Theodolit

Gemessen wurden: Strecke $\overline{P_A P_E} = d$
Winkel δ_A und δ_E

Zu *berechnen* sind: Tangentenschnittwinkel γ
Zentriwinkel α
Abschnitte auf den Tangente $\overline{P_A T}$ und $\overline{P_E T}$

- Tangentenschnittwinkel γ:

$$\gamma = \delta_A + \delta_E - 200 \text{ gon} \qquad (\delta_A, \delta_E \text{ Außenwinkel am Dreieck } P_A P_E T)$$

- Zentriwinkel α:

$$\alpha = 200 \text{ gon} - \gamma$$

oder als Ergebnis aus dem Fünfeck $M A P_A P_E E$:

$$\alpha = 600 \text{ gon} - (2 \cdot 100 \text{ gon} + \delta_A + \delta_E) = 400 \text{ gon} - (\delta_A - \delta_E)$$

- Tangentenabschnitte $\overline{P_A T}$ und $\overline{P_A T}$:

$$\overline{P_A T} = \frac{d \cdot \sin \delta_E}{\sin \gamma} \qquad\qquad \overline{P_E T} = \frac{d \cdot \sin \delta_A}{\sin \gamma}$$

Der Innenwinkel des Dreiecks $P_A T P_E$ im Punkt P_A ist gleich $200 \text{ gon} - \delta_A$. Es gilt: $\sin(200 \text{ gon} - \delta_A) = \sin \delta_A$.

Kreisbogen ohne gegebenen Bogenanfang und Bogenende. Zwei
Geraden werden durch einen Kreisbogen verbunden. Die Geraden
schließen tangential an den Kreisbogen an. Zu bestimmen sind die
Bogenhauptpunkte; es wird mit dem Theodilit gearbeitet.

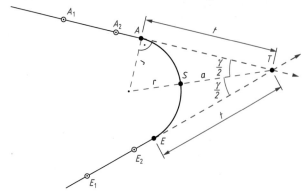

Bild 12.4 Kreisbogen ohne gegebenen Bogenanfang und Bogenende

– Auf den Geraden, den Tangenten, die Punkte A_1 und A_2 sowie E_1
  und E_2 festlegen. Die Tangenten werden mit diesen Punkten ver-
  längert. Die Verlängerungen schneiden sich im Punkt T, dem
  Tangentenschnittpunkt.
– Im Tangentenschnittpunkt T den Tangentenschnittwinkel γ mit dem
  Theodolit messen.
– Scheitelabstand a als Winkelhalbierende von γ oder als kürzestes
  Maß von T bis zum Bogen messen. Der Schnittpunkt der Winkel-
  halbierende von γ mit dem Kreisbogen ist Scheitelpunkt S.

■ Der Radius r berechnet sich ohne Formelsammlung zu:

$$\sin \frac{\gamma}{2} = \frac{r}{r + a} \qquad \Rightarrow \qquad r = \frac{a \cdot \sin \dfrac{\gamma}{2}}{1 - \sin \dfrac{\gamma}{2}}$$

■ Die Tangentenlänge t für die Findung des Bogenanfangs A und
Bogenendes E berechnet sich zu:

$$t = r \cdot \tan \frac{\alpha}{2}$$

Kreisbogen mit großem Radius. Solche Kreisbögen mit großem Radius sind z.B. Teile des Fahrweges. Ist der Radius groß, so kann man annehmen, daß der Tangentenschnittpunkt T unzugänglich ist, daß der Bogenanfang A und das Bogenende E weit vom Tangentenschnittpunkt entfernt ist.

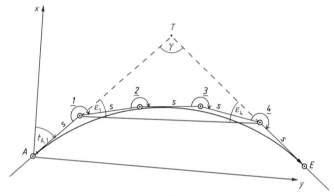

Bild 12.5 Kreisbogen mit großem Radius

Gegeben: Bogenanfang A und Punkt *1* für die Tangentenrichtung
Bogenende E und Punkt *4* für die Tangentenrichtung

Gemessen: Ein Polygonzug: $A \Rightarrow 1 \Rightarrow 2 \Rightarrow 3 \Rightarrow 4 \Rightarrow E$

Ein lokales Koordinatensystem hat seinen Koordinatenursprung im Punkt A. Die x-Achse wird beliebig etwa rechtwinklig zu $\overline{AE}$ gelegt. Der Winkel $t_{A,1}$ wird gemessen. Es existiert kein Richtungsabschluß in A und E.

Nach der Berechnung der Polygonpunktkoordinaten im lokalen System werden die Strecke $\overline{1,4}$ und die Winkel ε_1 und ε_4 berechnet.

$$\varepsilon_1 = t_{1,4} - t_{A,1} \qquad\qquad \varepsilon_4 = t_{E,4} - t_{4,1}$$

$$\gamma = 200 \text{ gon} - (\varepsilon_1 + \varepsilon_4)$$

Das Dreieck *1T4* ist damit bestimmt.

12.3 Bogenkleinpunkte

Die Bogenhauptpunkte bestimmen nur in drei Punkten den Bogen. Die Bogenpunkte sollen durch Bogenkleinpunkte verdichtet werden, um den Bogenverlauf besser zu erfassen.

Abstecken von der Tangente, gleiche Abstände auf der Tangente.
Vom Bogenanfang *A* sollen in Richtung der Tangente Zwischenpunkte auf dem Bogen abgesteckt werden. Der Abstand auf der Tangente soll immer gleich sein.

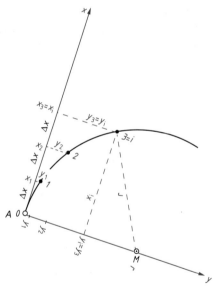

Bild 12.6 Abstecken der Bogenkleinpunkte von der Tangente mit gleichen Abständen auf der Tangente

- Lokales Koordinatensystem wählen:
  Koordinatenursprung: Bogenanfang *A*
  Abszissenachse *x*: Tangente im Punkt *A*
  Ordinatenachse *y*: Richtung des Radius durch den Mittelpunkt *M*

■ *Gegeben:*

Da Δx = const., berechnen sich die x_i:

$$x_1 = \Delta x$$
$$x_2 = 2 \cdot \Delta x$$
$$x_3 = 3 \cdot \Delta x$$
$$\cdots\cdots\cdots$$

■ Zu berechnen sind die Ordinaten y_i:

$$y_i = r - \sqrt{r^2 - x_i^2}$$

Diese Formel sollte für Punkte bis zum Scheitelpunkt verwendet werden. Für weitere Kleinpunkte wird von der Tangente durch das Bogenende abgesteckt.

Abstecken von der Tangente, gleiche Bogenlängen. Die Abstände auf dem Bogen Δb für die Bogenkleinpunkte sollen gleich sein.

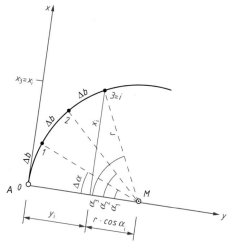

Bild 12.7 Abstecken von der Tangente, gleiche Bogenlängen

■ Lokales Koordinatensystem wählen:

Koordinatenursprung:	Bogenanfang A
Abszissenachse x:	Tangente im Punkt A
Ordinatenachse y:	Richtung des Radius durch M

- Sind die Δb gleich, so sind auch die zugehörigen Zentriwinkel $\Delta\alpha$ gleich.

$$\Delta\alpha = \frac{\Delta b}{r} \cdot \text{rad}$$

$\alpha_1 = \Delta\alpha$
$\alpha_2 = 2\,\Delta\alpha$
$\alpha_3 = 3\,\Delta\alpha$
. . . .
$\alpha_i = i \cdot \Delta\alpha$

- Die Koordinaten x_i und y_i für den Bogenkleinpunkt i $(= 3)$ berechnen sich zu:

$$\boxed{x_i = r \cdot \sin\alpha_i} \qquad \boxed{y_i = r - r \cdot \cos\alpha_i}$$

Abstecken von der Sehne. Ist die Sehne des Kreisbogens durch die Punkte A und E festgelegt und die Strecke $\overline{AE} = s$ gemessen, so kann man von jedem beliebigen Sehnenpunkt Bogenkleinpunkte abstecken.

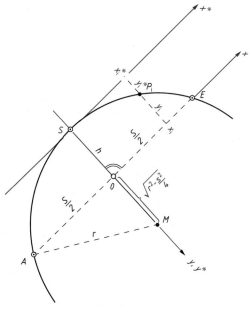

Bild 12.8   Abstecken von der Sehne

- Koordinatensystem:
  - Koordinatenursprung: Mittelpunkt der Sehne $\overline{AE}$, der Punkt O
  - Abszissenachse x: Sehne $\overline{AE}$
  - Ordinatenachse y: Rechtwinklige durch O; die Ordinatenachse schneidet den Bogen im Scheitelpunkt S

Durch S Parallele zur Abszissenachse legen: x^*-Achse.

- Der Abstand $\overline{OS}$ = Pfeilhöhe h berechnet sich zu:

$$h = r - \sqrt{r^2 - \frac{s^2}{4}}$$

Die y^*-Achse fällt auf die y-Achse.

Für jedes $x_i^* = x_i$ läßt sich das dazugehörige y_i^* wie folgt berechnen:

$$y_i^* = r - \sqrt{r^2 - x_i^2}$$

Für das y_i gilt dann:

$$y_i = h - y_i^*$$

Strahlen-Sehnen-Verfahren. Anwendung findet dieses Aufmessungs- und Absteckverfahren bei Kreisbögen mit großem Radius. Gearbeitet wird mit einem Theodolit. Die Instrumentenstandpunkt P_1 und P_2 sind z.B. Polygonpunkte. Zwischen den Punkten A und E soll eine Punktverdichtung durch die Punkte 1, 2 und 3 erfolgen.

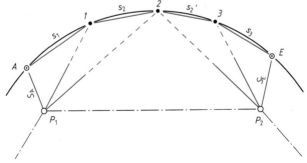

Bild 12.9 Strahlen-Sehnen-Verfahren

- Messung vom Instrumentenstandpunkt P_1:
  Teilkreisorientierung des Hz-Kreises mit 0,000 gon zum Punkt P_2
  Punkt A: Richtung r_A und Strecke s_A messen
  Punkt 1: Richtung r_1 und Sehnenlänge s_1 messen
  Punkt 2: Richtung r_2 und Sehnenlänge s_2 messen.

- Messung vom Instrumentenstandpunkt P_2:
  Teilkreisoriontierung des Hz-Kreises mit 0,000 gon zum Punkt P_1
  Punkt 2: Richtung r_2 und Sehnenlänge s_2' messen
  Punkt 3: Richtung r_3 und Sehnenlänge s_3 messen
  Punkt E: Richtung r_E und Strecke s_E messen.

Der Punkt 2 wird von beiden Instrumentenstandpunkten bestimmt.

12

13 Flächenberechnung

13

13 Flächenberechnung

Bei der Bestimmung des Flächeninhalts ist zu beachten, daß man als
Inhalt einer geneigten und gekrümmten Fläche *ABCD* ihre Projektion
A'B'C'D' auf die horizontale Ebene *T* versteht.

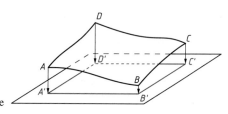

Bild 13.1
Größe einer geneigten
und gekrümmten Fläche

13.1 Flächenberechnung aus Naturmaßen, aus Feldmaßen

Die Flächenberechnung aus Naturmaßen, Feldmaßen also auch aus
Koordinaten ist die genauste Art der Flächenberechnung, da die
Berechnungsgrößen direkt gemessen oder aus gemessenen Größen
berechnet wurden.

Einfache Figuren

- Dreieck

$$A = \frac{g \cdot h_g}{2}$$

       g Grundseite
       h_g Höhe auf der Grundseite

- Trapez

$$A = \frac{a + c}{2} \cdot h = m \cdot h$$

       a, c Länge der beiden Seiten,
             die zueinander parallel
             liegen
       m Mittellinie
       h Höhe zwischen a und c

■ Zwei Dreiecke mit gemeinsamer Grundseite

$$A = \frac{g \cdot h_1}{2} + \frac{g \cdot h_2}{2} = \frac{g \cdot (h_1 + h_2)}{2}$$

 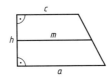 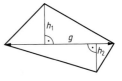

Bild 13.2 Flächenberechnung einfacher Figuren
a) Dreieck; b) Trapez, entstanden durch orthogonale Aufmessung; c) zwei Dreiecke mit gemeinsamer Grundseite

■ Flächenformel nach *Heron* (*Heron*: alexandrinischer Mathematiker um 130 v. Chr.)
Berechnet wird die Fläche eines Dreiecks, wenn die drei Seiten *a, b, c* bekannt sind.

$$A = \sqrt{s \cdot (s - a) \cdot (s - b) \cdot (s - c)} \quad \text{mit} \quad s = \frac{a + b + c}{2}$$

13

Berechnungsbeispiel

Zu berechnen ist die Fläche des Dreiecks mit den Punkten *5, 6* und *7*.

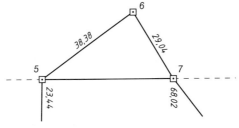

Bild 13.3 Beispiel für *Heron*sche Flächenformel

Für die Übersichtlichkeit und Kontrolle wird oft in Tabellenform gerechnet.

		s	$=$	$56{,}00$

a	$=$	$29{,}04$	$s-a =$	$26{,}96$
b	$=$	$38{,}38$	$s-b =$	$17{,}62$
c	$=$	$44{,}58$	$s-c =$	$11{,}42$

$2s = 112{,}00$	Summe:	$2s = 112{,}00$	(Kontrolle)
$s = 56{,}00$		$A = 551{,}18 \text{ m}^2$	

Rechtwinklige Dreiecke und Trapeze. Sind die Eckpunkte einer zu berechnenden Fläche orthogonal aufgemessen, so wird diese Fläche in rechtwinklige Dreiecke und Trapeze aufgeteilt.
Bei der Berechnung von Dreiecken und Trapezen wird auf die Division durch 2 in der Formel verzichtet. Es wird die doppelte Fläche $2A$ berechnet und diese dann durch zwei dividiert.

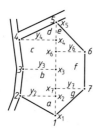

Figur	Ansätze		Fläche		
			ha	a	m²
a	$x_2 - x_1$	y_2			
b	$x_3 - x_2$	$y_2 + y_3$			
c	$x_4 - x_3$	$y_3 + y_4$			
d	$x_5 - x_4$	y_4			
e	$x_5 - x_6$	y_6			
f	$x_6 - x_7$	$y_6 + y_7$			
g	$x_7 - x_1$	y_7			
		$2A =$			
		$A =$			

Bild 13.4 Orthogonal aufgemessenes Flurstück und Ansätze für die Flächenberechnung nach rechtwinkligen Dreiecken und Trapezen

Verschränkte Dreiecke. Das Verfahren ist anwendbar, wenn alle Eckpunkte der zu berechnenden Figur orthogonal aufgemessen sind.

$$A = \frac{(x_2 - x_0) \cdot y_1 + (x_3 - x_1) \cdot y_2}{2}$$

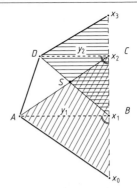

Bild 13.5
Flächenberechnung
mit verschränkten Dreiecken

Das Dreieck ABC ist flächengleich dem Dreieck ABD, da beide Dreiecke die gleiche Grundseite und Höhe haben. Subtrahiert man von beiden Dreiecken das gemeinsame Dreieck ABS, so sind die beiden Restdreiecke ASD und BCS flächengleich.

Gegenüber dem Verfahren „rechtwinklige Dreiecke und Trapeze" erhält man die Flächenberechnung mit neuen Berechnungsansätzen.

13

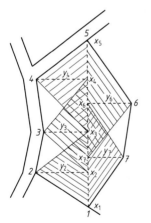

Figur	Ansätze		Fläche		
			ha	a	m²
a	$x_3 - x_1$	y_2			
b	$x_4 - x_2$	y_3			
c	$x_5 - x_3$	y_4			
d	$x_5 - x_7$	y_6			
e	$x_6 - x_1$	y_7			
	$2A =$				
	$A =$				

Bild 13.6 Orthogonal aufgemessene Fläche und Ansätze für die Flächenberechnung nach verschränkten Dreiecken

Berechnungsbeispiel

Zu berechnen ist die Fläche des Flurstücks *54/1* mittels „Dreiecke und Trapeze" sowie „verschränkte Dreiecke".

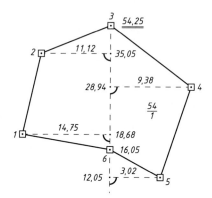

Bild 13.7   Orthogonal aufgemessenes Flurstück *54/1*

• Dreiecke und Trapeze		• Verschränkte Dreiecke	
Ansätze (Rechenweg: 1 ... 6)		Ansätze (Rechenweg: 1 ... 6)	
2,63	14,75	19,00	14,75
16,37	25,87	35,57	11,12
19,20	11,12	42,20	9,38
25,31	9,38	12,89	3,02
16,89	12,40		
− 4,00	3,02		
$2A = 1110{,}5522 \ \mathrm{m}^2$		$2A = 1110{,}5522 \ \mathrm{m}^2$	
$A = 555{,}3 \ \mathrm{m}^2$		$A = 555{,}3 \ \mathrm{m}^2$	

Ausgleichtrapez, verschränktes Trapez. Angewendet wird dieses Verfahren, wenn das Abszissenmaß für den Schnittpunkt *S* zwischen der Messungslinie und der Grenzlinie der Fläche nicht bestimmt ist.

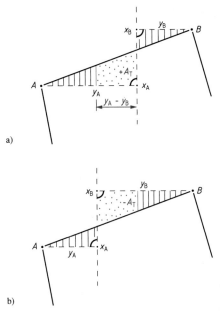

Bild 13.8 Ausgleichtrapez, verschränktes Trapez
a) größere Ordinate in der Fläche;
b) größere Ordinate außerhalb der Fläche

Rechnet man die Fläche links und rechts der Messungslinie bis zu den Ordinaten, so wird einerseits ein rechtwinkliges Dreieck zuviel gerechnet und andererseits ein rechtwinkliges Dreieck nicht berechnet. Der Flächenausgleich erfolgt mit zwei kongruenten Dreiecken und dem zu berechnenden Ausgleichtrapez.
Das Ausgleichtrapez A_T berechnet sich zu:

$$A_T = \frac{(x_B - x_A) \cdot (y_A - y_B)}{2}$$

$(x_B - x_A)$ ist die Summe der parallelen Seiten des Trapezes.

A_T wird addiert, wenn die größere Ordinate in der zu berechnenden Fläche liegt.
A_T wird subtrahiert, wenn die größere Ordinate außerhalb der zu berechnenden Fläche liegt.

Berechnungsbeispiel

Zu berechnen ist die Fläche des Flurstücks *55/2*.

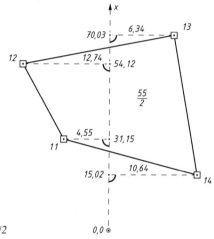

Bild 13.9
Orthogonal
aufgemessenes Flurstück *55/2*

Ansätze		Bemerkungen/Fläche
22,97	17,29	
55,01	16,98	
16,13	– 6,09	Ausgleichtrapez für *11,14*
15,91	+ 6,40	Ausgleichtrapez für *12,13*
		$2A = 1334,8134 \text{ m}^2$
		$A = 667,4 \text{ m}^2$

Flächenberechnung aus Koordinaten, *Gauß*sche Flächenformel.
Diese Berechnungsart ist dann anwendbar, wenn die Koordinaten aller
Eckpunkte der zu berechnenden Figur bekannt sind. Die Fläche
berechnet sich aus Trapezen, die aus den Teilen der Abszissenachse,
den Ordinaten und der Begrenzungslinien gebildet werden.

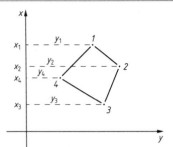

Bild 13.10
Flächenberechnung
aus Koordinaten

Fläche = Trapez *1,2* + Trapez *2,3* − Trapez *3,4* − Trapez *4,1*
$$2A = (x_1-x_2)(y_1+y_2) + (x_2-x_3)(y_2+y_3) - (x_4-x_3)(y_4+y_3) - (x_1-x_4)(y_1+y_4)$$

Durch Ausmultiplizieren und Ausklammern erhält man:

$$2A = \sum x_n \cdot (y_{n+1} - y_{n-1}) \quad \text{bzw.} \quad -2A = \sum y_n \cdot (x_{n+1} - x_{n-1})$$

Die Numerierung der Eckpunkte erfolgt stets im Uhrzeigersinn.
$n+1$: der Nachfolgepunkt des Punktes n
$n-1$: der Vorgängerpunkt des Punktes n

Man erhält den doppelten Flächeninhalt, wenn man jeden x-Wert mit der Differenz des folgenden minus dem vorhergehenden y-Wert multipliziert und die Summe der Produkte bildet.

Man erhält den negativen doppelten Flächeninhalt als Kontrollrechnung, wenn jeder y-Wert mit der Differenz des folgenden minus dem vorhergehenden x-Wert multipliziert und die Summe der Produkte gebildet wird.

■ Rechenschema
Für die Arbeit mit dem Taschenrechner kann man nachfolgendes Rechenschema anwenden (→ Bild 13.11):

– Die Eckpunkte der Fläche rechtsläufig numerieren, die Punktnummern und Koordinaten nacheinander in eine Tabelle eintragen. Die beiden ersten Werte werden am Ende der Tabelle wiederholt.
– Mit einem Bleistift oder Papierstreifen y_2 zudecken und mit dem Rechner $y_3 - y_1$ bilden und dann mit x_2 multiplizieren. Produkt in den Additionsspeicher [M +] eingeben.

Punkte	x	y			Punkte	x	y
1	x_1	y_1			1	x_1	y_1
2	x_2	y_2			2	x_2	y_2
3	x_3	y_3			3	x_3	y_3
4	x_4	y_4			4	x_4	y_4
1	x_1	y_1			1	x_1	y_1
2	x_2	y_2			2	x_2	y_2
		$2A =$					$-2A =$
		$A =$					$-A =$

Bild 13.11 Rechenschema für *Gauß*sche Flächenformel

- y_3 zudecken und mit dem Rechner $y_4 - y_2$ bilden und mit x_3 multiplizieren. Produkt in den Additionsspeicher [M +] eingeben; usw.
- Die Summe der Produkte, Speicherabruf, durch 2 teilen.
- Als Kontrolle berechnet man $-2A$ bzw. $-A$ durch Abdecken in der x-Spalte.

Berechnungsbeispiel

13

Zu berechnen ist die Fläche des Flurstücks *55/2*.

Sind negative y-Koordinaten zu vermeiden, so ist der Koordinatenursprung um einen runden Wert nach links zu verschieben.

Punkte	x	y	Punkte	x	y + 100
11	31,15	– 4,55	*11*	31,15	95,45
12	54,12	–12,74	*12*	54,12	87,26
13	70,03	6,34	*13*	70,03	106,34
14	15,02	10,64	*14*	15,02	110,64
11	31,15	– 4,55	*11*	31,15	95,45
12	54,12	–12,74	*12*	54,15	87,26
	$2A =$	1334,813		$2A =$	1334,813
	$A =$	667,4 m^2		$A =$	667,4 m^2

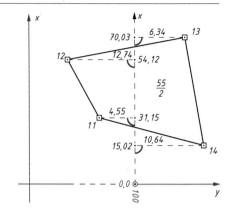

Bild 13.12
Orthogonal aufgemessenes
Flurstück *55/2*

Flächenberechnung aus Polarkoordinaten. Ist die Figur von einem Standpunkt polar aufgemessen, so kann deren Fläche mit den gemessenen Richtungen und Strecken berechnet werden.

- Dreieck

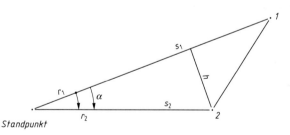

Bild 13.13 Polar aufgemessenes Dreieck

Gemessene Größen: Punkt *1*:   Richtung r_1 Strecke s_1
                           Punkt *2*:   Richtung r_2 Strecke s_2

Es gilt: $h = s_2 \cdot \sin \alpha = s_2 \cdot \sin (r_2 - r_1)$

$$A = \frac{1}{2}\, s_1 \cdot s_2 \cdot \sin (r_2 - r_1) \qquad 2A = s_1 \cdot s_2 \cdot \sin (r_2 - r_1)$$

■ Vieleck

Ist der Instrumentenstandpunkt der Polaraufmessung ein Grenzpunkt oder ein beliebiger Punkt innerhalb der Fläche, so gilt:

$$2A = \sum s_n + s_{n+1} \cdot (r_{n+1} - r_n)$$

$n + 1$ Nachfolgepunkt des Punktes n bei rechtsläufiger Numerierung

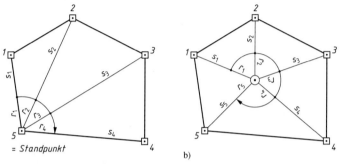

Bild 13.14   Polar aufgemessenes Vieleck
a) vom Grenzpunkt aus; b) vom Standpunkt in der Fläche aus

Liegt der Instrumentenstandpunkt der Polaraufnahme außerhalb der Fläche, so existieren Dreiecksflächen, die positiv und solche, die negativ behandelt werden.

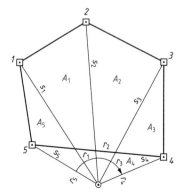

Bild 13.15
Polar aufgemessenes Vieleck,
Standpunkt außerhalb der Fläche

$$A = A_5 + A_1 + A_2 + A_3 - A_4$$

- Zweite Flächenberechnung als Kontrolle

- Lokales Koordinatensystem in die Fläche legen:
  Koordinatenursprung: Aufnahmestandpunkt
  x-Achse: Nullrichtung der Polaraufnahme;
- Umwandlung der Polarkoordinaten in rechtwinklige Koordinaten;
- Flächenberechnung mit *Gauß*sche Flächenformel.

Berechnungsbeispiel

Aufnahmestandpunkt ist der Grenzpunkt 5; (Bild 13.14 a)

Zielpunkt	Richtung (gon)	Strecke (m)	Fläche (m²)
1	0,000	25,45	
2	42,464	48,05	756,53
3	76,020	49,14	1187,73
4	116,144	46,22	1338,58
		$2A =$	3282,84
		$A =$	1641 m²

Aufnahmestandpunkt liegt in der Fläche (Bild 13.14 b; *als Beispiel mit veränderter Fläche*)

Für den Berechnungsablauf wird der Punkt *1* am Ende wiederholt und die Nullrichtung mit 400 gon angegeben.

Zielpunkt	Richtung (gon)	Strecke (m)	Fläche (m²)
1	0,000	26,01	
2	74,056	25,13	600,10
3	152,408	26,14	619,28
4	222,880	38,25	894,22
5	327,112	28,50	1087,72
1	400,000	26,01	675,07
		$2A =$	3876,39
		$A =$	1938 m²

13

Aufnahmestandpunkt außerhalb der Fläche (Bild 13.15; *als Beispiel mit veränderter Fläche*)

Für den Berechnungsablauf wird der zuerst angemessene Punkt 5 am Ende wiederholt.

Zielpunkt	Richtung (gon)	Strecke (m)	Fläche (m²)
5	0,000	28,45	
1	30,002	47,02	607,35
2	62,448	58,51	1342,23
3	99,040	46,04	1464,50
4	141,884	27,77	796,94
5	0,000	28,45	−625,15
		$2A =$	3585,87
		$A =$	1793 m²

13.2 Flächenbestimmung aus Kartenmaßen

Liegen keine numerischen Meßdaten für die Flächenbestimmung vor, so werden die erforderlichen Maße zur Flächenberechnung aus einer Karte bestimmt, oder die Kartenfläche wird direkt bestimmt.
Die Flächenberechnung aus Kartenmaßen kann auch die Kontrolle einer Flächenberechnung aus Naturmaßen sein.
Die Genauigkeit der bestimmten Fläche ist abhängig von
– dem Maßstab der Karte;
– der Genauigkeit der Karte;
– der Genauigkeit des abgegriffenen Maßes.

Abgreifen der Kartenmaße. Geradlinig begrenzte Figuren werden in Dreiecke zerlegt, die einzeln berechnet oder zu Vierecken zusammengefaßt werden können.

$$A = \frac{g \cdot (h_1 + h_2)}{2}$$

Wird die Grundlinie durch g durch den Punkt C parallel verschoben, so kann die Summe $h_1 + h_2$ abgegriffen werden.

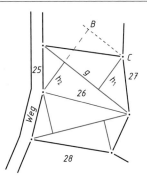

Bild 13.16 Aufteilung eines Flurstückes in Dreiecke und Vierecke

Planimeterharfe. Zur graphischen Flächenermittlung langgestreckter, schmaler Figuren kann die Planimeterharfe Verwendung finden. Sie besteht aus einer Schar paralleler Geraden mit konstantem Abstand auf transparentem Zeichenträger.

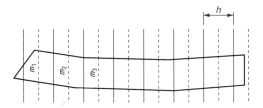

Bild 13.17 Arbeit mit der Planimeterharfe

Der Abstand h ist abhängig von dem Maßstab und hat als Naturmaß einen runden Wert. Die unterbrochenen Linien sind die Mittellinien der entstandenen Trapeze.
Es gilt:

$$A = m_1 \cdot h + m_2 \cdot h + \ldots + m_n \cdot h = h \cdot \sum m_i$$

Die Planimeterharfe wird quer zur größeren Längsausdehnung der Fläche so aufgelegt, daß am Anfang der Figur nach Augenschein ein Ausgleich erreicht wird.
Die Summe der Mittellinien, $\sum m_i$, kann man mit dem Stechzirkel mechanisch addieren.

Hyperbeltafel. Die Arbeit mit der Hyperbeltafel resultiert aus der Asymptotengleichung für eine Hyperbel.

Für die Punkte P_1 und P_2 auf gleicher Hyperbel gilt:
$x_1 \cdot y_1 = x_2 \cdot y_2 = const.$ Die Produkte, die Flächeninhalte der Rechtecke mit den Seiten x_1 und y_1 sowie x_2 und y_2 sind gleich. Asymptoten sind die Koordinatenachsen.

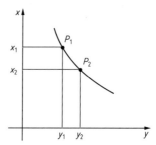

Bild 13.18
Hyperbel und
flächengleiche Rechtecke

Dreiecke können nach ihrer Fläche mit der Hyperbeltafel bestimmt werden, wenn die Grundlinie dem x-Wert und die Höhe dem y-Wert entspricht.
Damit für jedes Dreieck der Flächeninhalt abgelesen werden kann, ist auf einer Glasplatte eine Hyperbelschar aufgetragen.
Die Bezifferung der einzelnen Hyperbeln bezieht sich gleich auf den Flächeninhalt der Dreiecke.

Die Fläche ist in Dreiecke aufzuteilen, und die Hyperbeltafel ist wie folgt anzuwenden:

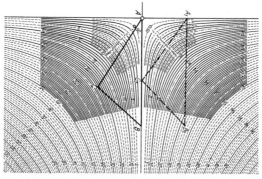

Bild 13.19   Arbeit mit der Hyperbeltafel

Hyperbeltafel auf das Dreieck *ABC* auflegen. Danach Hyperbeltafel in *x*-Richtung parallel so verschieben, daß die *y*-Achse durch den Punkt *C* verläuft. Die neue Lage ist mit $A_1B_1C_1$ bezeichnet.
Die Hyperbel durch den Punkt B_1 hat die Bezifferung für den Flächeninhalt des Dreiecks.

Quadratglastafel. Sie ist eine Glasplatte, deren Unterseite mit einem sehr genauen Quadratnetz versehen ist. Ihre Verwendungsmöglichkeiten sind:
- Ermittlung von Kartenmaßen
Die Flächen so legen, daß die Kartenmaße abgelesen werden können.

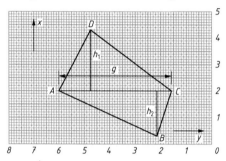

Bild 13.20   Quadratnetz für die Bestimmung von Kartenmaßen

- Flächenbestimmung unregelmäßig begrenzter Flächen
- Die Tafel an einem Lineal so anlegen und in *x*- und *y*-Richtung verschieben, daß für den ersten cm-Streifen an der linken und oberen Grenze ein Flächenausgleich entsteht; cm-Quadrate und mm-Quadrate auszählen.
- Für den nächsten cm-Streifen Tafel in *x*-Richtung verschieben, so daß an der oberen Grenze ein Flächenausgleich entsteht; Quadrate auszählen; usw.

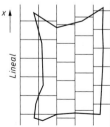

Bild 13.21
Quadratglastafel
für unregelmäßig
begrenzte Flächen

Polarplanimeter. Die Flächenbestimmung mit dem Polarplanimeter erfolgt mechanisch durch freies Umfahren der Grenzlinien der Figur mit dem Fahrstift des Polarplanimeters. Die Bewegungen des Fahrstifts werden auf eine Meßrolle übertragen.

> Die Umdrehungszahl n der Meßrolle ist der umfahrenden Fläche A proportional.

▪ Aufbau des einfachen Polarplanimeters

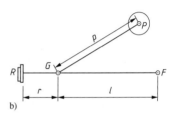

Bild 13.22   Polarplanimeter
            a) einfaches Polarplanimeter; b) Schematische Darstellung

Man unterscheidet:
P Pol. der Pol ist ein Gewicht mit Nadel
F Fahrstift
G Gelenk
R Meßrolle
p Polarm, die Polarmlänge ist konstant
l Fahrarm, die Fahrarmlänge kann verändert werden
r Rollenabstand, der Rollenabstand ist konstant

▪ Polstellung zur Fläche
Man unterscheidet je nach Größe der zu bestimmenden Fläche zwei Aufstellungsarten.

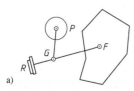
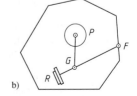

Bild 13.23   Polstellungen
            a) Pol außerhalb der Figur;   b) Pol innerhalb der Figur

1. *Pol außerhalb der Figur*   2. *Pol innerhalb der Figur*

$$A = k \cdot n$$

$$A = k \cdot (n + c)$$

A Flächeninhalt in der Natur
n Anzahl der Rollenumdrehungen in Nonieneinheiten
k Multiplikationskonstante; sie ist abhängig vom Gerät und vom Kartenmaßstab.
  Für die gebräuchlichsten Kartenmaßstäbe sind die zugehörigen Fahrarmeinstellungen l und die entsprechenden Konstanten k (Wert einer Nonieneinheit der Meßrolle) vom Hersteller angegeben.
c Additionskonstante; sie ist sehr umständlich zu bestimmen.
  Die Polstellung „Pol innerhalb der Figur" wird wenn möglich nicht angewendet.

- Flächenermittlung (Pol außerhalb der Figur):

Zur Überprüfung des Geräts, der Konstanten und der Fahrarmlänge eine gegebene Soll-Fläche umfahren, z.B. Probekreis, Quadrat des Quadratnetzes.

Den Fahrstift ungefähr in den Schwerpunkt der Figur bringen und den Polarm so in das Gelenk einsetzen, daß er etwa rechtwinklig zum Fahrarm steht. Polnadel festdrücken.

Durch eine Probeumfahrung den einwandfreien <u>Ablauf</u> mit dem Gerät überprüfen. Punkt, an dem die Rollenbewegung am geringsten ist, mit Bleistift markieren.

Fahrstift auf den markierten Anfangspunkt aufsetzen und Anfangsrollenstand u_a notieren.
Die Ablesung umfaßt vier Ziffern. Die erste Ziffer gibt die vollen Umdrehungen der Meßrolle an und wird an der Zählscheibe, die übrigen Ziffern werden an der Meßrolle und am Nonius abgelesen.

Die Figur im Uhrzeigersinn einmal umfahren, dabei den Fahrstift ohne Hilfsmittel gleichmäßig und langsam auf der Grenzlinie der Figur entlangführen. Die Endablesung u_e vornehmen und den Wert $n = u_e - u_a$ bilden.

Mehrmalige Umfahrungen steigern die Genauigkeit. Die ermittelten n-Werte dürfen nur um drei Einheiten voneinander abweichen.
Mit dem gemittelten n-Wert berechnet man die Fläche: $A = k \cdot n$.

13

Große Flächen, die mit einer Aufstellung „Pol außerhalb der Figur" nicht umfahren werden können, sind in Teilflächen aufzuteilen.

Bei Verwendung eines *Kompensationsplanimeters* kann man den Pol auf beiden Seiten des Fahrarms aufstellen. Bei gleicher Anzahl der Umfahrungen mit „Pol links" und „Pol rechts" ergibt das Mittel einen von allen Gerätefehlern freien Wert.

- Bestimmung der Konstanten k

Die angegebene Konstante k ist in gewissen Zeitabständen zu überprüfen. Die Konstante ergibt sich aus der Beziehung:

$$k = l \cdot u \cdot M^2$$

l Fahrarmlänge
u 1/1000 des Rollenumfangs
M Maßstabszahl
k Fläche, bei deren Umfahrung sich die Meßrolle um 1/1000 ihres Umfanges dreht. Deshalb wird k als „Wert der Nonieneinheit" bezeichnet.

Mit Hilfe einer Vergleichsfläche wird k bestimmt. Die Vergleichsfläche ist ein Kreis, der durch ein drehbares *Kontrollineal* gebildet wird, oder eine bekannte kartierte Fläche, z.B. das *Quadrat des Quadratnetzes*.

$$A_N = A_K \cdot M^2$$ $(A_N$ Naturfläche; A_K Kartenfläche, Vergleichsfläche)

Mit einer bestimmten Fahrarmlänge wird der Probekreis oder die Probefläche in der Stellung „Polarm links" und „Polarm rechts" umfahren.
Der Mittelwert n der Rollenumdrehungen ist zu bilden.

$$k = \frac{A_N}{n}$$

Soll die Konstante k einen runden Wert annehmen, so muß eine neue Fahrarmlänge berechnet und eingestellt werden, die nicht im ersten Drittel des Fahrarmes liegt.

Es gilt:
k_1 unrunde Konstante mit der Fahrarmlänge l_1
k_2 runde Konstante mit der neuen Fahrarmlänge l_2

$$\left. \begin{array}{l} k_1 = l_1 \cdot u \cdot M^2 \\ k_2 = l_2 \cdot u \cdot M^2 \end{array} \right\} \quad \Rightarrow \quad \frac{k_1}{k_2} = \frac{l_1}{l_2} \quad \Rightarrow \quad \boxed{l_2 = \frac{l_1 \cdot k_2}{k_2}}$$

Beispiel

Maßstab der Karte:	1 : 1000
Soll-Fläche, Kartenfläche:	$A_K = 10\,000$ mm^2
Naturfläche:	$A_N = 10\,000$ mm$^2 \cdot 1000^2 = 10\,000$ m^2
Eingestellte Fahrarmlänge:	$l_1 = 100,00$

Polarm links:

$u_a = 7170$	
$u_1 = 8176$	$n_1 = 1006$
$u_2 = 9181$	$n_2 = 1005$
$u_3 = 0187$	$n_3 = 1006$
$u_4 = 1192$	$n_4 = 1005$

Polarm rechts:

$u_a = 2123$	
$u_1 = 3128$	$n_1 = 1005$
$u_2 = 4132$	$n_2 = 1004$
$u_3 = 5138$	$n_3 = 1006$
$u_4 = 6143$	$n_4 = 1005$

Mittel: $= 1005,5$ Mittel $= 1005$

Mittel: 1005,25

$$k_1 = \frac{A_N}{n} = \frac{10\,000 \text{ m}^2}{1005,25} = 9,948 \text{ m}^2$$

Soll $k_2 = 10$ m^2 betragen, so ist eine neue Fahrarmlänge l_2 zu beistimmen.

$$l_2 = \frac{l_1 \cdot k_2}{k_1} = \frac{100,00 \cdot 10 \text{ m}^2}{9,948 \text{ m}^2} = 100,52$$

Nach dem Einstellen der neuen Fahrarmlänge die Überprüfung von k wiederholen.

13.3   Papierveränderungen

Temperatur- und Feuchtigkeitseinflüsse bewirken beim Zeichenträger Veränderungen, die man je nach Wirkung als *Papiereingang* oder *Papierausgang* bezeichnet. Diese Veränderung ist besonders in der Richtung wirksam, in der der Zeichenträger maschinell hergestellt ist.

Die ermittelte Papierveränderung gilt immer für die Richtung, in der sie bestimmt worden ist.
Die Angabe der Papierveränderung p erfolgt in Prozent (%).

Papierveränderungen der Strecke. Ihre Bestimmung ist besonders einfach, wenn auf dem Zeichenträger ein Quadratnetz vorhanden ist. Ist es nicht vorhanden, so benutzt man Vergleichsstrecken. Die Papierveränderung p ergibt sich aus dem Vergleich von *Soll* und *Ist*.

$$p = \frac{Ist - Soll}{Soll} \cdot 100\% = \frac{s' - s}{s} \cdot 100\% = \frac{\Delta}{s} \cdot 100\%$$

s Soll-Strecke; s' Ist-Strecke
$\Delta = s' - s$; beim *Papierausgang* $+ \Delta$, beim *Papiereingang* $- \Delta$

13 | **Berechnungsbeispiel**

Die Netzseiten eines Quadratnetzes wurden bestimmt.
Gemessene Netzseite in x-Richtung = 98,6 mm
Gemessene Netzseite in y-Richtung = 98,3 mm
Zu bestimmen sind die Papierveränderungen p und q.

Papieveränderung p in x-Richtung:

$$p = \frac{98,6 - 100}{100} \cdot 100\% = -1,4\%$$

Papieveränderung q in y-Richtung:

$$q = \frac{98,3 - 100}{100} \cdot 100\% = -1,7\%$$

Papierveränderungen der Fläche. Das auf einer Karte dargestellte ursprüngliche Rechteck *ABCD* habe sich durch einen Papiereingang verändert.

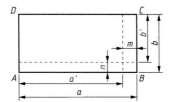

Bild 13.24
Papierveränderung
der Fläche

Es werden die Rechteckseiten a' und b' auf der Karte bestimmt. Die Papierveränderung in Längsrichtung ist gleich m und in Querrichtung gleich n.

Der wirkliche Flächeninhalt ist

$$A = a' \cdot b' + a' \cdot n + b' \cdot m + m \cdot n$$

$m \cdot n$ ist sehr klein und kann vernachlässigt werden.
m und n entsprechen der linearen Papierveränderung Δ und lassen sich nach

der Gleichung $\qquad \Delta = \dfrac{s \cdot p}{100\%} \qquad$ darstellen.

$$m = \frac{a \cdot p}{100\%} \qquad n = \frac{b \cdot q}{100\%}$$

p und q sind die Papierveränderungen in % für die entsprechenden rechtwinklig zueinander verlaufenden Richtungen.

Die Soll-Strecken a und b können durch die Kartenmaße a' und b' ohne spürbaren Genauigkeitsverlust ersetzt werden.

$$m \approx \frac{a' \cdot p}{100\%} \qquad n \approx \frac{b' \cdot q}{100\%}$$

Der wirkliche Flächeninhalt ist dann:

$$A \approx a' \cdot b' + a' \cdot b' \cdot \left(\frac{p + q}{100\%}\right) \approx A' + A' \cdot \left(\frac{p + q}{100\%}\right)$$

$$\boxed{A \approx A' \cdot \left(1 + \frac{p + q}{100\%}\right)}$$

$A' \cdot \left(\dfrac{p + q}{100\%}\right)$ bedeutet eine Flächenverbesserung der Fläche A'. Deshalb erhalten p und q *entgegengesetzte* Vorzeichen.

Berechnungsbeispiel

Die graphische Flächenbestimmung eines Flurstücks ergab 12 340 m². Die Papierveränderungen wurden mit $p = -1,4\%$ und $q = -1,7\%$ bestimmt.
Wie groß ist die wirkliche Fläche des Flurstücks?

$$A' = 12\ 340\ \text{m}^2 \cdot \left(1 + \frac{1,4\% + 1,7\%}{100\%}\right) = 12\ 340\ \text{m}^2 \cdot 1,031 = 12\ 723\ \text{m}^2$$

13.4 Flächenberechnung aus Feld- und Kartenmaßen

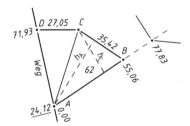

Bild 13.25
Aufteilung eines
Flurstücks in Dreiecke

Das Flurstück 62 wird günsig in die Dreiecke *ABC* und *ACD* zerlegt.
Die Fläche des Dreiecks *ABC* könnte man wie folgt bestimmen:
– Feldmaß   = Grundseite
– Kartenmaß   = Höhe $h + \Delta$ (Δ ist der Fehler beim Abgreifen)
Zwei Möglichkeiten der Berechnung werden betrachtet:

1. Berechnung: Grundseite = BC = 35,42 m
                     Höhe = $h_A + \Delta$

$$2A = 35,42 \cdot (h_A + \Delta) = 35,42 \cdot h_A + 35,42 \cdot \Delta$$

2. Berechnung: Grundseite = AB = 55,06 m
                     Höhe = $h_C + \Delta$

$$2A = 55,06 \cdot (h_C + \Delta) = 55,06 \cdot h_C + 55,06 \cdot \Delta$$

Schlußfolgerung: Das Kartenmaß wählt man, wenn möglich, größer als das Feldmaß!

14 Flächenteilung, Grenzausgleich

14

14   Flächenteilung, Grenzausgleich

Für eine Flächenteilung sind meistens gegeben:
- durch die Aufmessung die Form des Grundstücks;
- die Fläche des Grundstücks A;
- die abzutrennende Fläche, die Teilfläche A';
- geometrische Zwangsbedingungen der Teilung.

Zu bestimmen sind die Absteckmaße der Grenzpunkte für die Teilungsgrenze.

Als *Kontrolle* ist mit den Absteckmaßen die Teilfläche A' zu berechnen.

14.1   Teilung im Dreieck

Teilung von einem Eckpunkt aus

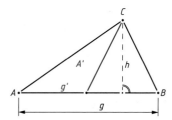

Bild 14.1
Teilung im Dreieck
von einem Eckpunkt aus

Zu bestimmen ist die Seite g'.

$$A = \frac{g \cdot h}{2} \quad \Rightarrow \quad h = \frac{2A}{g}$$

$$A' = \frac{g' \cdot h}{2} \quad \Rightarrow \quad h = \frac{2A'}{g'}$$

(Durch Gleichsetzung beider Gleichungen erhält man)

$$\boxed{\frac{A}{A'} = \frac{g}{g'}}$$

Die Flächen zweier Dreiecke mit gleicher Höhe verhalten sich wie ihre Grundlinien.

Teilung parallel zu einer Seite

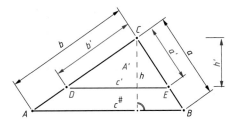

Bild 14.2
Teilung eines Dreiecks
parallel zu einer Seite

Die neue Grenze $\overline{DE}$ soll parallel zur Grenze $\overline{AB}$ verlaufen!
Zu bestimmen sind die Seiten $\overline{DE} = c'$; $\overline{DC} = b'$; $\overline{EC} = a'$.
Das Dreieck ABC ist dem Dreieck DEC ähnlich. Es gilt:

$$\left.\begin{array}{l} \dfrac{a}{a'} = \dfrac{b}{b'} = \dfrac{c}{c'} = \dfrac{h}{h'} \\[2ex] A = \dfrac{c \cdot h}{2} \\[2ex] A' = \dfrac{c' \cdot h'}{2} \end{array}\right\} \quad \dfrac{A}{A'} = \dfrac{c \cdot h}{c' \cdot h} = \dfrac{c^2}{c'^2}$$

Für alle Dreiecksseiten gilt:

$$\boxed{\; \dfrac{A}{A'} = \dfrac{a^2}{a'^2} = \dfrac{b^2}{b'^2} = \dfrac{c^2}{c'^2} = \dfrac{h^2}{h'^2} \;}$$

14

Teilung von einem gegebenen Punkt

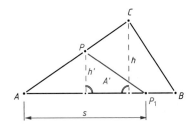

Bild 14.3
Teilung eines Dreiecks
von einem gegebenen Punkt

Der Punkt P ist durch die Strecke $\overline{AP}$ gegeben.
Zu bestimmen ist die Strecke $\overline{AP_1} = s$.

Es gilt: $\quad \dfrac{h}{\overline{AC}} = \dfrac{h'}{\overline{AP}} \quad \Rightarrow \quad h' = \dfrac{h \cdot \overline{AP}}{\overline{AC}}$

h' in die Flächengleichung für A' eingesetzt und nach s aufgelöst, ergibt:

$$A' = \frac{s \cdot h \cdot \overline{AP}}{2 \cdot \overline{AC}} \quad \Rightarrow \quad s = \frac{A' \cdot 2 \cdot \overline{AC}}{h \cdot \overline{AP}}$$

Da $\quad h = \dfrac{2 \cdot A}{\overline{AB}} \quad$ ist, folgt

$$\boxed{s = \frac{A' \cdot \overline{AB} \cdot \overline{AC}}{A \cdot \overline{AP}}}$$

Teilung parallel zur Höhe

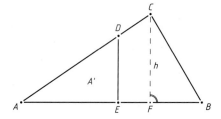

Bild 14.4
Teilung eines Dreiecks parallel zur Höhe

Die Grenze $\overline{ED}$ der Teilfläche A' soll parallel zur Höhe h, zur Ordinate von C, verlaufen.
Zu berechnen sind die Strecken $\overline{AD}$ und $\overline{AE}$.

Ist der Punkt C nicht orthogonal zur Strecke $\overline{AB}$ aufgemessen, so sind die Strecke $\overline{AF}$ und die Höhe $h = \overline{FC}$ zu berechnen.

Die Fläche A_1 des Dreiecks AFC berechnet sich zu $\quad A_1 = \dfrac{\overline{AF} \cdot \overline{FC}}{2}$.

Mit der Fläche A_1 und A' handelt es sich jetzt um eine „Teilung parallel zu einer Seite", zu der Seite $\overline{FC} = h$.

$$\frac{A_1}{A'} = \frac{\overline{AC}^2}{\overline{AD}^2} = \frac{\overline{AF}^2}{\overline{AE}^2}$$

$$\overline{AD} = \overline{AC} \cdot \sqrt{\frac{A'}{A_1}} \qquad \overline{AE} = \overline{AF} \cdot \sqrt{\frac{A'}{A_1}}$$

Berechnungsbeispiele

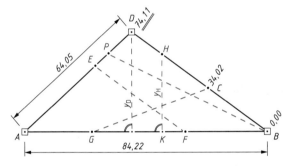

Bild 14.5 Teilungen des Dreiecks *ABD*

Die Fläche $ABD = A$ berechnet sich mit der Flächengleichung nach *Heron*:

$$A = 2289,5 \text{ m}^2$$

Abzuteilen ist die Teilfläche $A' = 1000 \text{ m}^2$.

■ Teilung von einem Eckpunkt aus
Die Teilung erfolgt vom Punkt *B* aus. Die abzuteilende Fläche ist die Fläche *DBP*.
Zu berechnen ist die Strecke $\overline{PD}$.

$$\frac{2289,5 \text{ m}^2}{1000 \text{ m}^2} = \frac{64,05}{\overline{PD}} \qquad \overline{PD} = \underline{\underline{27,98 \text{ m}}}$$

■ Teilung parallel zu einer Seite
Die abzuteilende Fläche soll die Fläche $EDBF$ sein. Die Seite $\overline{EF}$ soll parallel zur Seite $\overline{BD}$ verlaufen.
Zu bestimmen sind die Strecken $\overline{ED}$ und $\overline{FB}$.

Für die Berechnung ist dann $A' = A - 1000\,\text{m}^2 = 1289{,}5\,\text{m}^2$ die Fläche AEF.

Zu berechnen: $\overline{AF} = f$ und $\overline{AE} = e$

$$\frac{2289{,}5\,\text{m}^2}{1289{,}5\,\text{m}^2} = \frac{64{,}05^2}{e^2} = \frac{84{,}22^2}{f^2}$$

$e = 48{,}07\,\text{m}$ $f = 63{,}21\,\text{m}$

$\overline{ED} = 64{,}05 - e = \underline{\underline{15{,}98\,\text{m}}}$ $\overline{FB} = 84{,}22 - f = \underline{\underline{21{,}01\,\text{m}}}$

■ Teilung von einem gegebenen Punkt
Die Teilung erfolgt vom Punkt C aus. Die abzuteilende Fläche ist die Fläche CGB.
Zu berechnen ist die Strecke $\overline{GB}$.

$$s = \frac{1000\,\text{m}^2 \cdot 84{,}22 \cdot 74{,}11}{2289{,}5\,\text{m}^2 \cdot 34{,}02} = \underline{\underline{80{,}13\,\text{m}}}$$

■ Teilung parallel zur Höhe
Die Teilung erfolgt parallel zur Höhe y_D. Die abzuteilende Fläche ist die Fläche HBK.
Zu berechnen sind die Strecken $\overline{BH}$ und $\overline{BK}$.

Die Höhe y_D und die Strecke $\overline{D'B}$ berechnen sich mit den Formeln „Höhe und Höhenfußpunkt".

$y_D = 54{,}37\,\text{m}$ $\overline{D'B} = 50{,}36$

$$A_1 = \frac{50{,}36 \cdot 54{,}37}{2} = 1369\,\text{m}^2$$

$$\overline{BH} = 74{,}11 \cdot \sqrt{\frac{1000\,\text{m}^2}{1369\,\text{m}^2}} = \underline{\underline{63{,}34\,\text{m}}}$$

$$\overline{BK} = 50{,}36 \cdot \sqrt{\frac{1000\,\text{m}^2}{1369\,\text{m}^2}} = \underline{\underline{43{,}04\,\text{m}}}$$

14.2 Teilung im Viereck

Teilungen des Vierecks stützen sich häufig auf die Teilung von Dreiecken.

Teilung von einem Eckpunkt aus. Zu bestimmen ist die Strecke $\overline{AT}$, das Abszissenmaß x_T.

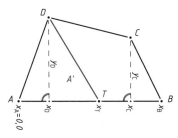

Bild 14.6 Teilung im Viereck von einem Eckpunkt aus

Aus $\quad A' = \dfrac{x_T \cdot y_D}{2} \quad$ folgt:

$$x_T = \overline{AT} = \frac{2 \cdot A'}{y_D}.$$

Teilung von einem gegebenen Punkt P. Der Punkt P ist durch die Strecke $\overline{DP}$ festgelegt.

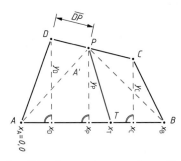

Bild 14.7 Teilung eines Vierecks von einem gegebenen Punkt P

Berechnungsablauf:

1. Wenn das Abszissenmaß x_P und das Ordinatenmaß y_P nicht gemessen wurde, sind diese Maße zu berechnen.

2. Fläche
$$A_1 = A' - \text{Dreiecksfläche } APD$$
berechnen!

3. Fläche
$$A_2 = \frac{x_B \cdot y_P}{2}$$
berechnen!

4. Es erfolgt eine Teilung im Dreieck von einem Eckpunkt aus. Die Fläche A_1 wird von der Fläche A_2 abgeteilt.

$$\frac{A_1}{x_T} = \frac{A_2}{x_B}$$

$$x_T = \frac{A_1 \cdot x_B}{A_2}$$

Teilung parallel zu einer Seite. Die abzutrennende Fläche A' soll eine Grenze $\overline{T_1 T_2}$ besitzen, die parallel zu Grenze $\overline{AB}$ verläuft. Zu berechnen sind die Strecken $\overline{AT_1} = s_1$ und $\overline{BT_2} = s_2$.

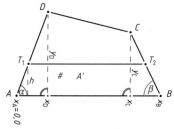

Bild 14.8   Teilung eines Vierecks parallel zu einer Seite

Berechnungsablauf:

1. Berechnung der Winkel α und β sowie der Strecke $\overline{T_1 T_2}$:

$$\cot \alpha = \frac{(x_D - x_A)}{y_D} \qquad \cot \beta = \frac{(x_B - x_C)}{y_C}$$

$$\overline{T_1 T_2} = \sqrt{x_B^2 - 2 \cdot A' \, (\cot \alpha + \cot \beta)}$$

2. Berechnung der Höhe h:

$$h = \frac{2 \cdot A'}{x_\mathrm{B} + \overline{T_1 T_2}}$$

3. Berechnung der Strecken s_1 und s_2:

$$s_1 = \frac{h}{\sin \alpha} \qquad s_2 = \frac{h}{\sin \beta}$$

Teilung senkrecht zur Grundlinie. Zu berechnen ist das Abszissen-maß x_T und die Strecke $\overline{DT} = s$.

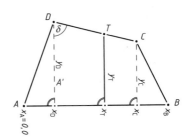

Bild 14.9
Teilung eines Vierecks
senkrecht zur Grundlinie

Berechnungsablauf:

1. Trapezfläche:

$$A_1 = A' - \frac{x_\mathrm{D} \cdot y_\mathrm{D}}{2}$$

2. Winkel δ bzw. cot δ berechnen:

$$\cot \delta = \frac{y_\mathrm{D} - y_\mathrm{C}}{x_\mathrm{C} - x_\mathrm{D}}$$

3. Ordinate y_T und Abszisse x_T berechnen:

$$y_\mathrm{T} = \sqrt{y_\mathrm{D}^2 - 2 \cdot A_1 \cdot \cot \delta}$$

$$x_\mathrm{T} = x_\mathrm{D} + \frac{2 \cdot A_1}{y_\mathrm{T} + y_\mathrm{D}}$$

4. Berechnung der Strecke $\overline{DT} = s$:

$$s = \frac{(x_T - x_D)}{\sin \delta}$$

Berechnungsbeispiele

Die Flächenberechnung für das Flurstück *17* ergab die Fläche $A = 3019$ m².
Abzuteilen ist die Teilfläche $A' = 1000$ m² nach folgenden Teilungsmethoden:

- Teilung von einem Eckpunkt aus

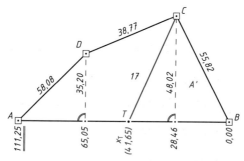

Bild 14.10   Orthogonale Aufmessung des Flurstücks *17* und Teilung vom Punkt *C*

Die Teilung erfolgt vom Punkt *C*. Der Punkt *B* soll Grenzpunkt der Teilfläche sein.
Zu berechnen ist die Strecke $\overline{BT} = $ Abszissenmaß x_T.

$$x_T = \frac{2 \cdot 1000 \text{ m}^2}{48,02 \text{ m}} = 41,65 \text{ m}$$

- Teilung von einem gegebenen Punkt

Die Teilung erfolgt vom Punkt *G* aus mit $\overline{CG} = 20,00$ m. Der Grenzpunkt *B* soll zur abgeteilten Fläche gehören.

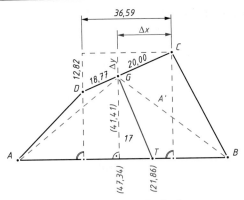

Bild 14.11 Teilung des Flurstücks *17* vom Punkt *G* aus

1. Berechnung von x_G und y_G:

$$\Delta y = 6{,}61 \text{ m} \quad y_G = 41{,}41 \text{ m} \qquad \Delta x = 18{,}88 \text{ m} \quad x_G = 47{,}34 \text{ m}$$

2. Berechnung von A_1:

Fläche des Dreiecks *BCG* mit *Gauß*scher Flächenformel: 547,37 m²

$$A_1 = 1000 \text{ m}^2 - 547{,}37 \text{ m}^2 = 452{,}63 \text{ m}^2$$

3. Berechnung von A_2:

$$A_2 = \frac{111{,}25 \text{ m} \cdot 41{,}41 \text{ m}}{2} = 2303{,}43 \text{ m}^2$$

4. Berechnung von x_T:

$$x_T = \frac{452{,}63 \text{ m}^2 \cdot 111{,}25 \text{ m}}{2303{,}43 \text{ m}^2} = 21{,}86 \text{ m}$$

Kontrolle:
Die Berechnung der Fläche *BTGC* mit der *Gauß*schen Flächenformel
ergibt 1000 m².

▪ Teilung parallel zu einer Seite

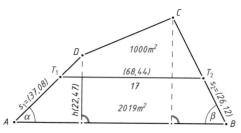

Bild 14.12   Teilung des Flurstücks *17* parallel zur Grenze $\overline{AB}$

Die Teilung erfolgt parallel zur Grenze $\overline{AB}$. Die abgeteilte Fläche soll
die Grenzpunkte *D* und *C* enthalten.

Die Teilfläche für den Berechnungsablauf ist dann

$$A' = 3019 \text{ m}^2 - 1000 \text{ m}^2 = 2019 \text{ m}^2.$$

1. Berechnung der Winkel α und β sowie der Strecke $\overline{T_1 T_2}$:

$$\cot \alpha = \frac{46{,}20 \text{ m}}{35{,}20 \text{ m}} \quad \Rightarrow \quad \alpha = 41{,}449 \text{ gon}$$

$$\cot \beta = \frac{28{,}46 \text{ m}}{48{,}02 \text{ m}} \quad \Rightarrow \quad \beta = 65{,}940 \text{ gon}$$

$$\overline{T_1 T_2} = \sqrt{111{,}25^2 - 2 \cdot 2019 \cdot (\cot \alpha + \cot \beta)} = 68{,}436 \text{ m}$$

2. Berechnung der Höhe *h*:

$$h = \frac{2 \cdot 2019 \text{ m}^2}{111{,}25 \text{ m} + 68{,}44 \text{ m}} = 22{,}47 \text{ m}$$

3. Berechnung der Strecken s_1 und s_2:

$$s_1 = \frac{22{,}47 \text{ m}}{\sin \alpha} = 37{,}08 \text{ m} \qquad s_2 = \frac{22{,}47 \text{ m}}{\sin \beta} = 26{,}12 \text{ m}$$

$$\overline{DT_1} = 58{,}08 \text{ m} - 37{,}08 \text{ m} = 21{,}00 \text{ m}$$

$$\overline{CT_2} = 55{,}82 \text{ m} - 26{,}12 \text{ m} = 29{,}70 \text{ m}$$

Kontrolle:
Berechnung der Fläche $T_1 DC T_2$ mit der *Gauß*schen Flächenformel ergibt 1000 m²

oder:

Fläche a: 106,3 m²
Fläche b: 700,3 m²   Gesamtfläche = 1000,0 m²
Fläche c: 93,4 m²

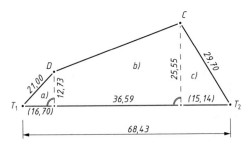

Bild 14.13 Kontrolle durch Berechnung der Fläche $T_1 DC T_2$

■ Teilung senkrecht zur Grundlinie

Die Teilung erfolgt senkrecht zur Grundlinie. Der Grenzpunkt B soll zur abzuteilenden Fläche gehören.

1. Trapezfläche A_1 berechnen:

$$A_1 = 1000 \text{ m}^2 - \frac{28,46 \text{ m} \cdot 48,02 \text{ m}}{2} = 316,68 \text{ m}^2$$

2. Winkel δ bzw. cot δ berechnen:

$$\cot \delta = \frac{12,82 \text{ m}}{36,59 \text{ m}} \qquad \Rightarrow \qquad \delta = 78,546 \text{ gon}$$

3. Ordinate y_T und Abszisse x_T berechnen:

$$y_T = \sqrt{48,02^2 - 2 \cdot 316,68 \cdot \cot \delta} = 45,65 \text{ m}$$

$$x_T = 28,46 \text{ m} + \frac{2 \cdot 316,68 \text{ m}^2}{45,65 \text{ m} + 48,02 \text{ m}} = 35,22 \text{ m}$$

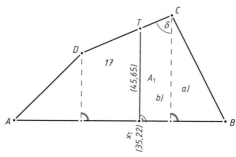

Bild 14.14 Teilung des Flurstücks *17* senkrecht zur Grundlinie

Kontrolle:
Berechnung der abgeteilten Fläche $TCBx_T$:
Fläche a: 683,3 m²
Fläche b: 316,6 m²   Gesamtfläche: 999,9 m²

14.3 Grenzausgleich, Grenzbegradigung

Unregelmäßige Flurstücksgrenzen erfordern gelegentlich eine Begradigung.

> Beim Grenzausgleich dürfen sich die Flächen der Grundstücke, Flurstücke nicht verändern.

Grenzausgleich durch Flächenteilung. Der Grenzausgleich ist bei vielen Aufgaben auf die Flächenteilung zurückzuführen.

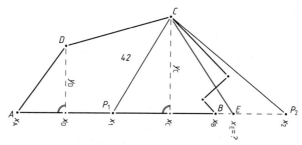

Bild 14.15 Grenzausgleich durch Flächenteilung

Der unregelmäßige Grenzverlauf zwischen C und B ist durch eine neue Grenzlinie $\overline{CE}$ zu ersetzen. Die Lage von E ist zu bestimmen.

Berechnungsablauf:

1. Punkte P_1 mit dem Abszissenmaß x_1 und P_2 mit x_2 beliebig wählen.

2. Fläche des Dreiecks P_1CP_2:
$$A_G = \frac{(x_2 - x_1) \cdot y_C}{2}$$
berechnen!

3. Fläche des Dreiecks P_1CE:
$$A' = A_{42} - A_{\text{AP1CD}}$$
berechnen!

4. Die Grenzbegradigung ist jetzt eine „Teilung des Dreiecks P_1CP_2 von dem Eckpunkt C".

$$\frac{A'}{A_G} = \frac{(x_E - x_1)}{(x_2 - x_1)}$$

$$x_E = x_1 + \frac{A' \cdot (x_2 - x_1)}{A_G}$$

Grenzausgleich durch Flächenverschiebung. Der Grenzverlauf zwischen den Punkten *1* und *6* ist unter Wahrung der Flächeninhalte der Flurstücke *51* und *52* zu begradigen. Der Punkt *1* soll unverändert bleiben.

Zu einer gewählten Messungslinie $\overline{IQ}$ werden die Grenzpunkt *1* bis *6* orthogonal aufgemessen.

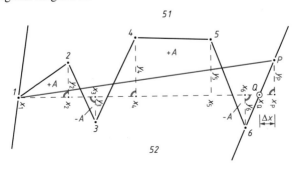

Bild 14.16 Grenzausgleich durch Flächenverschiebung

Berechnungsablauf:

1. Summe der Flächen *links* der Messungslinie berechnen $(+A)$
   Summe der Flächen *rechts* der Messungslinie berechnen $(-A)$
   Ist $|+A| > |-A|$, so muß die neue Grenze $(\overline{IP})$ die Fläche $(+A)$ verkleinern.
   Ist $|-A| > |+A|$, so muß die neue Grenze $(\overline{IP})$ die Fläche $(-A)$ verkleinern.
   Die *Überschußfläche* ΔA mit entsprechenden Vorzeichen wird vorzugsweise mit der *Gaußschen* Flächenformel berechnet.

2. Berechnung von y_P:

Aus $\Delta A = \dfrac{x_Q \cdot y_P}{2}$ folgt:

$$y_P = \frac{2 \cdot \Delta A}{x_Q}$$

3. Berechnung von $\overline{QP}$

Aus $\dfrac{\Delta x}{y_P} = \dfrac{x_Q - x_6}{y_6}$ folgt:

$$\Delta x = \frac{y_P \cdot (x_Q - x_6)}{y_6} \qquad \overline{QP} = \sqrt{\Delta x^2 + y_P^2}$$

Berechnungsbeispiel

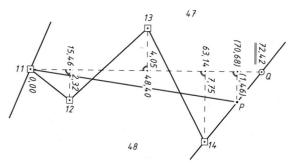

Bild 14.17   Grenzausgleich zwischen den Flurstücken *47* und *48*

Der Grenzverlauf zwischen den Grenzpunkten *11* und *14* soll begradigt werden. Der Grenzpunkt *11* soll unverändert bleiben.
Zu bestimmen ist die Lage des neuen Grenzpunktes *P*.

1. Flächenberechnung von ΔA:
a) *Gauß*sche Flächenformel

Punkte	x	y	Fläche
11	0,00	0,00	
12	15,46	2,32	
13	48,40	−4,05	
14	63,14	7,75	
Q	72,42	0,00	
11	0,00	0,00	
12	15,46	2,32	
			$2\Delta A = -105,339 \text{ m}^2$
			$\Delta A = -52,670 \text{ m}^2$

P liegt *rechts* von der Messungslinie.

2. Berechnung von y_P:

$$y_P = \frac{2 \cdot 52,67 \text{ m}^2}{72,42 \text{ m}} = 1,455 \text{ m}$$

3. Berechnung von Δx und x_P:

$$\Delta x = \frac{1,455 \text{ m} \cdot 9,28 \text{ m}}{7,75 \text{ m}} = 1,74 \text{ m};$$

$$x_P = 72,42 \text{ m} - 1,74 \text{ m} = 70,68 \text{ m}$$

4. Berechnung der Strecke $\overline{QP}$:

$$\overline{QP} = \sqrt{1,74^2 + 1,455^2} = 2,27 \text{ m}$$

Stichwortverzeichnis

Eintragung	Symbol	Bemerkungen
Grundstücksgrenzen		
Eigentumsgrenzen	—— *St.6*	• Bei Anlieger-eigentum an Ge wässern sind die in das Gewässer fallenden Grenzen in Rissen nicht darzustellen.
Flurstücksgrenzen	—— *St.3*	
Strittige Grenze	*Str. Gr.*	*St.6*
Topographische Grenzen		
Grenze von Nutzungsarten (wenn nicht gleichzeitig Flurstücksgrenze)	——	*St.2*
Topographische Umrißlinie, Gebäudeumrißlinie, Böschungskante, Begrenzung von Fahrbahnen und Bahnkörpern	——	*St.2*
Grenzpunkte zur Bezeichnung von Grundstücksgrenzen		
Grenzstein, Grenzpunkt ist Steinmitte	—■—	2,5 ⊥ *St.6*
Grenzstein, Grenzpunkt ist Mitte einer Oberkante bzw. eine Ecke des Steines		
Grenzstein, unter dem Erdboden versenkt		
Grenzhügel	—⊛—	⌀ 2,5
Grenzkreuz	—✕—	5
Grenzbaum	🌲 🌳 🌲	⌀ 2,5
Sonstige Grenzpunkte (hier Rohr)	⊙ *R ⌀ 2,5*	• In Rissen ist die Art der Vermarkung anzu-geben.
Unvermarkter Grenzpunkt		

Eintragung	Symbol		Bemerkungen
Grenzeinrichtungen	einseitig	gemeinschaftlich	■ Darstellungen auch für Einrichtungen, die nicht an Grenzen stehen.
Hecke (Laub- oder Nadelgehölz	⌒ ⌒	⌒ / ⌒ ⌒	*St.6*
Zaun	∨ ∨	∨ / ∨ / ∧	*St.6*
Mauer (frei stehend)	0,50	0,26 / 0,26	*St.2 0,50→Mauer* *St.6 0,26 dicke*
Zwei für sich bestehende Mauern	0,26 / 0,26		
Gebäudemauern	*St* / *St*	0,12 / 0,12	
Grenzrain	——✓——	——✓——	*St.2* *St.6*
Weg	——✓—— *Weg*	——✓—— —*Weg*— ——✓——	*St.2* *St.6* *St.2*
Fußweg, wenn besonderes Flurstück	*Weg 25*		*St.4*
Fußweg, wenn kein besonderes Flurstück	*Weg*	✓ / ✓	*St.2*
Graben, wasserführend	——✓—— →*Graben*	——✓—— -*Graben*-← ✓	*St.2* *St.6*
Graben, trocken	——✓—— *Graben*	——✓—— -*Graben*-	*St.2* *St.6*
Überspringende Grenzeinrichtungen (hier Hecke)	⌒ ⌒	┊ ⌒ ⌒	*St.6*

Eintragung	Symbol	Bemerkungen
Gebäude		
Öffentliches Gebäude (hier Rathaus)	Rathaus	▪ Zusätzlich zu Gebäudebenennung und Hausnummer können Geschoßzahlen in römischen Ziffern in die Gebäudefläche aufgenommen werden. V 5 Geschosse – II 2 Tiefgeschosse
Kirche	Kreuzkirche	
Wohngebäude (hier mit Hausnummer)	Whs 12	
Wirtschaft- und Industriegebäude *St* Stall *Wkst* Werkstatt *Schp* Schuppen *Ga* Garage *HGa* Hochgarage *TGa* Tiefgarage *Sch* Scheune	Gießerei	▪ Bei Industriegebäuden ist die Benennung auszuschreiben (z. B. Gießerei)
Zerstörtes Gebäude, sofern Umfassungsmauern noch teilweise erhalten sind (hier zerstörtes Wohngebäude)	Whs zerstört 14	
Offene Halle (Die offenen Seiten werden in Strichlinie dargestellt)		
Durchfahrt (hier durch ein Wohngebäude)	Whs 16	
Versorgungseinrichtungen		▪ Die Art der Anlage ist erforderlichenfalls näher zu bezeichnen:
Unterirdische Leitung (hier Trink- u. Nutzwasserleitung)	W ————— St.2	*A* Abwasseranlage *F* Fernmeldeanlage *H* Heizungsanlage *ϟ* Starkstromanlage *FH* Fernheizung *E* Elektrizitätsversorgung
Oberirdische Leitung (hier Hochspannungsleitung mit Stahlrohrmasten)	St.2 50kV	
Einsteigeschacht (hier für Heizungsanlage)	⊗	*G* Gasversorgung *FG* Ferngasversorgung *W* Trink- und Nutzwasserversorgung *FÖ* Fernölleitung
Merkstein (hier für Heizungsanlage)	F	